21世纪高等院校电气信息类系列教材

普通高等教育“十一五”国家级规划教材

PLC原理及工程应用

第2版

主　编　黄　彬　孙同景
副主编　陈桂友　常发亮

机械工业出版社

本书以西门子 S7-1200 系列 PLC 为背景机，从教学及工程应用的角度出发，主要介绍了 PLC 的基础知识、S7-1200 PLC 程序设计的相关基础知识、S7-1200 PLC 常用指令的使用方法及程序设计方法、S7-1200 PLC 的通信联网技术等内容，并结合大量的应用实例介绍了 PLC 程序编写及控制系统设计的基本方法。本书内容由浅入深、通俗易懂、架构清晰、理论联系实际，所用例程均调试通过，每章附有习题，便于教学和自学。

本书可作为高等学校自动化、电气技术、机电一体化专业及其他相关专业的“PLC 应用技术”“可编程逻辑控制器原理与应用”“PLC 应用基础”或类似课程的教学用书，还可作为电子技术、自动化技术、电气技术等相关工程技术人员的继续教育用教材，以及相关专业 PLC 控制系统设计、维护人员的实用参考书。

本书配有微课视频，扫描正文中的二维码即可观看。为配合教学，本书配有教学用 PPT、习题答案等配套资源，可登录 www. cmpedu. com 免费注册、审核通过后下载，也可联系编辑索取（微信：18515977506，电话：010-88379753）。

图书在版编目（CIP）数据

PLC 原理及工程应用 / 黄彬，孙同景主编 . -- 2 版 . 北京 ：机械工业出版社，2025. 1. --（21 世纪高等院校电气信息类系列教材）. --ISBN 978-7-111-77455-6

Ⅰ. TM571. 6

中国国家版本馆 CIP 数据核字第 20248RF005 号

机械工业出版社（北京市百万庄大街 22 号　邮政编码 100037）

策划编辑：李馨馨　　　　责任编辑：李馨馨　周海越

责任校对：梁　园　张亚楠　　责任印制：单爱军

北京虎彩文化传播有限公司印刷

2025 年 3 月第 2 版第 1 次印刷

184mm×260mm · 12. 25 印张 · 303 千字

标准书号：ISBN 978-7-111-77455-6

定价：55. 00 元

电话服务
客服电话：010-88361066
010-88379833
010-68326294

网络服务
机　工　官　网：www. cmpbook. com
机　工　官　博：weibo. com/cmp1952
金　书　网：www. golden-book. com
机工教育服务网：www. cmpedu. com

前言

可编程序控制器简称PLC，是专门为工业控制设计的通用自动控制装置。它将计算机技术、自动控制技术和通信技术融为一体，成为实现单机、车间、工厂自动化的核心设备。近几十年来，PLC的功能和性能在不断完善和强大，其应用也从汽车制造业发展到冶金、化工、机械、电子、电力、轻工、建筑建材、交通等多个工业控制领域。

PLC产品种类较多，硬件和软件系统各具特色。目前，西门子S7系列PLC已经广泛应用于我国的工业生产过程中。S7系列PLC主要包括S7-200 Smart系列、S7-300系列、S7-400系列、S7-1200系列和S7-1500系列，不同系列的PLC在功能、性能和适用范围上有所区别。其中，S7-200 Smart系列是西门子最基础的PLC产品系列，适用于小型控制系统，可满足基本控制需求；S7-300系列是西门子中级PLC产品系列，适用于中型控制系统，可用于完成复杂的控制任务；S7-400系列是西门子高级PLC产品系列，适用于大型控制系统，可用于完成大规模和复杂的控制任务；S7-1200/1500是西门子新一代的PLC。S7-1500是S7-300/400的升级换代产品，适用于中型和大型控制系统。S7-1200系列PLC是西门子公司推出的专门面向中小型自动化控制系统设计的可编程序逻辑控制器，其硬件设计紧凑，扩展能力强，通信功能强大，集成性好，安全性高，在中小型自动化系统中得到了广泛的应用。S7-1200和S7-1500都可以使用基于TIA博途的STEP 7来编程，它们程序结构相同，指令兼容，可以认为S7-1200是精简版的S7-1500。S7-1200系列PLC具有应用广泛、易于学习等特点，为此本书选用S7-1200系列PLC为背景机。编者结合多年的工程和教学经验，并在企业技术人员的大力支持下编写了本书，旨在使学生和相关工程技术人员能够较快地熟悉S7-1200 PLC的使用方法和PLC控制系统的设计方法。

西门子S7-1200系列PLC性能价格比高，在国内已被广泛应用，许多大专院校开设的PLC课程也以S7-1200系列PLC为背景机进行课程教学和实验教学。为适应PLC教学内容的更新，同时考虑到与原有教学内容和实验条件的方便衔接和平稳过渡，本书从工程应用的角度出发，介绍了PLC的基础知识、组成原理、指令系统、编程方法、通信联网技术等，并结合大量的应用实例介绍了PLC控制系统设计的基本方法。

本书共分6章。第1章介绍了PLC的历史与发展趋势、PLC的基本功能与特点以及PLC的分类与应用范围等；第2章介绍了PLC的基本概念、基本组成、软件系统及工作方式等基础知识；第3章主要介绍了S7-1200 PLC程序设计的相关基础知识；第4章主要介绍了S7-1200 PLC常用指令的使用方法及程序设计方法；第5章主要以以太网通信为例讲述了S7-1200 PLC的通信联网方法；第6章以机械手控制和回路控制为例介绍了PLC控制系统的设计方法。

本书是依据编者多年来从事PLC教学的体会和实际工程设计、调试的经验总结而成的，内容力求由浅入深、通俗易懂、理论联系实际。书中所选例题都经过上机调试，可供读者在实际应用中参考。为便于教学和自学，每章均附有习题。

本书由黄彬、孙同景任主编，陈桂友、常发亮任副主编，参加编写的还有马庆、潘广寻。

由于编者水平有限，书中错误和不妥之处在所难免，敬请读者批评指正。

编 者

目录

可编程序控制器（Programmable Logic Controller，PLC）是专门为工业控制设计的通用自动控制装置。其作为工厂自动化的核心设备，在各个行业中得到了广泛的应用。本章主要介绍 PLC 的定义、历史和发展趋势，以及功能、特点和应用领域。

1.1 PLC 的历史与发展趋势

1.1.1 PLC 的定义

视频
PLC 简介

可编程序控制器是在继电-接触器控制基础上结合计算机技术而不断发展、完善的一种工业自动化控制装置，具有可靠性高、编程简单、体积小、通用性强、易于维护等特点，在自动控制领域的应用十分广泛。早期的可编程序控制器在功能上只能实现逻辑控制，因此被称为可编程序逻辑控制器（Programmable Logic Controller)，简称 PLC。随着技术的进步，微处理器（Microprocessor）获得广泛应用，一些 PLC 生产厂家开始采用微处理器作为 PLC 的中央处理单元，大幅提升了 PLC 的功能，它不仅具有逻辑控制功能，而且具有算术运算功能和对模拟量的控制功能。因此，美国电气制造商协会（National Electrical Manufacturers Association，NEMA）于 1980 年将它正式命名为可编程序控制器（Programmable Controller)，简称 PC。但个人计算机（Personal Computer）也简称 PC，为了区别，目前可编程序控制器仍被称为 PLC。

国际电工委员会（International Electrotechnical Commission，IEC）在 1982 年 11 月发布了 PLC 标准草案第一稿，1985 年 1 月发布了第二稿，1987 年 2 月又发布了第三稿。在第三稿草案中对 PLC 的定义为：可编程序控制器是一种以数字运算操作的电子系统，专为在工业环境下应用而设计。它采用可编程序的存储器，用于在其内部存储执行逻辑运算、顺序控制、定时、计数和算术运算等面向用户的指令，并通过数字式和模拟式的输入和输出，控制各种类型的机械设备或生产过程。可编程序控制器及其有关外部设备，都应按易于与工业系统连成一个整体、易于扩充其功能的原则进行设计。

随着超大规模集成电路技术的发展，PLC 的发展非常迅速，目前其功能已远远超出上述定义的范围。

1.1.2 PLC 的历史

从 20 世纪 20 年代起，人们用导线把各种继电器、定时器、接触器及其触点按一定的逻辑关系连接起来组成控制系统，控制各种生产机械，这就是我们所熟悉的传统的继电-接触器控制。由于它结构简单易懂、使用方便、价格低廉，在一定范围内能满足控制要求，因而在工业控制领域中得到了广泛应用并曾占据主导地位。

但是，这种继电器控制系统的缺点是：设备体积大、动作速度慢、功能少，只能做简单的控制；特别是采用硬连线逻辑，连线复杂，一旦生产工艺或对象发生变动，原有的连线和控制盘（柜）就需要更换。因此，这种装置的通用性和灵活性较差，不利于产品的更新换代。

20 世纪 60 年代中期，美国通用汽车（GM）公司为适应生产工艺不断更新的需要，提出了一种设想：把计算机的功能完善、通用灵活等优点和继电控制系统的简单易懂、操作方便、价格便宜等优点结合起来，制成一种通用控制装置，并把计算机的编程方法和程序输入方式加以简化，采用面向控制过程、面向问题的语言编程，使不熟悉计算机的人也能方便地使用。并根据这一设想对新的控制系统提出了 10 项指标：①编程方便，可现场编辑和修改程序；②维修方便，采用插件式结构；③可靠性要高于继电器控制系统；④体积要明显小于继电器控制柜；⑤具有数据通信功能；⑥价格便宜，其性价比明显高于继电器控制系统；⑦输入可为 AC 115 V；⑧输出可为 AC 115 V，2 A 以上，可直接驱动接触器、电磁阀等；⑨扩展时，原系统改变最少；⑩用户存储器大于 4 KB。其核心要求可归纳为：①用类似计算机的通用控制装置代替继电器控制盘；②用程序代替硬接线；③其输入/输出电平可与被控对象直接相连；④其结构易于扩展。

美国数字设备公司（DEC）根据这一设想，于 1969 年研制了第一台 PLC：PDP-14，并在汽车自动装配线上试用获得成功。这项新技术的成功使用，在工业界产生了巨大影响。从此，PLC 在世界各地迅速发展起来。1971 年，日本从美国引进了这项新技术，并很快研制了日本第一台 PLC：DCS-8。1973—1974 年原西德和法国也研制出了他们的 PLC。我国从 1974 年开始研制，1977 年研制成功了以一位微处理器 MC14500 为核心的 PLC，并开始工业应用。

从 1969 年出现第一台 PLC 到现在，随着集成电路技术和计算机技术的发展，PLC 已经发展到了第五代。其发展过程大致如下。

第一代：从第一台 PLC 诞生到 20 世纪 70 年代初期。这个时期的产品，CPU 由中小规模集成电路组成，存储器为磁芯存储器。其功能比较单一，仅能实现逻辑运算、定时、计数等功能。典型产品有：美国 DEC 的 PDP-14、日本富士公司的 USC-4000、日本立石电机公司的 SCY-022 等。

第二代：从 20 世纪 70 年代初期到 20 世纪 70 年代末期。这个时期的产品已开始使用微处理器作为 CPU，存储器采用半导体存储器。其功能上有所增加，能够实现数字运算、传送、比较等功能，并初步具备自诊断功能，可靠性有了一定提高。典型产品有：美国歌德公司的 MODICON 184、284、384 系列，西门子公司的 SYMATIC S3、S4 系列，日本富士公司的 SC 系列等。

第三代：从 20 世纪 70 年代末期到 20 世纪 80 年代中期。这个时期，PLC 进入了大发展阶段，美国、日本、欧洲等地各有几十个厂家生产 PLC。这个时期的产品已采用 8 位和 16

位微处理器作为CPU，部分产品还采用了多微处理器结构。其功能显著增强，速度大幅提高，并能进行多种复杂的数学运算，具备完善的通信功能和较强的远程I/O能力，具有较强的自诊断功能并采用了容错技术。典型产品有：美国歌德公司的584、684、884系列，西门子公司的SIMATIC S5系列，日本三菱公司的MELPLAC50、550系列，日本立石电机公司的C系列等。

第四代：从20世纪80年代中期到20世纪90年代中期。这个时期的产品除采用16位以上的微处理器作为CPU外，内存容量更大，有的已达数兆字节，可以将多台PLC连接起来，实现资源共享，可以直接用于一些规模较大的复杂控制系统，编程语言除了可使用传统的梯形图、流程图等以外，还可使用高级语言，外设多样化，可以配置CRT和打印机等。典型产品有美国歌德公司的A5900等。

第五代：从20世纪90年代中期至今。简明指令集计算机（Reduced Instruction Set Computer，RISC）芯片在计算机行业大量使用，表面贴装技术和工艺已成熟，使PLC整机的体积大幅缩小，PLC使用16位和32位的微处理器芯片，有的已使用RISC芯片。CPU芯片也向专用化发展，系统程序中的逻辑运算等标准化功能用超大规模门阵列电路固化；最小的PLC只有8个I/O点，最大的PLC有32K个以上I/O点；PLC都可以与计算机进行通信联网；最快的PLC处理一步程序仅需几十纳秒；软件上使用容错技术，硬件上使用多CPU技术；二三百步以上的高级指令，使PLC具有强大的数值运算、函数运算和大批量数据处理能力；已开发出各种智能化模块；以LCD为显示的人机智能接口普遍使用，高级的已发展到触摸式屏幕；除手持式编程器外，大量使用了笔记本计算机和功能强大的编程软件。

1.1.3 PLC的发展趋势

由于工业生产对自动控制系统需求的多样性，PLC的发展方向有两个：

一是朝着小型、简易、价格低廉方向发展。单片机技术的发展，促进了PLC向紧凑型发展，体积减小，价格降低，可靠性不断提高。这种PLC可以广泛取代继电器控制系统，应用于单机控制和规模比较小的自动化控制。

二是朝着大型、高速、多功能方向发展。大型PLC一般为多处理器系统，有较大的存储能力和功能很强的输入/输出接口。通过丰富的智能外围接口，可以独立完成流量、温度、压力、位置等闭环调节功能；通过网络接口，可以级连不同类型的PLC和计算机，从而组成控制范围很大的局部网络，适用于大型自动化控制系统。

PLC发展的趋势可以归纳为以下几点。

（1）CPU处理速度进一步加快　目前PLC的CPU与计算机的CPU相比，还处在相当落后的状态，将来会使用多CPU并行处理、分时处理或分任务处理，各种模块智能化，部分系统程序用门阵列电路固化，这样可使速度达到纳秒（ns）级。

（2）可靠性进一步提高　随着PLC进入过程控制领域，对可靠性的要求进一步提高。硬件冗余的容错技术将进一步应用。PLC控制系统不仅会有CPU单元冗余、通信单元冗余、电源单元冗余，甚至有整个系统冗余。

（3）控制与管理功能一体化　为了满足现代化大生产的控制与管理的需要，PLC将广泛采用计算机信息处理技术、网络通信技术和图形显示技术，使PLC系统的生产控制功能和信息管理功能融为一体。

从PLC的发展趋势看，PLC控制技术将成为今后工业自动化的主要手段。在未来的工业生产中，PLC技术、机器人技术和计算机辅助设计（Computer-Aided Design，CAD）/计算机辅助制造（Computer-Aided Manufacturing，CAM）技术将成为实现工业生产自动化的三大支柱。

1.2 PLC的基本功能与特点

1.2.1 PLC的基本功能

1. 逻辑控制功能

逻辑控制功能实际上就是位处理功能，是PLC的基本功能之一。PLC设置有“与”（AND）、“或”（OR）、“非”（NOT）等逻辑指令，利用这些指令，根据外部现场（开关、按钮或其他传感器）的状态，按照指定的逻辑进行运算处理后，将结果输出到现场的被控对象（电磁阀、电机等）。因此，PLC可代替继电器进行开关控制，完成接点的串联、并联、串并联、并串联等各种连接。另外，在PLC中一个逻辑位的状态可以无限次地使用，逻辑关系的修改和变更也十分方便。

2. 定时控制功能

定时控制功能是PLC的基本功能之一。PLC中有许多可供用户使用的定时器，其功能类似于继电器线路中的时间继电器。定时器的设定值（定时时间）可以在编程时设定，也可以在运行过程中根据需要进行修改，使用方便灵活。程序执行时，PLC将根据用户用定时器指令指定的定时器对某个操作进行限时或延时控制，以满足生产工艺的要求。

3. 计数控制功能

计数控制功能是PLC的基本功能之一。PLC为用户提供了许多计数器，计数器计数到某一数值时，会产生一个状态信号（计数值到），利用该状态信号实现对某个操作的计数控制。计数器的设定值可以在编程时设定，也可以在运行过程中根据需要进行修改。程序执行时，PLC将根据用户用计数器指令指定的计数器对某个控制信号的状态改变次数（如某个开关的闭合次数）进行计数，以完成对某个工作过程的计数控制。

4. 运动控制功能

PLC系统通过控制运动设备的运动轴，实现精确、稳定和可编程的运动控制功能。它可以控制运动设备（如电机、伺服驱动器等）的位置、速度和加速度等参数，以实现所需的运动轨迹和运动逻辑。

5. 数据处理功能

大部分PLC具有数据处理功能，可以实现算术运算、数据比较、数据传送、数据移位、数制转换、译码编码等操作。中、大型PLC数据处理功能更加齐全，可完成开方、二次方、三角函数、指数、PID、浮点运算等操作，还可以和显示设备、打印设备相连，实现程序、数据的显示和打印。

6. 过程控制功能

PLC可通过模拟量模块实现A/D、D/A转换功能，可以方便地完成对温度、压力、流量、速度、液位等模拟量的 PID 控制或其他复杂控制。

7. 通信联网功能

PLC 具有通信联网功能，可以实现与远程 I/O、其他 PLC、计算机、智能设备（如变频器、数控装置等）之间进行通信，还可以构成“集中管理，分散控制”的分布式控制系统。

8. 监控功能

PLC 设置了较强的监控功能。利用编程器或监视器，操作人员可对 PLC 有关部分的运行状态进行监视。利用编程器，可以调整定时器、计数器的设定值和当前值，并可以根据需要改变 PLC 内部逻辑信号的状态及数据区的数据内容，为调试和维护提供了极大的方便。

9. 停电记忆功能

PLC 内部的部分存储器所使用的随机存储器（Random Access Memory，RAM）设置了停电保持器件（如备用电池等），以保证断电后这部分存储器中的信息能够长期保存。利用某些记忆指令，可以对工作状态进行记忆，以保持 PLC 断电后的数据内容不变。PLC 电源恢复后，可以在原工作基础上继续工作。

10. 故障诊断功能

PLC 可以对系统构成、某些硬件状态、指令的合法性等进行自诊断，发现异常情况，发出报警并显示错误类型，若属严重错误则自动停止运行。PLC 的故障自诊断功能，大大提高了 PLC 控制系统的安全性和可维护性。

1.2.2 PLC 的特点

1. 灵活通用

在实现一个控制任务时，PLC 具有很高的灵活性。首先，PLC 产品已系列化，结构形式多种多样，在机型上具有很大的选择余地。其次，同一机型的 PLC，其硬件构成具有很大的灵活性，用户可根据不同任务的要求，选择不同类型的输入/输出模块或特殊模块，组成不同硬件结构的控制装置。最后，PLC 是利用软件实现控制的，在软件编制上具备较大的灵活性。在实现不同的控制任务时，PLC 具有良好的通用性。相同硬件构成的 PLC，利用不同的软件可以实现不同的控制任务。在被控对象的控制逻辑需要改变时，利用 PLC，通过修改程序可以很方便地实现新的控制要求，而利用一般继电器控制电路则很难实现。

2. 安全可靠

为满足工业生产对控制设备安全可靠性的要求，PLC 采用微电子技术，大量的开关动作由无触点的半导体电路来完成，选用的电子器件一般是工业级的，有的甚至是军用级的。有些高档的 PLC 中，还采用了冗余 CPU 配置。PLC 完善的自诊断功能，能及时诊断出 PLC 系统的软、硬件故障，并能保护故障现场，保证了 PLC 控制系统的工作安全性。

3. 环境适应性好

PLC 具有良好的环境适应性，可应用于较恶劣的工业现场。例如，有的 PLC 在电源电压为 AC 220 V±15%、电源瞬间断电 10 ms 的情况下，仍可正常工作，具有很强的抗空间电磁干扰的能力，可以抗峰值为 1000 V、脉宽为 10 μs 的矩形波空间电磁干扰；具有良好的抗振能力和抗冲击能力；对环境温湿度要求不高，在环境温度为-20～65℃、相对湿度为

35%~85%的情况下可正常工作。

4. 使用方便、维护简单

PLC 的用户界面十分友好，给使用者带来了很大的方便。PLC 提供标准通信接口，可以很方便地构成 PLC 网络或计算机-PLC 网络。PLC 控制信号的输入、输出非常方便，对于逻辑信号来说，输入、输出均采用开关方式，不需要进行电平转换和驱动放大；对于模拟信号来说，输入、输出均采用传感器、仪表的标准信号。PLC 程序的编制和调试非常方便，PLC 的编程语言一般采用梯形图语言，与继电器控制电路图很相似，即使没有计算机知识的人也很容易掌握；PLC 具有监控功能，利用编程器或监视器可以对 PLC 的运行状态、内部数据进行监视或修改，增加了调试工作的透明度。PLC 控制系统的维护非常简单，利用 PLC 的自诊断功能和监控功能，可以迅速查找到故障点，并及时予以排除。

5. 速度较慢、价格较高

PLC 的速度与单片机等计算机相比相对较低，单片机两次执行程序的时间间隔可以是 ms 级甚至 μs 级，一般的 PLC 两次执行程序的时间间隔是 10 ms 级。PLC 的一般输入点在输入信号频率超过十几赫兹后就难以保证获取信号的准确性，为此，有的 PLC 设有高速输入点，可输入频率数千赫兹的开关信号。PLC 的价格也较高，是单片机系统的 2~3 倍。但是，从整体上看，PLC 的性能价格比是令人满意的。

1.3 PLC 的分类与应用范围

1.3.1 PLC 的分类

PLC 的种类很多，其实现的功能、内存容量、控制规模、外形等方面均存在较大的差异。因此，PLC 的分类没有一个严格的统一标准，可以按照结构形式、控制规模、实现的功能进行大致的分类。

1. 按结构形式分类

PLC 按照硬件的结构形式可以分为整体式和组合式。

1）整体式 PLC：将 CPU、I/O 接口、存储器、电源等全部固定安装在一块或几块印制电路板（Printed-Circuit Board，PCB）上，使之成为统一的整体。当控制点数不符合要求时，可连接扩展单元，以实现较多点数的控制。这种结构的特点是：结构简单，体积小，价格低，实现的功能较简单，控制规模较小。小型、超小型 PLC 多采用整体式结构。

2）组合式 PLC：为总线结构。组合式 PLC 的 CPU、I/O 接口、存储器、电源等都是以模块形式按一定规则组合而成的，也称为模块式 PLC。组合式 PLC 的特点是：可以根据实际需要进行灵活配置，系统构成灵活性较高，可构成具有不同控制规模和功能的 PLC，价格较高。中型或大型 PLC 多采用组合式结构。

2. 按控制规模和功能分类

输入/输出的总路数又称为 I/O 点数，是表征 PLC 控制规模的重要参数。因此按控制规模对 PLC 分类时，可根据 I/O 点数的不同大致分为小型、中型和大型 PLC。

1）小型 PLC：一般是指 I/O 点数在 256 点以下的 PLC。一般以处理开关量逻辑控制为主，现在的小型PLC还具有较强的通信能力和一定的模拟量处理能力。这类PLC的特点是价格低廉、体积小巧，适合于控制单机设备和开发机电一体化产品。

2）中型PLC：一般指I/O点数在256点以上、2048点以下的PLC。这类PLC不仅具有极强的开关量逻辑控制功能，而且其通信联网功能和模拟量处理能力也非常强大。中型PLC的指令比小型PLC更丰富，中型PLC适用于复杂的逻辑控制系统以及连续生产线的过程控制场合。

3）大型PLC：一般指I/O点数在2048点以上的PLC。这类PLC的程序和数据存储容量最高均可达到10 MB，其性能已经与工业控制计算机相当，且具有计算、控制和调节功能，还拥有强大的网络结构和通信联网能力，有些大型PLC还具备冗余能力。监视系统能够表示过程的动态流程，记录各种曲线、PID调节参数等；配备多种智能板，构成多功能的控制系统。这种系统还可以和其他型号的控制器互联，和上位机相连组成一个集中分散的生产过程和产品质量监控系统。大型PLC适用于设备自动化控制、过程自动化控制和过程监控系统。

以上划分没有十分严格的界限，随着PLC技术的飞速发展，某些小型PLC也具有中型PLC或大型PLC的功能，这也是PLC发展的趋势。

1.3.2　PLC的应用范围

目前，PLC广泛地应用于冶金、化工、机械、电子、电力、轻工、建筑建材、交通等各类工业控制领域。但是，不同档次的PLC又有其不同的应用范围。小型PLC可广泛地代替继电器控制电路，进行逻辑控制，适用于开关量较多，没有或只有几路模拟量的场合，如行车的自动控制等。中型PLC可广泛应用于具有较多开关量、少量模拟量的场合，如自动加工机床等。大型PLC适用于具有大量开关量和模拟量的场合，如化工生产过程等。

1.4　习题

1. 结合PLC的发展历史，探讨PLC在工业发展中的作用与影响。

2. 结合PLC在现代制造业中的应用，讨论在信息化、智能化背景下，如何保障信息安全和数据安全?

3. 请讨论在PLC技术的研发与应用中自主创新的重要性。并理解在学习工程知识的同时，如何树立国家意识和责任感，促进我国在自动化领域的自主发展。

第2章　PLC的基础知识

PLC是在传统的继电-接触器控制系统的基础上发展起来的。本章在介绍接线程序控制系统和存储程序控制系统的优缺点的基础上，介绍存储程序控制系统的组成及其相关术语。在介绍PLC的软硬件组成后，重点介绍PLC的工作方式。本章是后续学习的基础，只有理解了PLC的工作方式，才能编写出正确的控制程序。

2.1 PLC的基本概念

2.1.1 存储程序控制

视频

存储程序控制

继电器电路控制系统又称为接线程序控制系统，是通过电气元器件的固定接线来实现控制逻辑，完成控制任务的。在接线程序控制系统中，要实现一个控制任务，首先要针对具体被控对象，分析对控制系统的要求，设计出相应的电气控制电路，然后制作出针对该控制任务的专用电气控制装置。若被控对象对控制系统的要求比较复杂，那么控制电路的设计将非常困难，设计出的控制电路也比较复杂，因而电气控制装置的制造周期较长，造价相应较高，维修也不方便。控制系统完成后，若控制任务发生变化，如某些生产工艺流程的变动，则必须通过改变接线才能实现。另外，由于接线程序控制系统中的器件和接线较多，所以其平均无故障时间较短。总之，接线程序控制系统的灵活性和通用性较低，故障率较高。

PLC是一种存储程序控制器，支配控制系统工作的程序存放在存储器中，利用程序来实现控制逻辑，完成控制任务。在PLC构成的控制系统中，要实现一个控制任务，首先要针对具体的被控对象，分析对控制系统的要求，然后编制出相应的控制程序，利用编程器将控制程序写入PLC的程序存储器中。系统运行时，PLC依次读取程序存储器中的程序语句，对它们的内容解释并加以执行。根据输入设备的状态或其他条件，PLC将其程序执行结果输出给相应的输出设备，控制被控对象工作。PLC是利用软件来实现控制逻辑的，能够适应不同控制任务的需要，具有通用、灵活、可靠性高等特点。

由PLC构成的存储程序控制系统，一般由3部分组成。

1）输入部分：它们直接接收来自操作台上的操作命令，或来自被控对象上的各种状态信息，如按钮、开关、传感器等。

2）输出部分：它们用来接收程序执行结果的状态，以操作各种被控对象如电动机、电磁阀、状态指示部件等。

3）控制部分：采用微处理器和存储器，执行按照被控对象的实际要求编制并存入程序存储器的程序，来完成控制任务。

对于使用者来说，在编制应用程序时，可以不考虑微处理器和存储器的复杂构成及其使用的计算机语言，而把PLC看成是内部由许多“软继电器”组成的控制器，用提供给使用者的近似于继电器控制电路图的编程语言进行编程。这些“软继电器”的线圈、常开触点、常闭触点一般用图2-1所示符号表示。PLC控制系统的组成示意图如图2-2所示。

图2-1　“软继电器”的线圈与触点

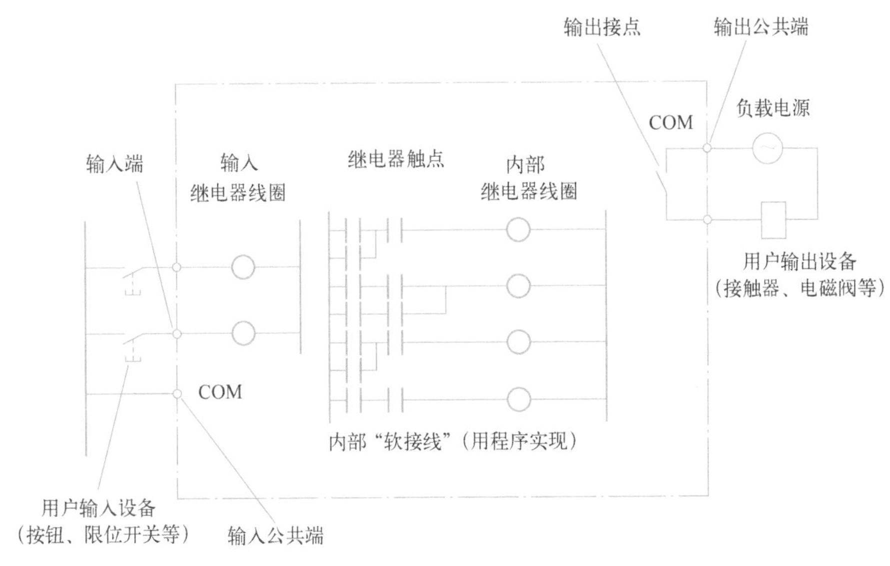

图2-2　PLC控制系统的组成示意图

应当注意，PLC内部的继电器并不是实际的物理继电器，它实质上是存储器中的某些触发器，该位触发器状态为“1”时，相当于继电器接通；该位触发器状态为“0”时，相当于继电器断开。

PLC为用户提供的继电器一般是输入继电器、输出继电器、辅助继电器、特殊功能继电器、移位寄存器、计时/计数器等。其中输入/输出继电器一般与外部输入、输出设备相连接，而其他继电器与外部设备没有直接联系，因此可统称为内部继电器。

不同机型PLC中各类继电器的数量及使用方法不尽相同，实际应用中请注意。

2.1.2　PLC常用术语

PLC是在继电器控制系统和计算机的基础上发展起来的，因此PLC控制系统中使用了一些继电器控制系统术语和计算机术语，但其含义又不完全相同。为便于叙述和理解，对PLC中的一些常用术语简述如下。

1. 位（Bit）

位是PLC中逻辑运算的基本元素，通常也称为内部继电器。位实际上是PLC存储器中的一个触发器，有两个状态，即“0”和“1”，有时也称为 OFF 和 ON。位可以作为条件参与逻辑运算，相当于继电器的触点，但可以无限次地使用。位也可以作为输出，存放逻辑运算的结果，相当于继电器的线圈。

2. I/O 点（I/O Point）

PLC 中可以直接和输入设备相连接的触点（位）称为输入点，可以直接和输出设备相连接的触点（位）称为输出点，输入点和输出点统称为 PLC 的 I/O 点。PLC 的 I/O 点数越多，控制规模越大。有时也用 I/O 点数来表征 PLC 的规模。

3. 通道（Channel）

4 个二进制位构成 1 个数字。这个数字可以是 0~9（用于十进制数的表示），也可以是 0~F（用于十六进制数的表示）。2 个数字或 8 个二进制位构成 1 个字节。2 个字节构成 1 个字。字也可称为通道，1 个通道含 16 位，或者说含 16 个继电器。上述关系表示如图 2-3 所示。

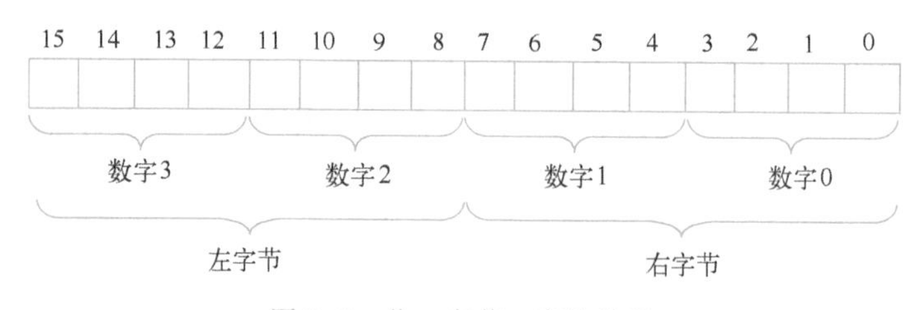

图 2-3 位、字节、字的关系

4. 区（Area）

区是相同类型通道的集合。PLC 中一般有数据区、定时/计数器区、内部继电器区等。不同类型的 PLC，所具有的区的种类、容量差别较大。

2.2 PLC 的基本组成

PLC 是一种工业控制用计算机，其组成与微型计算机基本相同。

2.2.1 PLC 的硬件组成

PLC 的硬件一般由主机、I/O 扩展机及外部设备组成，其简化框图如图 2-4 所示。仅有主机没有扩展机的构成方式称为基本构成方式。带有扩展机的构成方式称为扩展构成方式。

1. 主机（CPU 模块）

在主机内部，由微处理器通过数据总线、地址总线、控制总线以及辅助电路连接存储器、接口及 I/O 单元，诊断 PLC 的硬件状态；接收来自编程器或计算机的用户程序和数据，并送入用户程序存储器中存储；诊断编程过程中的语法错误，对用户程序进行编译；读取、解释并执行用户程序；按规定的时序接收输入状态、刷新输出状态，与外部设备交换信息等。总之，由主机实现对整个 PLC 的控制和管理。主机在很大程度上决定了 PLC 的整体性能。

当 PLC 处于运行状态时，首先以扫描的方式接收现场各输入装置的状态和数据，并分

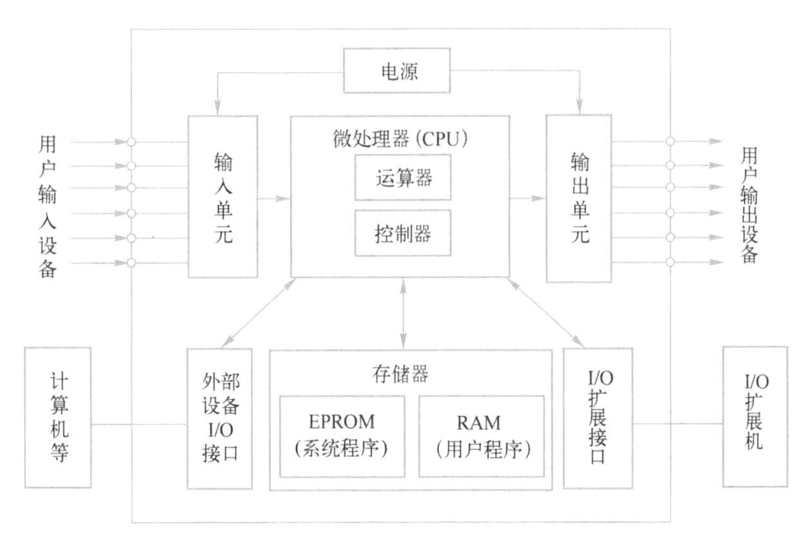

图2-4 PLC硬件简化框图

别存入相应的输入缓冲区。然后从用户程序存储器中逐条读取用户程序，经过命令解释后按指令的规定执行完毕后，将I/O缓冲区的各输出状态或输出寄存器内的数据传送到相应的输出装置。如此循环运行，直到PLC处于停机状态，用户程序停止运行。CPU模块一般都有相应的状态指示灯，如电源指示、运行/停止指示、输入/输出指示、通信指示和故障指示等。此外，CPU模块上还有用来设定工作方式和内存区等的设定开关。

CPU模块的存储器用于存储程序和数据。系统程序存储器用于存储系统程序，一般采用只读存储器（Read-Only Memory，ROM）或可擦可编程只读存储器（Erasable Programmable Read-Only Memory，EPROM）。PLC出厂时，系统程序已固化在存储器中。用户程序存储器用于存储用户的应用程序。用户根据实际控制的需要，用PLC的编程语言编制应用程序，通过编程器输入到PLC的用户程序存储器。中小型PLC的用户程序存储器一般采用EPROM、电擦除可编程只读存储器（Electrically-Erasable Programmable Read-Only Memory，EEPROM）、FEPROM或加后备电池的RAM等。有的PLC，其用户程序存储器有多种类型和型号可供选择，用户可根据实际需要选用。数据存储器用于PLC的数据区、定时/计数器区、内部继电器区等，采用RAM。

2. 电源

PLC使用220V交流电源或24V直流电源，内部的开关电源为各模块提供5V、12V、24V等直流电源。电源的交流输入端一般接有尖峰脉冲吸收电路，以提高抗干扰能力。小型PLC电源的交流输入电压范围一般较宽，如有的小型PLC可在AC 160~260 V范围内正常工作。

3. 输入/输出模块

输入/输出模块即I/O模块，是PLC与现场I/O设备或其他外部设备之间的连接部件。PLC通过输入模块把工业设备或生产过程的状态或信息读入主机，通过用户程序的运算与操作，把结果通过输出模块输出给执行机构。输入模块用于调理输入信号，对输入信号进行滤波、隔离、电平转换等，把输入信号的逻辑值安全可靠地传递到PLC内部。输出模块用于把用户程序的逻辑运算结果输出到 PLC 外部，输出模块具有隔离 PLC 内部电路和外部执行元件的作用，还具有功率放大的作用。PLC 种类很多，每种 PLC 可使用多种型号的输入、输出模块，但各种输入、输出模块的基本原理是相似的。在此，介绍几种常用的输入、输出模块，说明其工作原理。

（1）直流开关量输入模块　直流开关量输入模块原理图如图 2-5 所示。在直流输入模块中，R_1为限流电阻，R_2和 C 构成滤波电路，可过滤掉输入信号的高频抖动。D 为输入指示灯，T 为直流式光电隔离器。输入模块的外接直流电源极性任意。当输入开关闭合时，经 R_1、T 的二极管、D 构成通路，输入指示灯 D 亮，表示该路输入的开关量状态为 ON。输入信号经 T 隔离后，再经滤波器滤波，转换成 5 V 电平的直流输入信号，经输入选择器与微处理器总线相连，将外部输入开关的状态输入到 PLC 内部。

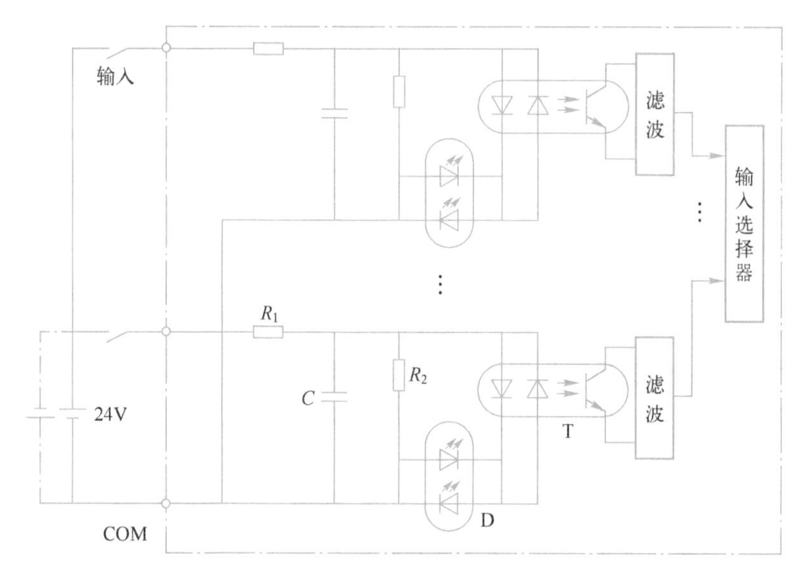

图 2-5　直流开关量输入模块原理图

图 2-5 给出的是直流开关量输入模块两路输入信号的原理图，其他各路输入信号的原理图与其相似。各输入信号回路有一个公共点，即图中的 COM 点，这种输入模块称为汇点式输入模块。各输入信号回路相互独立的输入模块，称为分隔式输入模块。

有的输入模块不需要外接电源，称为无源式输入模块。无源式输入模块的电路原理图及内部参数与直流模块相同，只是其电源采用的是 PLC 的内部直流电源。

（2）交流开关量输入模块　交流开关量输入模块原理图如图 2-6 所示。在交流开关量输入模块中，R_1为取样电阻，同时具有吸收浪涌的作用。C 为电容器，具有隔直流通交流的作用。R_2和 R_3构成分压电路。D 为输入指示灯，T 为交流式光电隔离器。当输入开关闭合时，经 C、R_2、T 的二极管和 D 构成通路，输入指示灯 D 亮，表示该路输入的开关量状态为 ON。交流输入信号经光电隔离器 T 后，转换成 5 V 电平的直流信号，再经过滤波器滤波后，通过输入选择器与微处理器总线相连，把外部输入开关的状态输入到 PLC 内部。另外，还有交直流开关量输入模块，其电路原理图同图 2-5，但其电路参数有所不同，所用的光电隔离器为交直流式光电隔离器，所采用的电源可为交流也可为直流电源。

（3）直流开关量输出模块　直流开关量输出模块原理图如图 2-7 所示。直流开关量输出模块因其驱动电路采用晶体管进行驱动放大，所以又称为晶体管开关量输出模块。其输出方式一般为集电极输出，外加直流负载电源。其带负载能力一般为：每个输出点 1 A 左右，每个模块 3 A 左右。晶体管开关量输出模块为无触点输出模块，使用寿命较长。图 2-7 给出的是汇点式输出直流开关量输出模块原理图，图中仅画出了两路开关量输出（又称两个输出点）的原理图，其他各路输出的原理图与之相同。图中 D 为输出指示灯、VT_1为输出晶体管，VD_1为负载续流二极管，VD_2为保护二极管，FU 为熔断器。当对应于 VT_1的内部继电器为 ON 时，PLC 的微处理器通过数据总线和地址总线使该输出模块的输出锁存器中相应的位为高电平，D 亮，表示该输出点开关量为 ON 状态；晶体管 VT_1饱和导通，无触点开关闭合，负载 L_1得电。当对应 VT_1的内部继电器为 OFF 时，D 灭，表示该输出点开关量为 OFF 状态；晶体管 VT_1截止，无触点开关断开，负载 L_1失电，并通过续流二极管 VD_2续流释放能量。

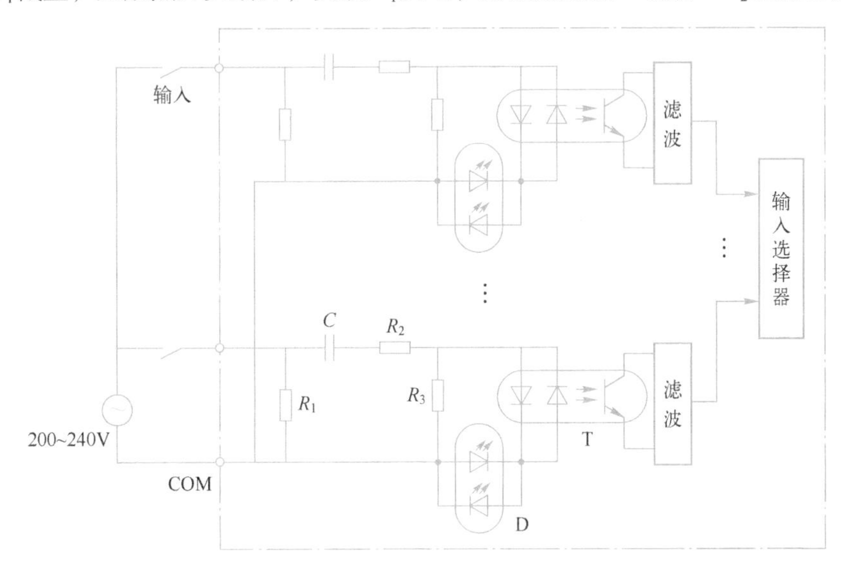

图 2-6　交流开关量输入模块原理图

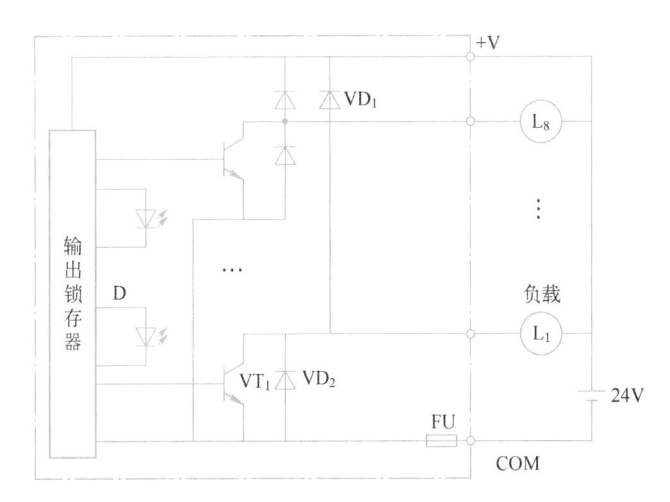

图 2-7　直流开关量输出模块原理图

（4）交流开关量输出模块　交流开关量输出模块原理图如图 2-8 所示。交流开关量输出模块的驱动电路采用光控双向晶闸管进行驱动放大，所以交流开关量输出模块又称为晶闸管输出模块。该模块外加交流负载电源，带负载能力一般为每个输出点 1 A 左右，每个模块 4 A 左右。不同型号的交流开关量输出模块的外加交流负载电源电压和带负载能力有所不同。晶闸管输出模块为无触点输出模块，使用寿命较长。

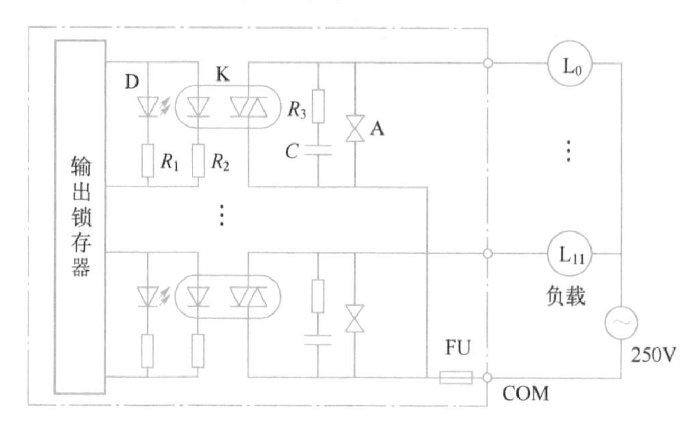

图 2-8 交流开关量输出模块原理图

图 2-8 给出的是汇点式晶闸管输出模块原理图。图中，D 为输出指示灯，R_1、R_2为限流电阻，K 为光控双向晶闸管，A 为浪涌吸收器，FU 为熔断器，R_3和 C 构成阻容吸收电路。当对应于 K 的内部继电器为 ON 时，K 导通，L_0得电，同时 D 亮。当对应于 K 的内部继电器为 OFF 时，K 关断，L_0失电，D 灭。

（5）继电器输出模块 继电器输出模块原理图如图 2-9 所示。继电器输出模块采用继电器进行驱动放大。它采用继电器触点的形式输出，外加负载电源根据负载的情况确定，可为交流也可为直流电源。继电器输出模块为有触点开关式输出模块，使用寿命相对于无触点输出模块而言较短，开关动作一般为 5000 万次左右，但其使用比较灵活。因此，在输出动作不是很频繁的场合，通常采用继电器输出模块。

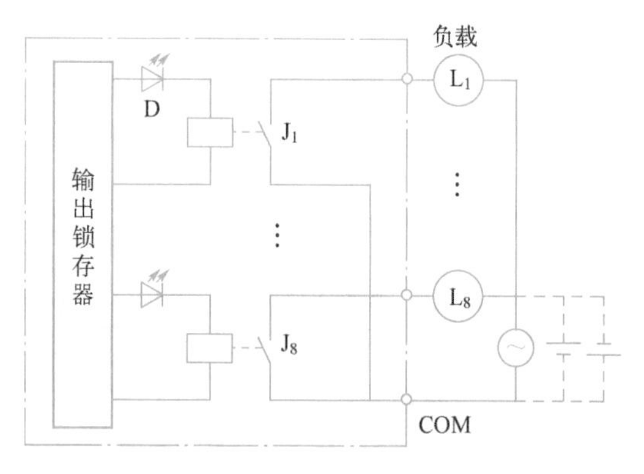

图 2-9 继电器输出模块原理图

图 2-9 所示继电器输出模块中，D 为输出指示灯，J_1为输出驱动放大继电器。当对应于 J_1的内部继电器为 ON 时，D 亮，J_1得电吸合，其触点闭合，负载 L_1得电；当对应于 J_1的内部继电器为 OFF 时，D 灭，J_1失电，其触点断开，负载 L_1失电。

（6）开关量输入/输出模块等效电路 开关量输入模块上每一个输入信号对应于 PLC 的一个位，即一个内部继电器。对应于输入信号的位的状态，与输入信号的状态完全相同。在 PLC 内部，通过逻辑指令对该位的操作，可以获得该输入信号的常开、常闭、常开延时开、常开延时闭、常闭延时开、常闭延时闭、上升沿微分、下降沿微分等形式的触点。可见，一个输入信号（按钮、开关等）只需要向输入模块接入一个触点即可。输入模块等效电路如图 2-10 所示。图中，内部继电器号是 C200Hα 型 PLC 的 000 通道用作输入通道时的编号。

开关量输出模块向PLC外部输出开关逻辑。开关量输出模块上的每一个输出点对应于PLC内部的一个位，输出开关的状态与对应的PLC内部位的状态完全相同。图2-11所示为开关量输出模块等效电路。图中，内部继电器号是C200Hα型PLC的001通道用作输出模块时的编号。

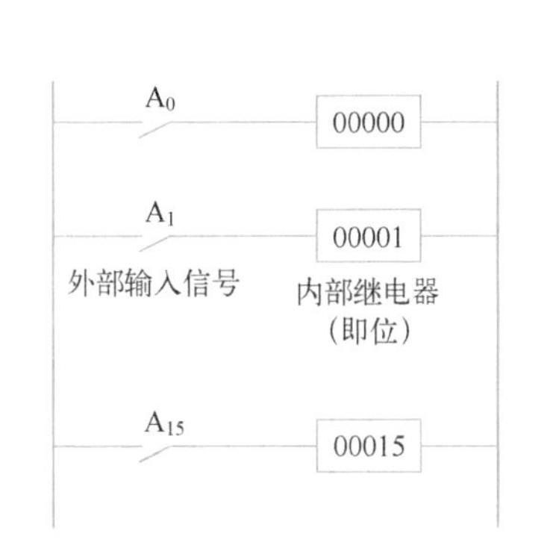

图2-10 开关量输入模块等效电路

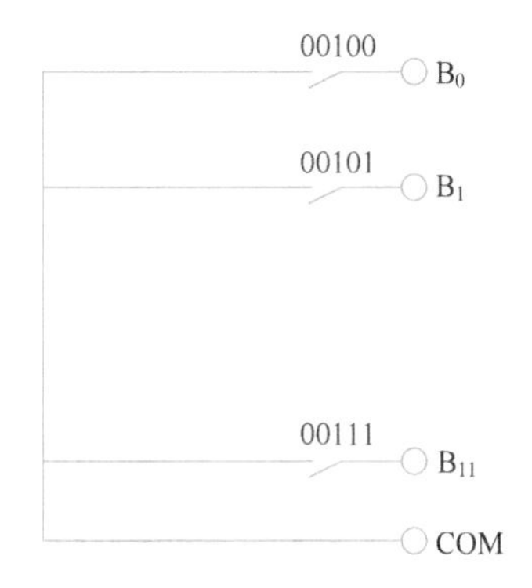

图2-11 开关量输出模块等效电路

4. 功能模块

除开关量输入/输出外，PLC的其他输入/输出功能由功能模块来实现。一个功能模块占用多个输入/输出通道，因此在组合式PLC中对功能模块的使用数量存在限制，而对开关量输入/输出模块的数量不加限制。一般地，除编程器以外的外部设备需经功能模块才能与主机总线连接。因此，对应于各种外部设备以及PLC要完成的特殊输入/输出功能，有多种功能模块。较常用的功能模块有：

1）模拟量输入模块（即A/D模块）：该模块用于将模拟量转换为数字量，将数字量输入到PLC内部。模拟量输入模块的输入模拟信号一般为标准传感器信号。

2）模拟量输出模块（即D/A模块）：该模块用于将PLC内部的数字量转换为模拟量，将模拟量输出到PLC外部。模拟量输出模块的输出模拟信号一般为标准传感器信号。

3）温度传感器模块：可直接接铂-铑温度传感器或热电偶，将温度传感器信号转换为数字量的温度值，并输入到PLC的内部。该模块广泛应用于温度控制系统中。

4）高速计数模块：该模块用于处理高频开关量信号，可接旋转编码器等，广泛应用于速度控制系统中。

5）PID模块：该模块可按多种PID算法对模拟量进行控制，广泛应用于回路控制系统中。

6）远程I/O模块：在远程扩展构成方式下，远程I/O模块作为主站，在作为从站的远程扩展机和主机之间进行信息交换。

7）通信模块：该模块用于处理通信，构成网络。上位通信模块用于构成计算机与PLC间的网络，一台计算机可与多台PLC构成网络。PLC通信模块用于在多台PLC间构成PLC网络。

5. 编程装置

编程装置用来对PLC进行编程和设置各种参数。通常PLC编程有两种方法：一种方法是采用手持式编程器，它体积小，价格便宜，但是只能输入和编辑指令表程序，又叫作指令编程器，便于现场调试和维护；另一种方法是采用安装有编程软件的计算机，这种方式可以在线观察梯形图中触点和线圈的通断情况及运行时 PLC 内部的各种参数，便于程序调试和故障查找。程序编译后下载到 PLC，也可将 PLC 中的程序上传到计算机。程序可以存盘或打印，通过网络还可以实现远程编程和传送。

6. 外围接口

通过各种外围接口，PLC 可以与编程器、计算机、PLC、变频器、打印机、显示器等连接，总线扩展接口用来扩展 I/O 模块和智能模块等。

2.2.2 PLC 的软件系统

1. 系统程序和用户程序

系统程序是 PLC 赖以工作的基础，采用汇编语言编写，在 PLC 出厂时就已固化于 ROM 型系统程序存储器中，不需要用户干预。系统程序分为系统监控程序和解释程序。系统监控程序用于监视并控制 PLC 的工作，如诊断 PLC 系统工作是否正常，对 PLC 各模块的工作进行控制，与外部设备交换信息，根据用户的设定使 PLC 处于编制用户程序状态或者处于运行用户程序状态等。解释程序用于把用户程序解释成微处理器能够执行的程序。当 PLC 处于运行方式时，系统监控程序启动解释程序，解释程序将用户利用梯形图语言或语句表编制的用户程序解释成处理器可执行的指令组成的程序，处理器执行这些处理后的程序完成用户的控制任务。与此同时，系统监控程序对这一过程进行监视并控制，发现异常立即进行报警并做出相应的处理。

用户程序又称为应用程序，是用户为完成某一特定的控制任务而利用 PLC 的编程语言编制的程序。

2. 编程语言

各种型号的 PLC 都有其自己的编程语言，但这些编程语言基本可分为两类：梯形图语言和语句表语言。语句表语言类似于计算机汇编语言，是用指令助记符来编程的。其表达形式为：

操作码　　　操作数
（指令）　　（数据）

用若干条语句构成了语句表语言程序，以 CPM 系列 PLC 为例编程如下：

LD	00100	表示逻辑操作开始，常开触点 00100 与母线相连
OR	01000	表示常开触点 01000 与前面的触点并联
ANDNOT	00101	表示常闭触点 00101 与前面的触点串联
OUT	01000	表示前面的逻辑运算结果输出给 01000
END		表示程序结束

梯形图语言是类似于继电器控制电路图的一种编程语言，它面向控制过程，直观易懂，是 PLC 编程语言中应用最多的一种语言。图 2-12 所示为电动机起保停控制电路的梯形图。

对照图 2-12 梯形图和前面的语句表程序，可以发现，根据梯形图可以很方便地写出语句表，根据语句表也可以很方便地画出梯形图。在实际应用中，可根据自己的喜好选择语句表或梯形图进行编程。

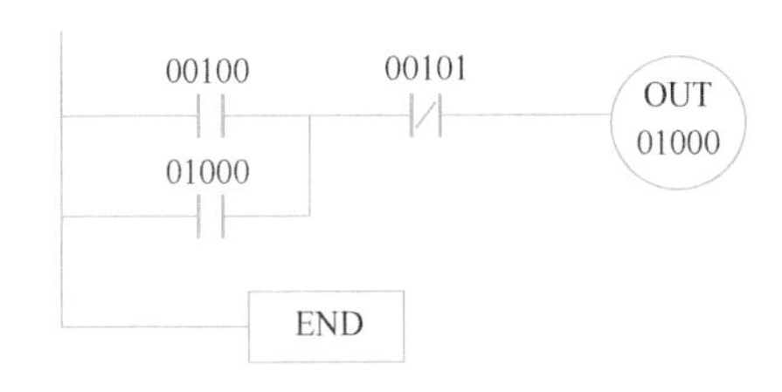

图 2-12　电动机起保停控制电路的梯形图

不同品牌的 PLC，其编程语言存在差异，除了上述梯形图和语句表之外，还有功能块图、顺序功能图、结构文本等编程语言。

 2.3 PLC 的工作方式

2.3.1　工作方式

视频
PLC 的工作方式

当 PLC 运行时，CPU 就要执行用户程序中的操作。但是 CPU 不可能同时执行多个操作，只能分时地按照程序一个操作一个操作地顺序执行。PLC 利用系统软件在其内部建立了输入映像区和输出映像区。在用户程序执行前首先将输入信号采样到输入映像区，当 PLC 的 CPU 执行用户程序时，从输入映像区中读取输入信号的状态，进行相应的操作。当 CPU 执行完第一个操作后，将操作结果送到输出映像区，然后执行第二个操作，操作结果送到输出映像区。通常情况下，在程序执行过程中，PLC 并不读取输入信号的真正状态，执行结果也并没有输出到 PLC 外部。只有当程序执行结束时，将输出映像区中执行结果向 PLC 外部输出一次，然后再将输入信号的状态读取一次送到输入映像区。对输入、输出信号的这一操作过程称为 I/O 刷新。I/O 刷新完成后，CPU 再从用户程序的第一条指令开始进行下一次程序执行。PLC 的这种工作方式被称为循环扫描方式。由于 PLC 在执行用户程序过程中不对 I/O 信号进行读入和输出，只在程序执行完一遍后进行 I/O 刷新，所以从外观上看，用户程序好像是同时执行的。但是，如果程序中有两个操作需要用到对方的操作结果，那么前一个操作所用到的是后一个操作在上一次执行程序时的结果，后面一个操作用到的是前一个操作当次的执行结果。如果程序中两个操作不需要对方的操作结果，那么这两个操作的程序在整个用户程序中的相对位置是无关紧要的。

综上所述，PLC 采用循环执行用户程序的方式，称为循环扫描工作方式。主要包括输入采样、用户程序执行和输出刷新 3 个阶段，只要 CPU 在运行状态，这 3 个阶段就依次循环执行。

2.3.2　扫描工作方式

各种 PLC 均采用扫描方式工作，但其扫描时间上有所不同。所谓扫描时间，是指 PLC 两次执行用户程序之间的时间间隔，又称为扫描周期或循环周期。下面以 C200Hα 为例来讨论扫描时间和 I/O 响应时间。C200Hα 系列 PLC 是欧姆龙公司继 C200H 和 C200HS 之后推出的系列 PLC 产品，属于中型机，主要增加了 PLC 的网络功能。

PLC 运行时，其 CPU 按图 2-13 所示流程图工作。

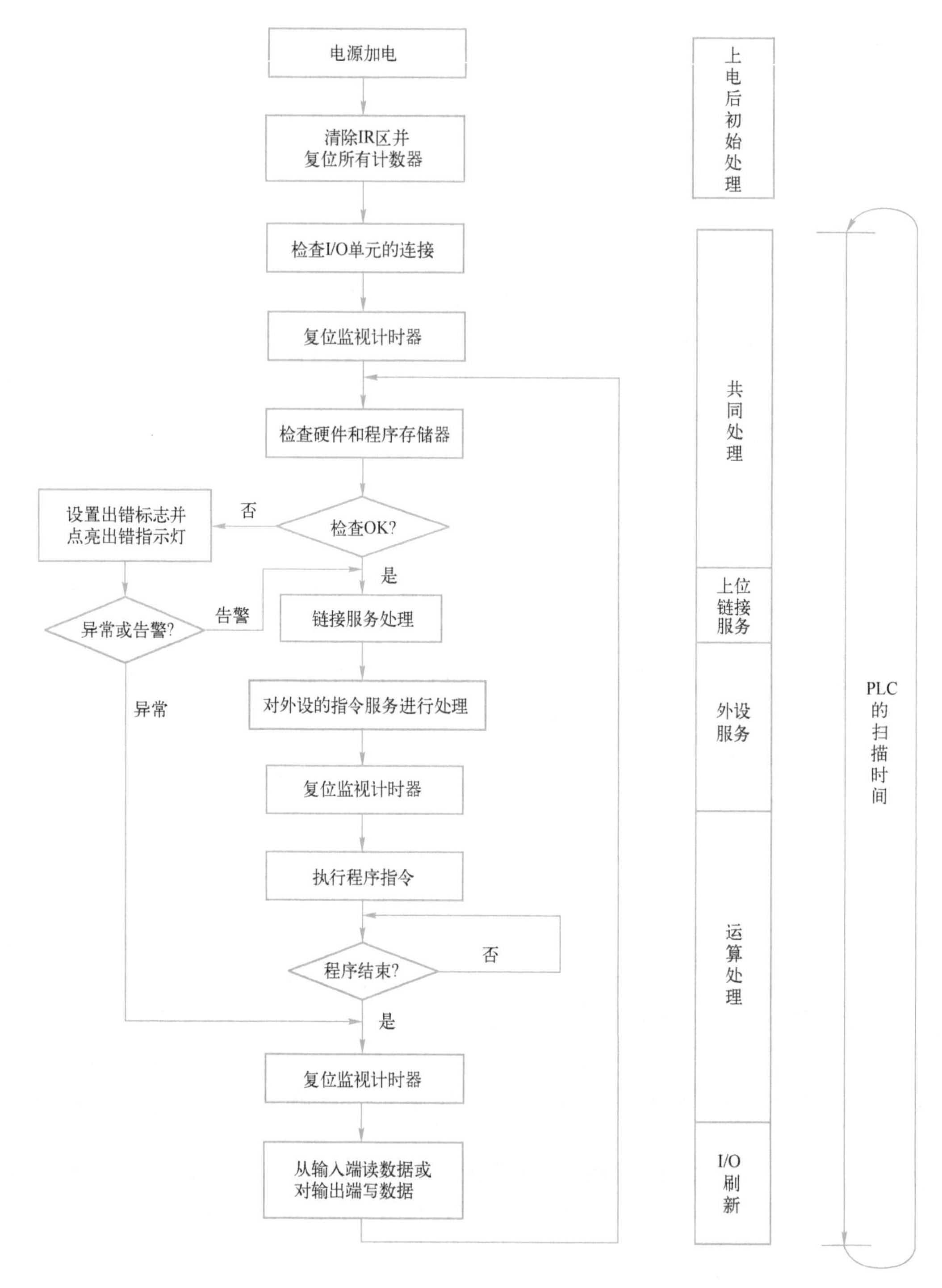

图 2-13 C200Hα 系列 PLC CPU 工作流程图

CPU 的操作可以分为如下 6 部分：上电后初始处理、共同处理、上位链接服务、外设服务、运算处理、I/O 刷新。其中，共同处理、上位链接服务、外设服务、运算处理、I/O 刷新所占用的时间构成了 PLC 的扫描时间 T_S。

1. 上电后初始处理

PLC刚加上电源后，进行一次上电后初始处理，为PLC工作做好准备。上电后初始处理用于清除内部继电器区，并复位所有计时器，检查I/O单元的连接等。

2. 共同处理

共同处理用于复位监视计时器，检查I/O总线是否正常，检查扫描时间是否过长，检查程序存储器有无异常。检查正常后，方可进行下面的操作。如果有异常情况，可根据错误的严重程度发出报警或停止PLC运行。共同处理时间记为T_C。

3. 上位链接服务

在构成计算机-PLC网络时，上位链接服务用于处理与计算机间的通信。上位链接服务时间记为T_L。

4. 外设服务

外设服务用于处理来自外部设备的信息。外设服务时间T_O取决于共同处理时间T_C、上位链接服务时间T_L、运算处理时间T_P和I/O刷新时间T_R。

5. 运算处理

运算处理用于执行用户程序。用户程序按照从左往右、先上后下的顺序执行，并将结果存于输出映像区中。每条指令均有其执行时间，并且同一条指令执行时与不执行时所占用的时间也不相同。运算处理时间就是CPU执行一遍用户程序所用的时间。受此因素影响，运算处理时间T_P不是常数，而是受程序状态的影响，每次执行程序都不尽相同。

6. I/O刷新

在每次程序执行完后，通过I/O刷新，从输入部分读取输入信号的状态并送入输入映像区，从输出映像区中将程序执行结果输出到PLC外部。I/O刷新时间T_R与PLC硬件系统的构成有关，取决于PLC中I/O模块的数量以及是否具有远程扩展机。PLC的I/O刷新时间为主机和近程扩展机I/O刷新时间加上远程部分I/O刷新时间。

7. PLC扫描时间T_S

PLC的扫描时间$T_S=T_C+T_L+T_O+T_P+T_R$。由于运算处理时间T_P不是定值，构成计算机-PLC网络时上位链接服务时间T_L也不是定值，所以在一个PLC控制系统中当用户程序不变的情况下，PLC扫描时间T_S也不是定值。扫描时间T_S的长短，对PLC的工作有着重要影响。扫描时间越长，PLC系统反应越慢，输入信号的允许频率越低，用于定位控制时产生的误差越大。因此，在进行PLC系统设计时，除硬件选择得当、结构合理外，软件上应尽可能地减小运算处理时间T_P，从而减小扫描时间T_S。

2.3.3 I/O响应

I/O响应是指外部输出状态对与之相关的输入状态变化的反应。下面讨论的I/O响应局限于输入状态改变后输出立即做出反应的情况，不包括输入状态改变后经固定延时输出做出反应，或还需取决于其他条件输出方能做出反应的情况。如行车行进中，按下停止按钮，输出继电器断开，行车停止行进。从按下停止按钮到行车输出继电器断开这一过程是行车系统的I/O响应。理想情况下，按下停止按钮，输出继电器应立即断开。但是，PLC在执行程序时输入信号的状态并不读入，而是执行完一遍程序进行 I/O 刷新时才读入输入信号的状态。因此，从按下按钮到继电器断开需要一定的时间，这段时间便是 I/O 响应时间。I/O 响应时间是从输入信号状态发生改变到与之对应的外部输出状态发生改变之间的时间。I/O 响应时间是表征 PLC 反应速度的一个重要指标，它取决于 PLC 系统的结构，并与 PLC 的扫描时间密切相关。

在讨论 I/O 响应时间时，假定输入信号由 OFF 变为 ON 状态，与之相关的外部输出也由 OFF 变为 ON 状态。对于输入信号，从其外部状态发生变化，经输入模块后，到其内部对应于输入信号的电路状态发生变化，这之间有一段延迟时间，这一延迟时间称为输入延迟时间或输入响应时间。当输入信号由 OFF 变为 ON 时，这一时间称为输入 ON 响应时间。对于输出信号，从 I/O 刷新改变对应于输出信号的 PLC 内部电路状态，到外部输出改变状态之间的延迟时间称为输出延迟时间或输出响应时间。当输出由 OFF 变 ON 时，这一时间又称为输出 ON 响应时间。输入响应时间和输出响应时间分别取决于输入模块、输出模块的型号，与 PLC 系统的构成和扫描时间无关。

输入信号状态由 OFF 变为 ON 后，经输入模块输入 ON 响应时间后进入 PLC 内部。在进行 I/O 刷新时，PLC 将输入信号的状态读入输入映像区，经过下一个扫描周期的程序执行后，执行结果送入输出映像区，在下一次 I/O 刷新时执行结果送往输出模块，经输出 ON 响应时间后输出由 OFF 变为 ON。显然，当输入信号进入 PLC 内部时，若正是 I/O 刷新时间，则 I/O 响应时间最短；若刚好错过 I/O 刷新时间，则 I/O 响应时间最长。

因此，最小 I/O 响应时间=输入 ON 响应时间+扫描时间+输出 ON 响应时间。最小 I/O 响应下的时序图如图 2-14 所示。

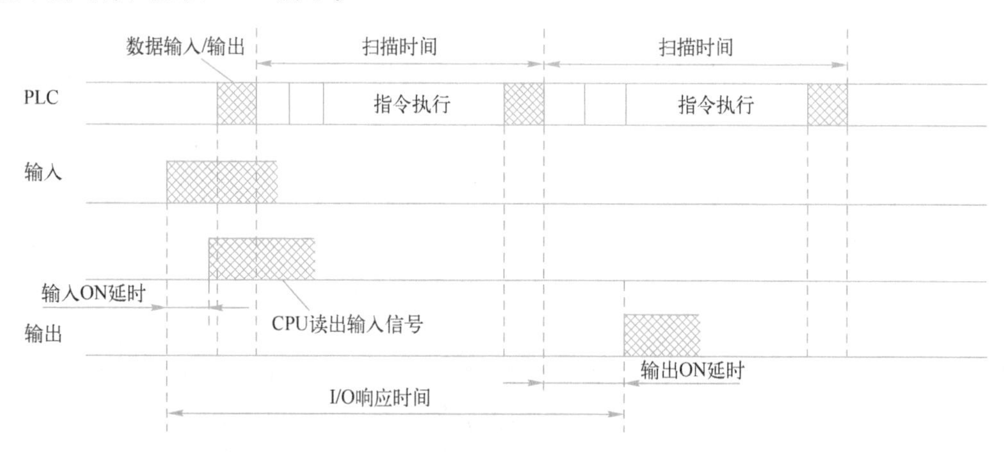

图 2-14 最小 I/O 响应下的时序图

最大 I/O 响应时间=输入 ON 响应时间+2×扫描时间+输出 ON 响应时间，最大 I/O 响应下的时序图如图 2-15 所示。

由此可以发现：

1）输入信号状态改变后，与之相关的输出状态不能立即改变，需经过 I/O 响应时间后输出状态才能改变。

2）I/O 响应时间不是一个常数，它介于最大 I/O 响应时间和最小 I/O 响应时间之间。

3）如果输入信号状态改变后保持时间较短，小于一个扫描周期的时间，则输出状态有

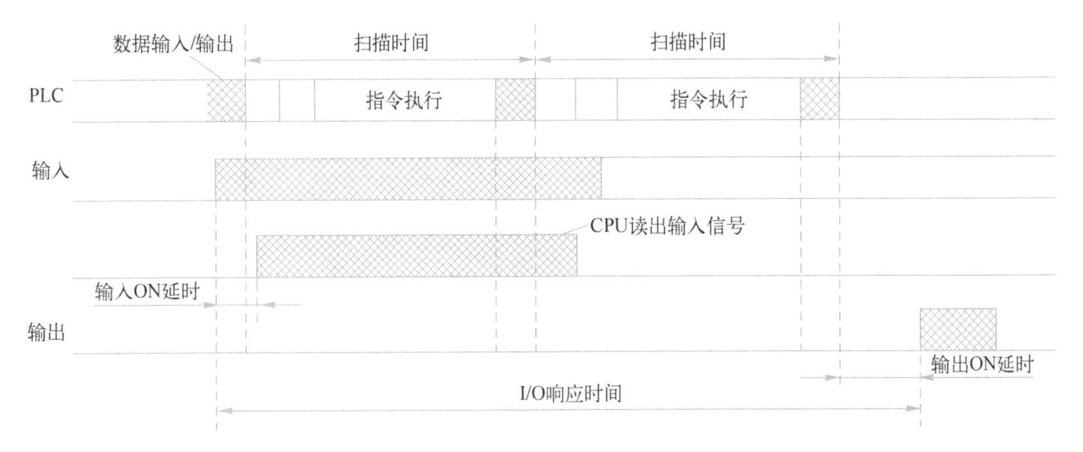

图 2-15 最大 I/O 响应下的时序图

可能改变也有可能不改变。因此，为使 PLC 系统工作稳定可靠，输入信号的状态保持时间应大于扫描时间。

2.4 习题

1. 什么是存储程序控制？什么是接线程序控制？各有什么特点？
2. 什么是 PLC 的 I/O 点？什么是 PLC 的位？两者间有什么联系？
3. 什么是 PLC 的系统程序？什么是 PLC 的用户程序？它们的作用分别是什么？
4. PLC 工作时采用什么方式？为什么从外观上看 PLC 程序好像是同步执行的？
5. PLC 在一个工作周期中完成哪些工作？
6. 扫描时间对 PLC 系统的运行有什么影响？
7. 解释下列名词：

（1）输入响应　（2）输入 ON 响应　（3）输入 OFF 响应
（4）输出响应　（5）输出 ON 响应　（6）输出 OFF 响应
（7）程序执行时间　（8）扫描时间　（9）I/O 响应
（10）I/O 刷新

第3章 S7-1200 PLC 程序设计基础

S7-1200 系列 PLC 是西门子公司推出的专门面向中小型自动化控制系统设计的 PLC。这个系列的 PLC 硬件设计紧凑，扩展能力强，通信功能强大，集成性好，安全性高，在中小型自动化系统中得到了广泛的应用。本章主要介绍 S7-1200 PLC 的相关硬件、数据类型与存储器、S7-1200 PLC 的工作过程及编程语言、PLC 程序的基本结构以及 PLC 程序的编写与调试等。

3.1 西门子 PLC 简介

3.1.1 西门子 PLC 系列产品定位

德国西门子（SIEMENS）公司的 PLC 产品从低端到高端主要包括 LOGO!、S7-200、S7-1200、S7-300、S7-400、S7-1500 等⊖。在自动化控制领域一般有小型、中型、大型自动化控制系统。在小型自动化控制系统中，其控制器可以采用西门子 LOGO! 全系列、S7-200 系列、S7-200 SMART 系列、S7-1200 系列；中型自动化控制系统可以选择西门子 PLC S7-1200 系列、S7-300 系列或 S7-1500 系列；大型自动化控制系统可以选择西门子 PLC S7-400 系列或 S7-1500 系列。

从可扩展性、系统运行速度和通信能力来讲，西门子 LOGO! 8 系列、S7-200 SMART 系列、S7-1200 系列、S7-1500 系列的 PLC 分别比西门子 LOGO! 老型号、S7-200 系列、S7-300 系列、S7-400 系列相对应的功能更加强大，如图 3-1 所示。

3.1.2 S7-1200 PLC 的硬件

SIMATIC S7-1200 小型 PLC 是西门子公司的新一代小型 PLC，它将微处理器、集成电源、输入和输出电路组合到一个设计紧凑的外壳中以形成强大的功能，它具有集成的 PROFINET 接口、强大的工艺集成性和灵活的可扩展性等特点，可满足中小型自动化的系统应用中不同的自动化需求。

S7-1200 硬件主要包括 CPU 模块、通信模块（Communication Module，CM）、信号模块

⊖ 目前，S7-200 系列 PLC 已经停产，S7-300 和 S7-400 系列 PLC 虽然目前尚未完全停产，但有部分老旧型号和模块正逐步被 S7 1200 和 S7 1500 PLC 代替。

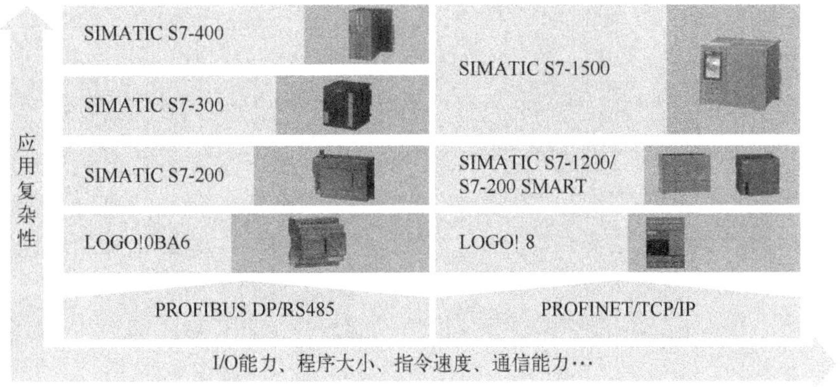

SIMATIC S7-400
SIMATIC S7-300
SIMATIC S7-200
LOGO!0BA6
SIMATIC S7-1500
SIMATIC S7-1200/ S7-200 SMART
LOGO! 8
PROFIBUS DP/RS485
PROFINET/TCP/IP
应用复杂性
I/O能力、程序大小、指令速度、通信能力…

图 3-1　西门子 SIMATIC 系列产品定位

（Signal Module，SM）以及信号板（Signal Board，SB），并可根据项目需求灵活配置人机接口等外部设备。典型硬件结构如图 3-2 所示。

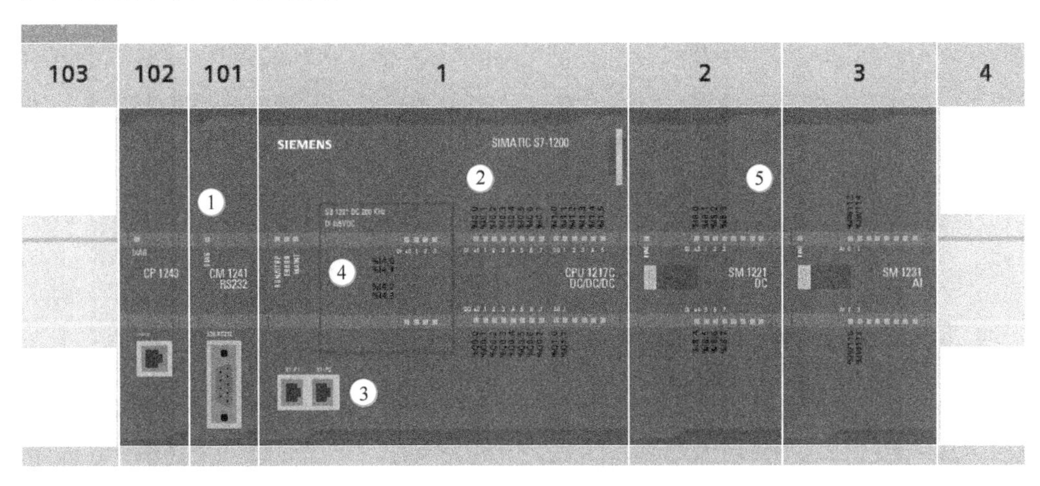

图 3-2　S7-1200 典型硬件结构

在图 3-2 中，S7-1200 的所有硬件都按照一定的顺序安装在一个标准的 35 mm DIN 导轨上，通信模块安装在 CPU 模块的左侧，信号模块安装在 CPU 模块的右侧。其中，①为通信模块或通信处理器（Communication Processor，CP），最多 3 个，分别插在插槽 101、102 和 103 中；②为 CPU 模块，在插槽 1 中；③为 CPU 模块的 PROFINET 端口；④为信号板、通信板（Communication Board，CB）或电池板（Battery Board，BB），最多 1 个，插在 CPU 中；⑤为数字量或模拟量 I/O 的信号模块（SM），最多 8 个，分别插在插槽 2～9 中（CPU 1214C、CPU 1215C 和 CPU 1217C 允许使用 8 个；CPU 1212C 允许使用 2 个；CPU 1211C 不允许使用任何信号模块）。

西门子 S7-1200 系列 PLC 的命名规则分为三部分，第一部分为模块标识符，第二部分为 PLC 系列，最后一部分代表模块类型。模块标识符表示模块的类型，主要包括中央处理器模块 CPU、电源模块（Power Module，PM）、信号模块、信号板、通信模块等；在第二部分中，S7-1200 系列 PLC 用 12 表示，1500 系列 PLC 用 15 表示；最后一部分的第一位数字代表模块的种类，通常情况下，1 为 CPU 模块，2 为数字量模块，3 为模拟量模块，4 为通信模块，第二位数字代表不同型号的产品。比如型号为 SM 1231 的模块，其第一部分模块标识符“SM”表示此模块为信号模块，第二部分 12 代表此模块为 1200 系列 PLC 模块，第三部分的第一位数字“3”表示此模块为模拟量模块，第二位数字“1”表示此模块为输入模块。

1. CPU 模块

CPU 模块以微处理器为逻辑运算核心，整合有电源、数字量输入/输出电路、模拟量输入/输出电路、PROFINET 接口、高速运动控制 I/O 以及存储卡插槽等。CPU 模块依据用户设定的逻辑关系，基于输入信号状态实现输出信号的控制，CPU 模块的 LED 灯显示集成 I/O 的工作状态。

目前 S7-1200 系列 PLC 的 CPU 型号主要有：CPU 1211C 、CPU 1212（F）C、CPU 1214（F）C、CPU 1215（F）C、CPU 1217C。其中，F 系列 PLC 主要用于有功能安全要求的应用场合，它除了拥有普通 PLC 所有特点外，还集成了安全功能，可支持到 SIL3/Cat. 4/PLe 安全完整性等级，符合 IEC 61508-2010、IEC 62061-2021、ISO 13849-1-2023、GB/T 20438—2017、GB/T 20830—2015 等国际和国内安全标准。上述型号中，除了 CPU 1217C 只有 DC/DC/DC 这种类型外，其他型号 CPU 都有 DC/DC/DC 和 AC/DC/RLY 和 DC/DC/RLY 三种类型。类型符号中有三个部分：第一部分表示 CPU 模块供电电源类型，DC 表示直流供电，AC 表示交流供电；第二部分为输入电源类型，DC 表示直流电源输入；第三部分表示输出形式，DC 为晶体管输出，RLY 为继电器输出。图 3-3 所示为 CPU 1212C 实物图。

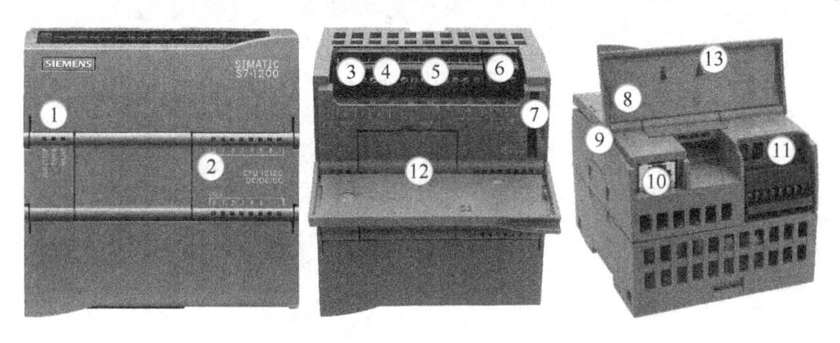

图 3-3 CPU 1212C 实物图

图 3-3 中，①为 CPU 状态指示灯，RUN / STOP 指示灯的颜色为橙色时指示 STOP 模式，绿色时指示 RUN 模式，绿色和橙色交替闪烁时指示 CPU 正在启动；ERROR 指示灯的颜色为红色且闪烁时表示有错误，如 CPU 内部错误、存储卡错误或组态错误（模块不匹配）等，红色时指示硬件出现故障；MAINT 指示灯在每次插入存储卡时闪烁。②为输入/输出信号状态指示灯，当某一数字输入/输出位有信号输入/输出时，DI/DO 对应位的指示灯会点亮为绿色。③为 PLC 供电电源端子，PLC 的类型不同，供电电源有所不同。如果 PLC 的类型是 DC/DC/DC、DC/DC/RLY，其允许的供电电压范围为 DC 20.4~28.8 V，在环境温度为-20~0℃时，其允许的供电电压范围为 DC 22.0~28.8 V，一般采用直流 24 V 供电；如果 PLC 的类型为 AC/DC/RLY，则允许供电电压范围为 AC 85~264 V，采用的是交流 110 V 或 220 V 供电。④为输出电源接线端子，PLC 可提供一个直流 24 V 电源，用于给传感器或其他模块供电。其中 CPU 1211C 和 CPU 1212C 的最大额定输出电流为 300 mA，CPU 1214C/

1215C/1217C的最大额定输出电流为400mA。⑤为数字量输入端子，用于接产生数字量信号或脉冲信号的外部设备，如开关、按钮、数字量传感器、编码器等，S7-1200 PLC既支持源型输入也支持漏型输入。⑥为模拟量输入端子，用于接产生模拟量信号的外部设备，如模拟量仪表、传感器等。S7-1200 CPU均具有两路模拟量输入，可以输入0~10 V的电压信号。此外，CPU 1215（F）C/1217C除具有模拟量输入端子外，还有模拟量输出端子，可以输出两路0~20 mA电流信号。⑦为存储卡（Memory Card，MC）插槽，S7-1200 PLC有专用的MC，MC可以组态为多种形式，比如作为程序卡可以用于CPU的外部装载存储器，以提供一个更大的装载存储区；作为传送卡可用于在不必使用STEP 7 Basic编程软件的情况下复制一个程序到一个或多个CPU的内部装载存储区；作为固件更新卡可用于更新S7-1200 CPU固件版本。目前MC容量有4 MB、12 MB、14 MB、256 MB、2 GB、32 GB等类型。⑧为网络状态指示灯，用于指示以太网通信状态。如果Link指示灯（绿色）点亮表示网络连接成功，如果Rx/Tx指示灯（黄色）闪烁则表示正在进行数据传输。⑨为通信模块扩展口，用于扩展通信模块，S7-1200 PLC最多可以扩展3个通信模块。在CPU模块另一侧的相同位置设有信号模块扩展口，用于扩展信号模块，信号模块包括数字量输入、数字量输出、数字量输入/输出、模拟量输入、模拟量输出、模拟量输入/输出等模块。⑩为PROFINET/IE接口，这个接口支持PROFINET通信和以太网通信，可用于PLC与编程设备、PLC与触摸屏/上位机以及PLC与PLC之间的通信。这个端口除了支持S7协议之外，还支持TCP/IP、UDP、ISO_on_TCP、Modbus TCP等通信协议。⑪为数字量输出端子，用于接外部负载，如指示灯、继电器、电磁阀等。所接负载类型根据PLC的输出类型不同而不同，如果是晶体管输出则可以接直流负载，如果是继电器输出则既可以接交流也可以接直流负载。⑫和⑬分别为PLC模块的上盖板和下盖板。CPU 1212C的接线图如图3-4所示。

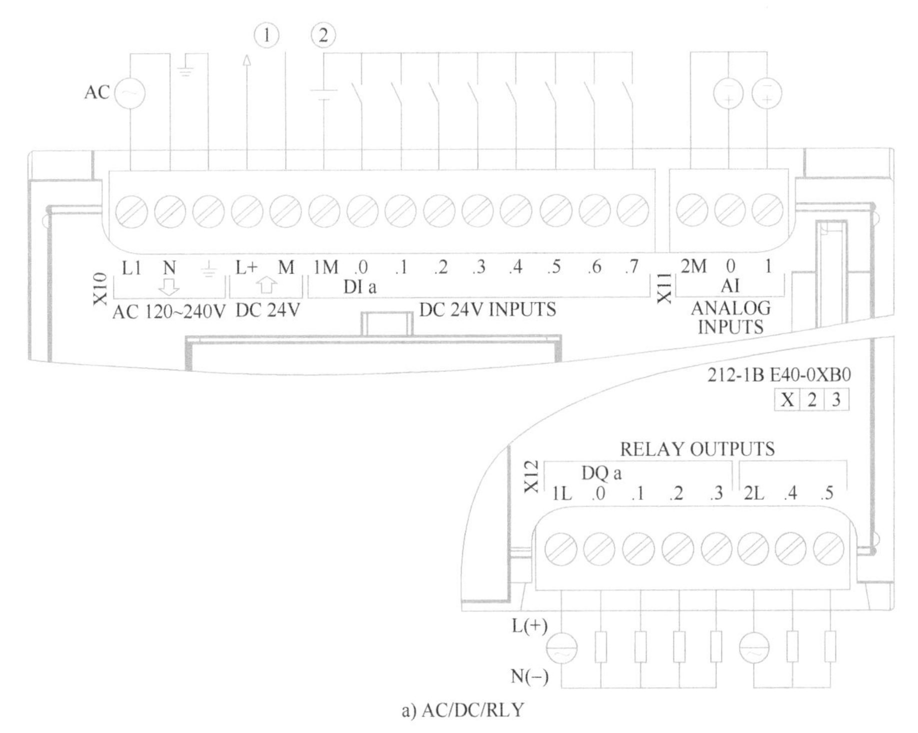

a) AC/DC/RLY

图3-4　CPU 1212C接线图

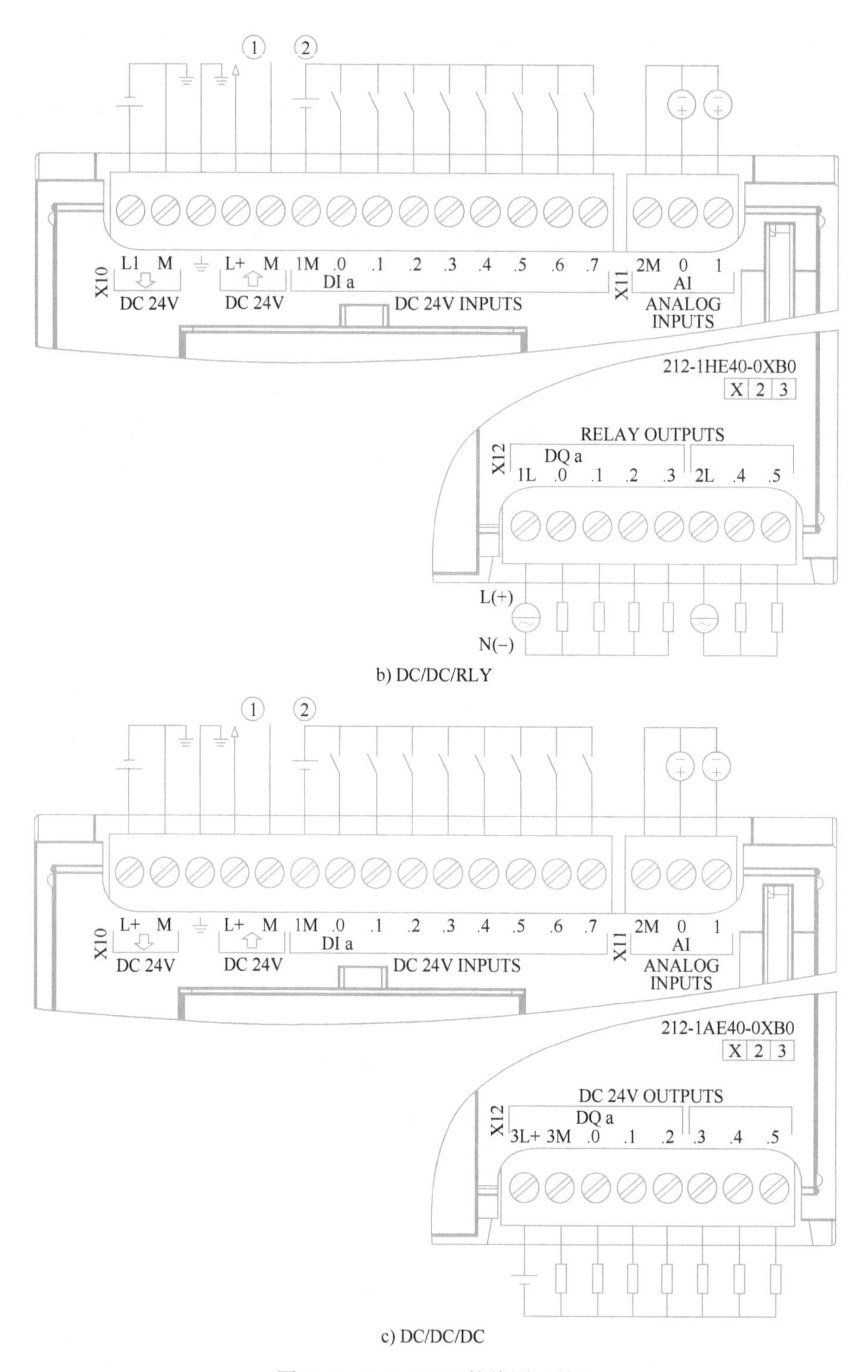

b) DC/DC/RLY

c) DC/DC/DC

图 3-4 CPU 1212C 接线图（续）

图 3-4 给出了 3 种不同类型 CPU 的接线方式，图中①为 CPU 的输出电源，用于给传感器或其他模块供电，使用时应注意输出电流限制。由于输出电流不大，并且考虑到安全可靠等方面的因素，一般情况下不建议用于传感器供电。对于数字量输入而言，分源型输入和漏

型输入两种类型。不同厂家的 PLC 所支持的输入类型不同，对源型输入和漏型输入的定义也不同。有的只支持漏型输入或者源型输入中的一种，有的两种输入类型都支持。S7 1200 PLC 的数字量输入模块及 CPU 模块本身集成的数字量输入通道既支持源型输入，又支持漏型输入。输入类型不同，外部的接线方式就不同。②为漏型输入时的接线方式，若为源型输入，则需要把正负极互换。

需要注意的是，S7-1200 CPU 模块集成有两路模拟量输入通道，其信号输入类型在出厂时被设置为 0~10 V 的电压信号。如果被测传感器的输出信号为电流信号，则必须在端子 0 和端子 2M（或者端子 1 和端子 2M）之间并联 1 个 500 Ω 的电阻，具体接线方式如图 3-5 所示。

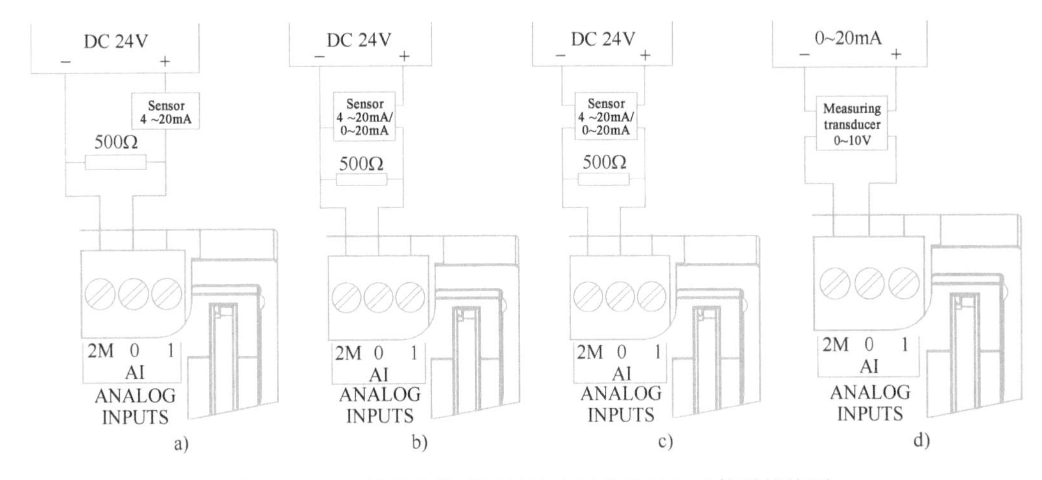

图 3-5 CPU 模块自带模拟量输入通道测量电流信号接线图

其中，图 3-5a~c 分别为利用电压源和电阻实现与两线制、三线制和四线制传感器的接线方式，图 3-5d 为利用电压变送器实现从电流信号到电压信号的转换。在通过并联电阻实现信号类型转换时，应注意并联电阻的功率消耗问题以及对测量精度的影响。由于外接电阻对温度的依赖性和不准确性，它本身就是一个干扰源，所以为了尽可能保障测量结果的准确性，推荐使用如精密电阻等公差尽可能小的电阻。

S7 1200 系列 CPU 的常规参数见表 3-1。

表 3-1 S7 1200 系列 CPU 的常规参数

型号		CPU 1211C	CPU 1212C	CPU 1212 (F) C	CPU 1214C	CPU 1214 (F) C	CPU 1215C	CPU 1215 (F) C	CPU 1217C
标准 CPU		DC/DC/DC，AC/DC/RLY，DC/DC/RLY							DC/DC/DC
故障安全 CPU		—	DC/DC/DC，AC/DC/RLY，DC/DC/RLY						—
物理尺寸		90 mm×100 mm×75 mm			110 mm×100 mm ×75 mm		130 mm×100 mm ×75 mm		150 mm×100 mm ×75 mm
用户存储器	工作存储器	50 KB	75 KB	100 KB	100 KB	125 KB	125 KB	150 KB	150 KB
	装载存储器	1 MB	2 MB	2 MB	4 MB	4 MB	4 MB	4 MB	4 MB
	保持性存储器	10 KB	10 KB	10 KB	10 KB	10 KB	10 KB	10 KB	10 KB

（续）

型号		CPU 1211C	CPU 1212C	CPU 1212 (F) C	CPU 1214C	CPU 1214 (F) C	CPU 1215C	CPU 1215 (F) C	CPU 1217C
本体集成 I/O	数字量	6 点输入/4 点输出	8 点输入/6 点输出		14 点输入/10 点输出		14 点输入/10 点输出		
	模拟量	2 路输入	2 路输入		2 路输入		2 路输入/2 路输出		
过程映像大小		1024 字节输入（I）和 1024 字节输出（Q）							
位存储器（M）		4096 字节			8192 字节				
信号模块扩展		无	2		8				
信号板（SB）		1							
最大本地 I/O（数字量）		14	82		284				
最大本地 I/O（模拟量）		3	19		67		69		
通信模块（CM）		3（左侧扩展）							
高速计数器	总计	最多可组态 6 个使用任意内置输入或信号板输入的高速计数器							
	差分 1 MHz	—							Ib. 2~Ib. 5
	100 kHz/80 kHz	Ia. 0~Ia. 5							
	30 kHz/20 kHz	—			Ia. 6~Ia. 7		Ia. 6~Ib. 5		Ia. 6~Ib. 1
		使用 SB 1223 DI 2×DC 24 V，DQ 2×DC 24 V 时可达 30 kHz/20 kHz							
	200 kHz/160 kHz	使用 SB 1221 DI 4×DC 24 V、200 kHz，SB 1221 DI 4×DC 5 V、200 kHz，SB 1223 DI 2×DC 24 V/DQ 2×DC 24 V、200 kHz，SB 1223 DI 2×DC 5 V/DQ 2×DC 5 V、200 kHz 时最高可达 200 kHz/160 kHz							
脉冲输出	总计	最多可组态 4 个使用 DC/DC/DC CPU 任意内置输出或信号板输出的脉冲输出							
	差分 1 MHz	—							Qa. 0~Qa. 3
	100 kHz	Qa. 0~Qa. 3							Qa. 4~Qb. 1
	20 kHz	—			Qa. 4~Qa. 5		Qa. 4~Qb. 1		—
		使用 SB 1223 DI 2×DC 24 V、DQ 2×DC 24 V 时可达 20 kHz							
	200 kHz	使用 SB 1222 DQ 4×DC 24 V、200 kHz，SB 1222 DQ 4×DC 5 V、200 kHz，SB 1223 DI 2×DC 24 V/DQ 2×DC 24 V、200 kHz，SB 1223 DI 2×DC 5 V/DQ 2×DC 5 V、200 kHz 时最高可达 200 kHz							
存储卡		SIMATIC 存储卡（选件）							
实时时钟保持时间		通常为 20 天，40℃时最少 12 天							
PROFINET		1 个以太网通信端口，支持 PROFINET 通信					2 个以太网端口，支持 PROFINET 通信		
实数数学运算执行速度		2.3 μs/指令							
布尔运算执行速度		0.08 μs/指令							

需要注意的是，S7-1200 CPU 本体可提供 DC 5 V 和 DC 24 V 电源。当有扩展模板时，CPU 通过 I/O 总线为其提供 DC 5 V 电源，所有扩展模块的 DC 5 V 电源消耗之和不能超过该 CPU 提供的电源额定值。若超过额定值，是无法通过外接的方式提供 DC 5 V 电源的，只能重新选择合适的 CPU；每个 CPU 都有一个 DC 24 V 传感器电源，它为本机输入点、扩展模块输入点及扩展模块继电器线圈提供 DC 24 V。如果电源要求超出了 CPU 模块的电源额定

值，可以增加一个外部 DC 24 V 电源来提供给扩展模块。因此，在组态 PLC 控制系统时需要进行电源需求计算，以判断所选 CPU 是否符合电源需求。

2. 通信模块

S7-1200 CPU 模块集成了具有 TCP/IP 标准的 PROFINET 接口，可用于与装有 STEP 7 软件的编程设备通信，与 SIMATIC HMI 精简系列面板通信，或与其他 PLC 通信。此外，它还通过开放的以太网协议 TCP/IP 和 ISO-on-TCP 支持与第三方设备的通信。该接口带有一个具有自动交叉网线（auto-cross-over）功能的 RJ45 连接器，提供 10 Mbit/s、100 Mbit/s 的数据传输速率，支持 TCP/IP native、ISO-on-TCP、S7、UDP、Modbus TCP、PROFINET IO、OPC UA 等通信协议。其最大的连接数为 68，其中包括：12 个连接用于 HMI 与 CPU 的通信；4 个连接用于编程设备（PG）与 CPU 的通信，但只能连接一个编程设备；8 个连接用于 Open IE（TCP、ISO-on-TCP、UDP、Modbus TCP）的编程通信，使用 T-block 指令来实现，可用于 S7-1200 之间的通信，S7-1200 与 S7-300/400/1500 的通信；8 个连接用于 S7 通信的客户端连接，可以实现与 S7-1200、S7-300/400/1500 的以太网 S7 通信；30 个连接用于与 Web 浏览器的连接；6 个动态资源，可以用于连接 OPC UA 客户端，用于 S7 通信的服务器或者其他连接。作为 PROFINET IO 控制器可连接最多 16 个 IO 通信设备，例如 ET200SP、V90PN、智能设备等。除了可以利用 PROFINET 接口实现上述通信外，还可以利用通信模块扩大 CPU 接口类型和数量，增强其联网能力。

除了 CPU 模块自身集成的通信接口外，SIMATIC S7-1200 系列 PLC 还有种类丰富的通信模块。利用不同的通信模块，可实现 PROFINET 通信、PROFIBUS 通信、远程控制通信、AS-i 通信、点对点（Point-to-Point，PtP）通信、Modbus RTU、USS 通信等多种通信方式。利用通信处理器还可以通过简单集线器（Hub）或移动电话网络或互联网同时监视和控制分布式的 S7-1200 单元。此外，还可利用紧凑型非托管交换机实现 SIMATIC S7-1200 与多个网络设备的连接。S7-1200 系列 PLC 通信模块主要有 CM 1241 RS232、CM 1241 RS485/422、CM 1243-5、CM 1242-5、CP 1242-7、CP 1243-1、CSM 1277 等，图 3-6 所示为通信模块实物图，主要通信模块的功能和协议见表 3-2。

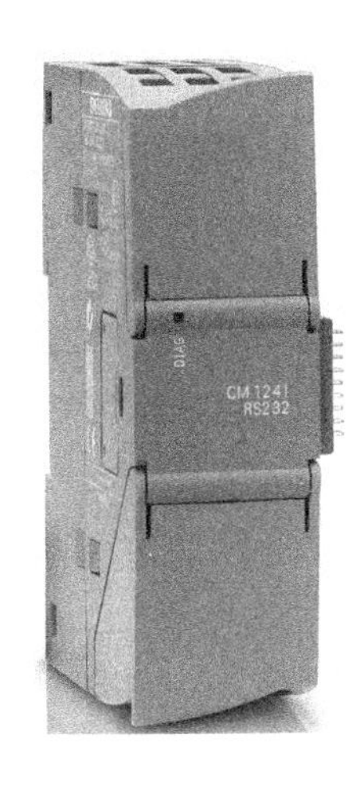

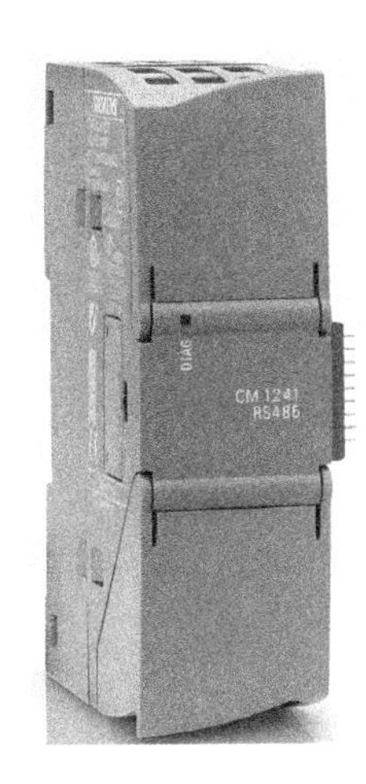
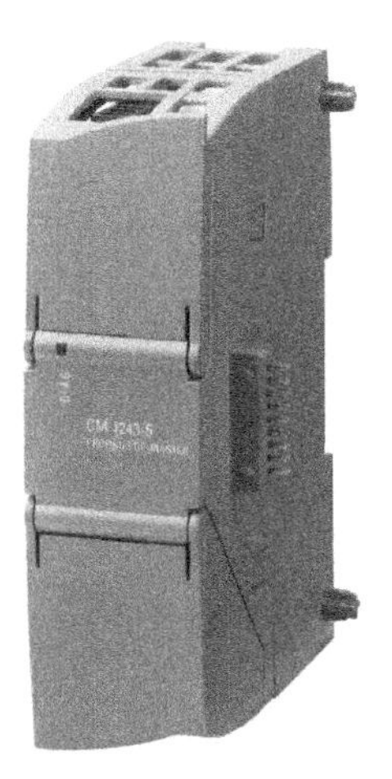
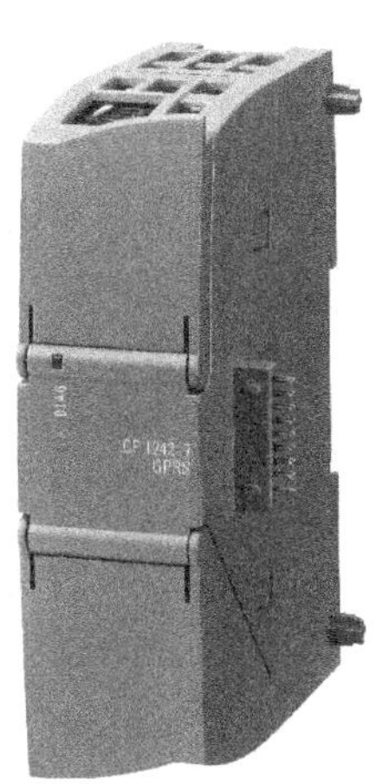

图 3-6　通信模块实物图

表 3-2 通信模块的功能和协议

	型 号	功 能	协 议
以太网模块	CP 1243-1	扩展另一个以太网接口	开放式用户通信、S7 等
PROFIBUS 模块	CM 1243-5	作为 PROFIBUS DP 主站最多连接 32 个从站，或者通过 PROFIBUS 连接 HMI/编程计算机	PROFIBUS DP 主站、PROFIBUS S7
	CM 1242-5	作为 PROFIBUS DP 从站	PROFIBUS DP 从站
串口模块	CM 1241 RS422/485	串口功能，常用于 Modbus RTU 通信连接仪表	Modbus RTU 主站/从站、自由协议、USS
	CM 1241 RS232	串口功能，常用于自由协议连接扫码枪	Modbus RTU 主站/从站、自由协议
AS-i 模块	CM 1243-2 AS-i Master	AS-i 主站连接 AS-i 从站	AS-i 主站
RFID 模块	RF120C	连接 RF200/RF300/RF600 等带 RS422 接口的阅读器	RFID
IO Link 模块	SM 1278 4×IO-Link Master	作为 IO Link 主站连接 IO Link 设备	IO Link 主站
紧凑型 交换机模块	CSM 1277	将 SIMATIC S7-1200 连接到工业以太网	PROFINET、Modbus TCP 等

S7-1200 支持 PtP 通信、Modbus 主从通信和 USS 通信等串口通信方式。S7-1200 串口通信模块有 CM 1241 RS232 模块和 CM 1241 RS485 模块两种，这两类模块均支持 ASCII、USS drive protocol、Modbus RTU 等标准协议，主要用于执行点对点高速串行通信，比如与打印机、调制解调器、扫描仪、条形码扫描器、机械手控制以及 SIMATIC S7 自动化系统等的通信。通过使用 PROFIBUS DP 主站通信模块 CM 1243-5，S7-1200 可以实现和其他 CPU、编程设备、人机界面、PROFIBUS DP 从站等设备的通信，图 3-7 所示为 CM 1243-5 用作 PROFIBUS 主站的组态示例。通过使用 PROFIBUS DP 从站通信模块 CM 1242-5，S7-1200 可以作为一个智能 DP 从站设备与任何 PROFIBUS DP 主站设备通信，图 3-8 所示为 CM 1242-5 用作 PROFIBUS 从站的组态示例。通过使用 GPRS 通信处理器 CP 1242-7，S7-1200 可以与中央控制站、其他的远程站、移动设备、编程设备（远程服务）、使用开放用户通信（UDP）的其他通信设备进行远程通信，图 3-9 所示为利用 CP 1242-7 实现远程通信控制示意图。通过使用以太网通信处理器 CP 1243-1，S7-1200 可以实现与其他 SIMATIC 站 S7 通信、与编程设备和 HMI 通信、通过开放式用户通信与其他设备通信以及发送邮件服务等。图 3-10a 为用于保护站和下级自动化单元的 CP 1243-1 的组态，图 3-10b 为发送电子邮件的组态。CSM 1277 是一款应用于 SIMATIC S7-1200 的结构紧凑和模块化设计的非托管工业以太网交换机，有 4 个 RJ45 插口，能够以线形、树形或星形拓扑结构将 SIMATIC S7-1200 连接到工业以太网，可实现与操作员面板、编程设备、其他控制器或者办公环境的同步通信，图 3-11 所示为用 CSM 1277 组建网络示意图。

3. 信号板与信号模块

S7-1200 系列 PLC 提供多种 I/O 信号板（SB）和信号模块（SM），用于扩展 CPU 的数字量或模拟量输入/输出通道。各种 CPU 的正面都可以增加一块信号板，信号模块连接到 CPU 的右侧，各种 CPU 可扩展的模块数量见表 3-1。

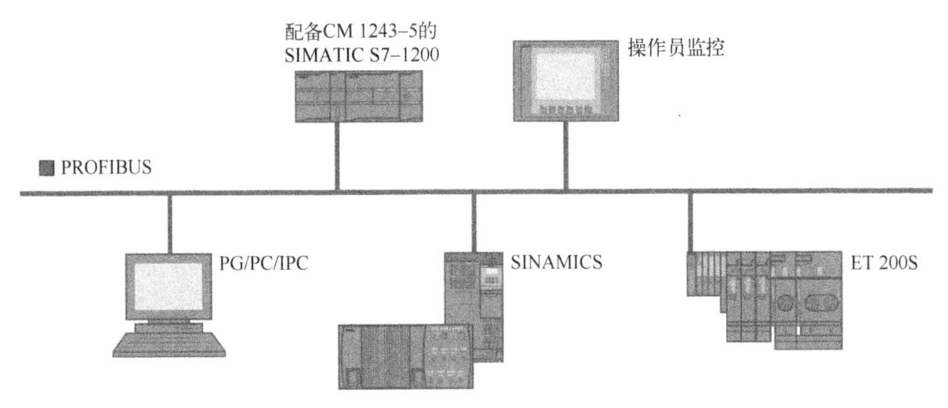

图3-7 CM 1243-5用作PROFIBUS主站的组态示例

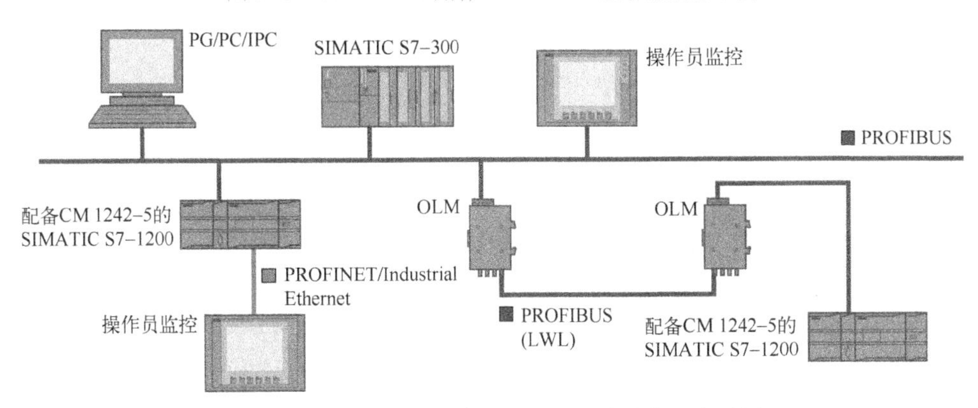

图3-8 CM 1242-5用作PROFIBUS从站的组态示例

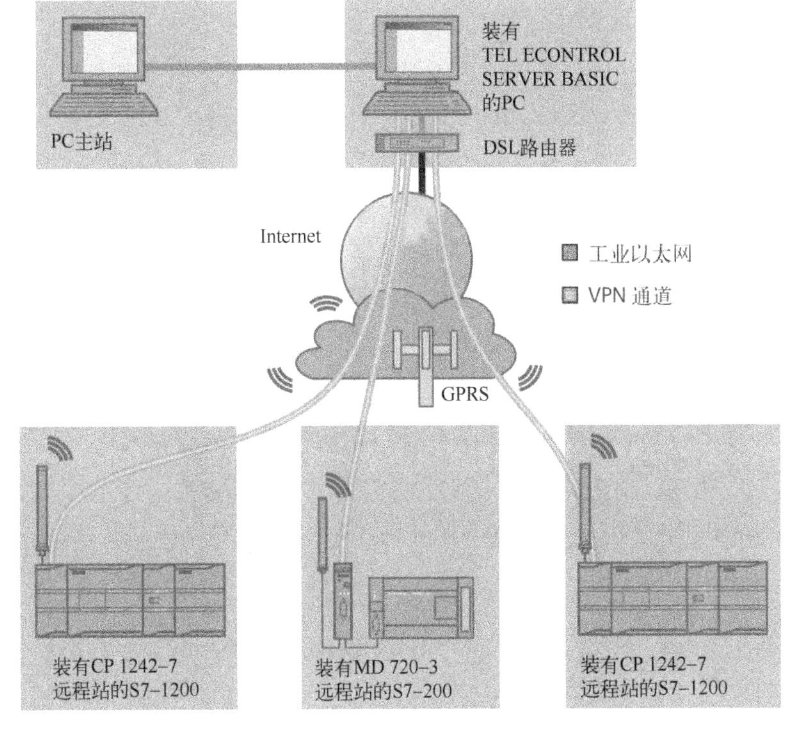

图3-9 远程通信控制示意图

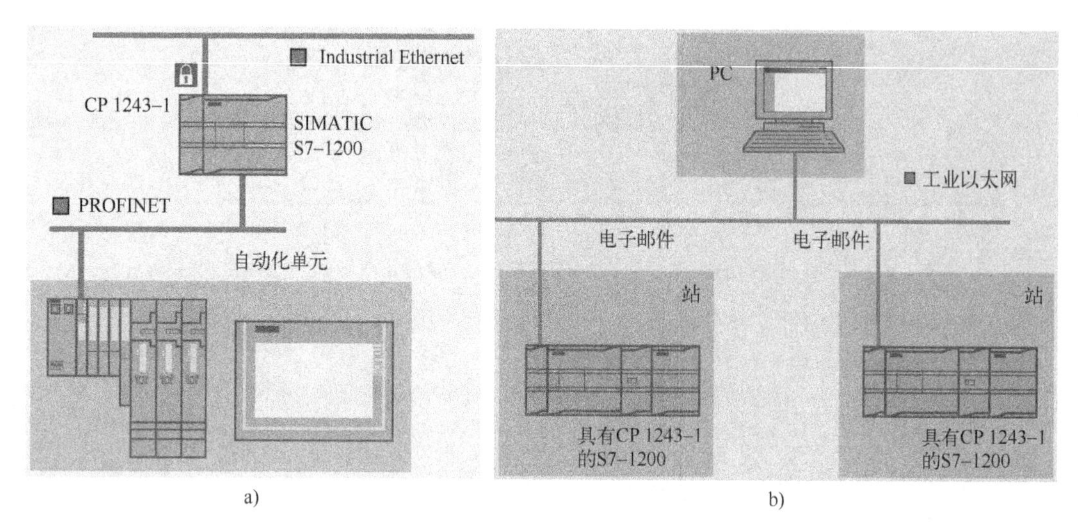

图 3-10　CP 1243-1 组态

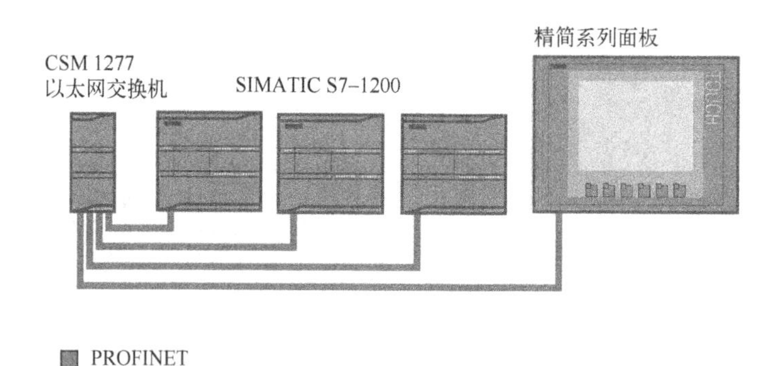

图 3-11　用 CSM 1277 组建网络

（1）信号板　S7-1200 可以在 CPU 本体正面的板槽中放置一块信号板用于扩展 I/O 或者增加一些功能。信号板可用于只需要少量附加 I/O 而又不增加硬件安装空间的场合。安装时将信号板直接插入 S7-1200 CPU 正面的板槽内即可，如图 3-12 所示。

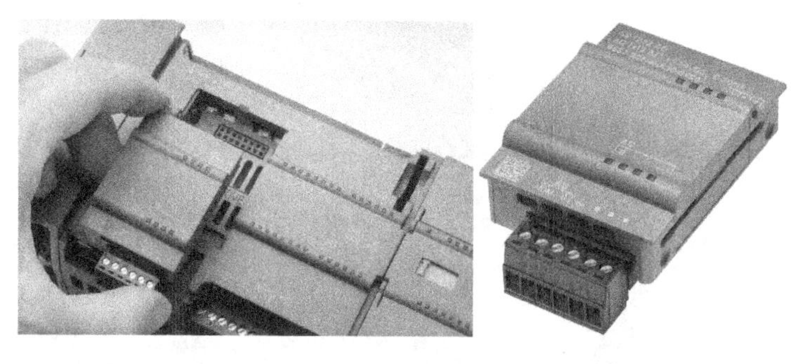

图 3-12　S7-1200 信号板

常用信号板包括 SB 1221 数字量输入（DI）、SB 1222 数字量输出（DO）、SB 1223 数字量输入/输出（DI/DO）、SB 1231 模拟量输入（AI）（包括热电偶和热电阻输入模块）和 SB 1232 模拟量输出（AO）等，具体见表 3-3。DI 信号板可接收 4 路 5 V 或 24 V 数字信号，输入类型为源型，其高速计数器（High-Speed Counter，HSC）时钟输入频率最大为 200 kHz。DO 信号板可输出 4 路 5 V 或 24 V 数字信号，输出类型为源型或漏型，其输出脉冲频率最大为 200 kHz。AI 信号板（信号模块）将模拟量转换为数字量供 PLC 处理，而 PLC 的处理结果需要 AO 信号板（信号模块）转换为模拟量去控制执行机构。信号板（信号模块）的位数为其 A/D 转换器（D/A 转换器）的二进制位数，反映了它们的分辨率，位数越多，分辨率越高。

表 3-3　信号板

种　类	型　号	输入点数	输入类型	输出点数	输出类型
DI 信号板	SB 1221 DI 4×DC 24 V，200 kHz	4	源型		
	SB 1221 DI 4×DC 5 V，200 kHz	4	源型		
DO 信号板	SB 1222 DQ 4×DC 24 V，200 kHz			4	源型/漏型
	SB 1222 DQ 4×DC 5 V，200 kHz			4	源型/漏型
DI/DO 信号板	SB 1223 DI 2×DC 24 V/DQ 2×DC 24 V，200 kHz	2	源型	2	源型/漏型
	SB 1223 DI 2×DC 5 V/DQ 2×DC 5 V，200 kHz	2	源型	2	源型/漏型
	SB 1223 DI 2×DC 24 V/DQ 2×DC 24 V	2	漏型	2	源型
AI 信号板	SB 1231 AI 1×12 位	1	电压/电流		
	SB 1231 AI 1×16 位 TC	1	热电偶/mV		
	SB 1231 AI 1×16 位 RTD	1	热电阻/电阻		
AO 信号板	SB 1232 AQ 1×12 位			1	电压/电流
通信板	CB 1241 RS485	支持 Modbus RTU 主站/从站、自由协议、USS 协议			
电池板	BB 1297	需放置纽扣电池，用于延长 CPU 实时时钟断电保持时间			

需要注意的是，SB 1231 AI 1×12 位不支持 4~20 mA 输入，仅支持-10~10 V、-5~5 V、-2.5~2.5 V、0~20 mA 输入；SB 1232 AQ 1×12 位不支持 4~20 mA 输出，仅支持-10~10 V、0~20 mA 输出；SB 1231 AI 1×16 位 TC 支持常见的 J 型、K 型、S 型、T 型等类型热电偶，支持 80 mV 以下的毫伏信号检测；SB 1231 AI 1×16 位 RTD 支持二线制、三线制、四线制接线，支持常见的 Pt 100、Pt 1000 等常见热电阻，支持最高 600Ω 的电阻检测。

在表 3-3 中，除了信号板外，还有通信板 CB 1241 RS485 和电池板 BB 1297。和通信板一样，S7-1200 BB 1297 电池板可插入 S7-1200 CPU（固件版本 3.0 及更高版本）正面的板槽中。电池板用于实时时钟的断电保持，保持时间大约为一年。在使用时必须将 BB 1297 电池板添加到设备组态并将硬件配置下载到 CPU 中，它才能正常工作，并可通过组态的电池状态位检测电池电量。需要注意的是，BB 1297 不能与较早版本的 CPU 一起使用。

（2）信号模块　相对信号板来说，信号模块可以为 CPU 系统扩展更多的 I/O 点数。CPU 的扩展能力随型号不同而不同，具体如图 3-13 所示。信号模块包括 SM 1221 数字量输入（DI）模块、SM 1222 数字量输出（DO）模块、SM 1223 数字量输入/输出（DI/DO）模块、SM 1231 模拟量输入（AI）模块、SM 1232 模拟量输出（AO）模块（包括热电偶和热电阻输入模块）、SM 1234 模拟量输入/输出（AI/AO）模块等。图 3-14 所示为信号模块实物图，表 3-4 和表 3-5 分别为 S7 1200 系列 PLC 常用的数字量模块和模拟量模块。

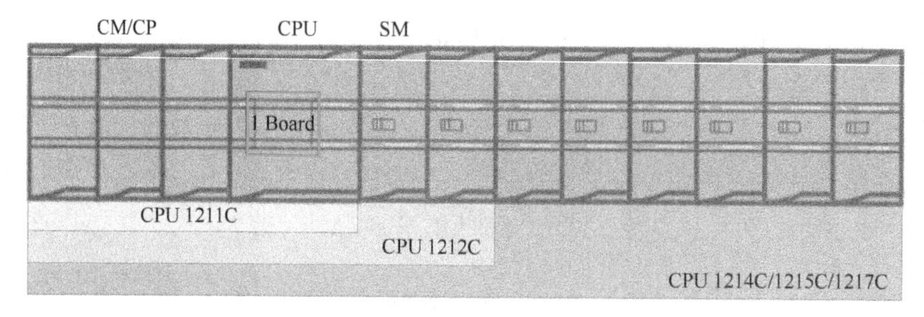

图 3-13 CPU 的扩展能力

图 3-14 信号模块实物图

表 3-4 数字量模块

	型 号	输入点数	输入类型	输出点数	输出类型
DI 模块	SM 1221 DI 8×DC 24 V	8	漏型/源型		
	SM 1221 DI 16×DC 24 V	16	漏型/源型		
DO 模块	SM 1222 DQ 8×DC 24 V			8	源型
	SM 1222 DQ 16×DC 24 V			16	源型
	SM 1222 DQ 8×继电器输出			8	继电器
	SM 1222 DQ 16×继电器输出			16	继电器
	SM 1222 DQ 8×继电器切换输出			8	常开常闭双路输出
	SM 1222 DQ 16×DC 24 V（漏）			16	漏型
DI/DO 模块	SM 1223 DI 8×DC 24 V/DQ 8×DC 24 V	8	漏型/源型	8	源型
	SM 1223 DI 16×DC 24 V/DQ 16×DC 24 V	16	漏型/源型	16	源型
	SM 1223 DI 8×DC 24 V/DQ 8×继电器输出	8	漏型/源型	8	继电器
	SM 1223 DI 16×DC 24 V/DQ 16×继电器输出	16	漏型/源型	16	继电器
	SM 1223 DI 16×DC 24 V/DQ 16×DC 24 V（漏）	16	漏型/源型	16	漏型
	SM 1223 DI 8×120 V/230 V AC/DQ 8×继电器输出	8	交流输入	8	继电器
故障安全模块	SM 1226 F-DI 16×DC 24 V	16（1oo1）/ 8（1oo2）	漏型		
	SM 1226 F-DQ 4×DC 24 V			4	PM 输出
	SM 1226 F-DQ 2×继电器输出			2	继电器

表 3-5　模拟量模块

	型　　号	输入点数	输入类型	输出点数	输出类型
AI 模块	SM 1231 AI 4×13 位	4	电流/电压		
	SM 1231 AI 8×13 位	8	电流/电压		
	SM 1231 AI 4×16 位	4	电流/电压		
	SM 1231 AI 4×16 位 RTD	4	热电阻/电阻		
	SM 1231 AI 8×16 位 RTD	8	热电阻/电阻		
	SM 1231 AI 4×16 位 TC	4	热电偶/mV		
	SM 1231 AI 8×16 位 TC	8	热电偶/mV		
AO 模块	SM 1232 AQ 2×14 位			2	电流/电压
	SM 1232 AQ 4×14 位			4	电流/电压
AI/AO 模块	SM 1234 AI 4×13 位/AQ 2×14 位	4	电流/电压	2	电流/电压

表 3-4 中，型号为“SM 1222 DQ 8×继电器切换输出”的数字量输出模块与一般继电器输出模块不同的是，SM 1222 DQ 8 继电器切换输出模块每路输出含常开和常闭两个触点，可控制两个电路。接线图如图 3-15 所示，其中图 3-15a 为 SM 1222 DQ 8 继电器输出模块接线图，图 3-15b 为 SM 1222 DQ 8 继电器切换输出模块接线图。在图 3-15b 中，当回路“0”

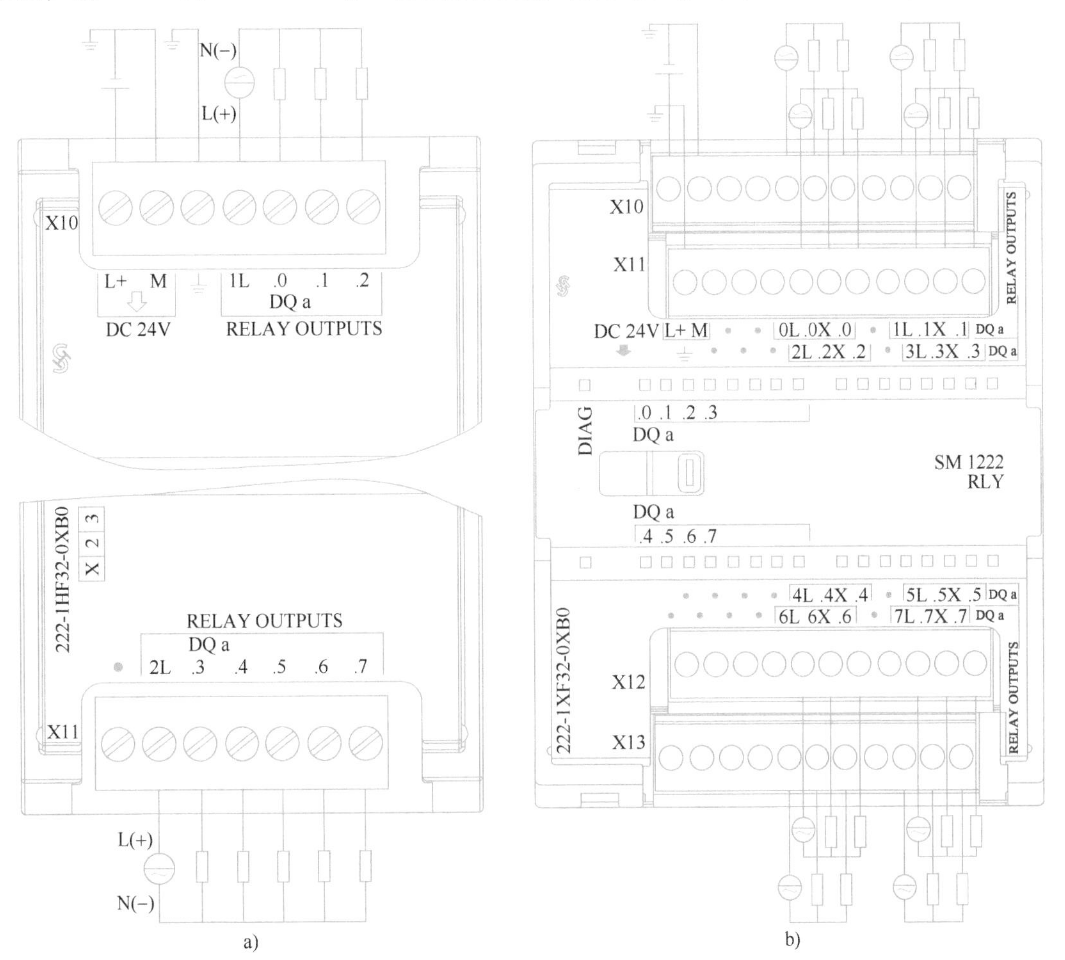

图 3-15　数字量输出模块接线图

的输出点断开时，公共端子（0L）与常闭触点（.0X）相连并与常开触点（.0）断开；当其输出点接通时，公共端子（0L）与常闭触点（.0X）断开并与常开触点（.0）相连。

在故障安全模块中，SM 1226 F-DI 16×DC 24 V 模块有 a. 0～a. 7 和 b. 0～b. 7 共 16 个输入通道，在模块内部有两个处理器，一个监控 a. 0～a. 7 的输入信号，一个监控 b. 0～b. 7 的输入信号。为了满足不同的安全级别要求，这 16 个输入通道可以组态为 16 个单通道（1oo1）输入方式，或者 8 个双通道（1oo2）输入方式。当通道组态为 1oo1 传感器评估时，就是把模块当成普通的单通道输入模块使用；当通道组态为 1oo2 传感器评估时，a. x 和 b. x 组成一个评估通道。1oo2 传感器评估分为“对等”“非对等”两种状态。当组态为“1oo2 对等”时，模块内部的两个处理器必须在组态的时间内检测到相同的输入变化，否则视为输入不一致，这将引起模块向故障安全 CPU 报告错误，并引起模块钝化，从而用故障安全值取代模块输入值。当组态为“1oo2 非对等”时，将进行输入变化的不一致检查，如果输入一致，这同样将引起模块向故障安全 CPU 报告错误，并引起模块钝化。

在表 3-5 中，输入类型为“电流/电压”的模拟量输入（AI）模块，其支持的输入信号主要有-10～10 V、-5～5 V、4～20 mA、0～20 mA 等。其中，电流支持四线制信号，如果输入为二线制则需要转为四线制接线；输入类型为“热电阻/电阻”的模拟量输入模块，支持二线制、三线制、四线制接线，支持常见的 Pt 100、Pt 1000 等常见热电阻，支持最高 600 Ω 的电阻检测，接线如图 3-16a 所示。图中①为环接未使用的 RTD 输入，②为二线制 RTD 接

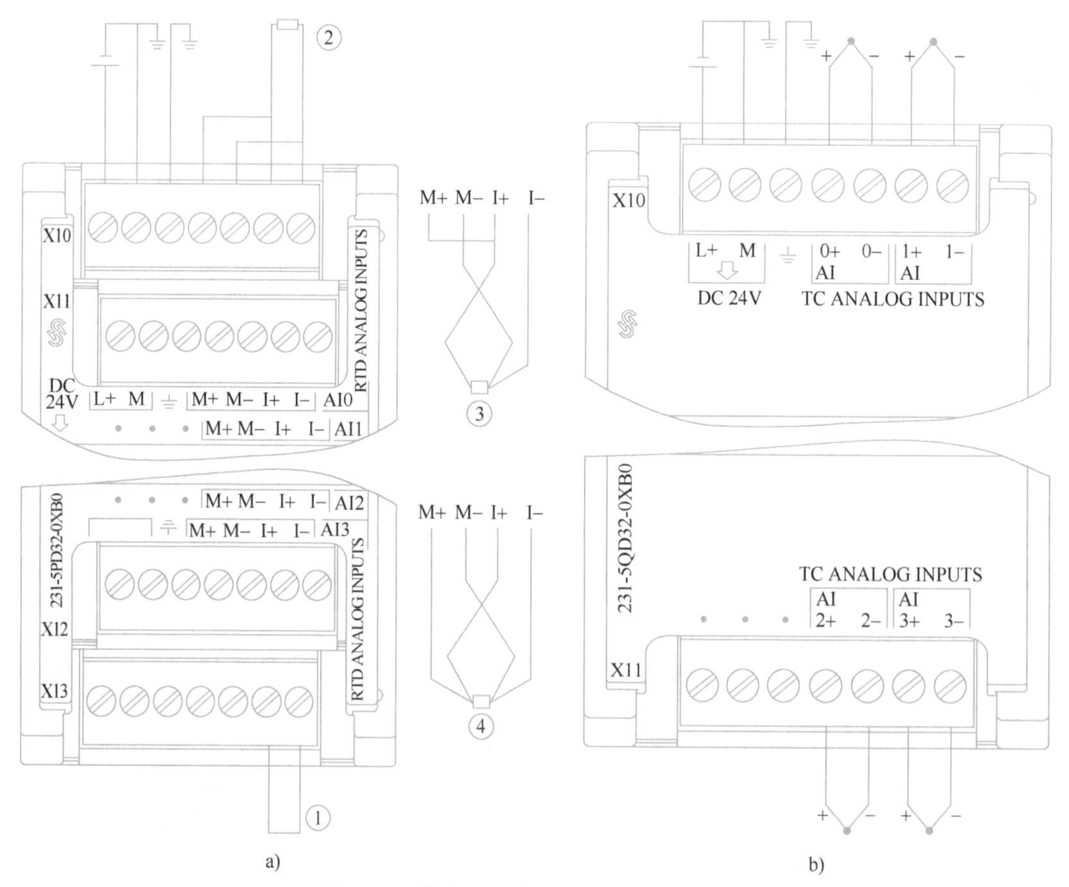

图 3-16 热电阻和热电偶输入模块接线图

线方式，③为三线制 RTD 接线方式，④为四线制 RTD 接线方式；输入类型为“热电偶/mV”的模拟量输入模块可以接 J 型、K 型、S 型、T 型等热电偶，可支持 80 mV 以下的毫伏信号检测，接线如图 3-16b 所示。模拟量输出模块的输出信号类型一般为-10~10 V、4~20 mA、0~20 mA 等。

图 3-17 所示为不同制式传感器与模拟量输入模块接线图。图 3-17a 为三线制传感器的接线，在这种接线方式下，模块的电流输入负端桥接到地，模拟量模块相当于接入了一个四线制测量传感器；图 3-17b 为四线制电压或电流传感器的接线方法；图 3-17c 为输出 4~20 mA 的二线制电流传感器的接线方法。

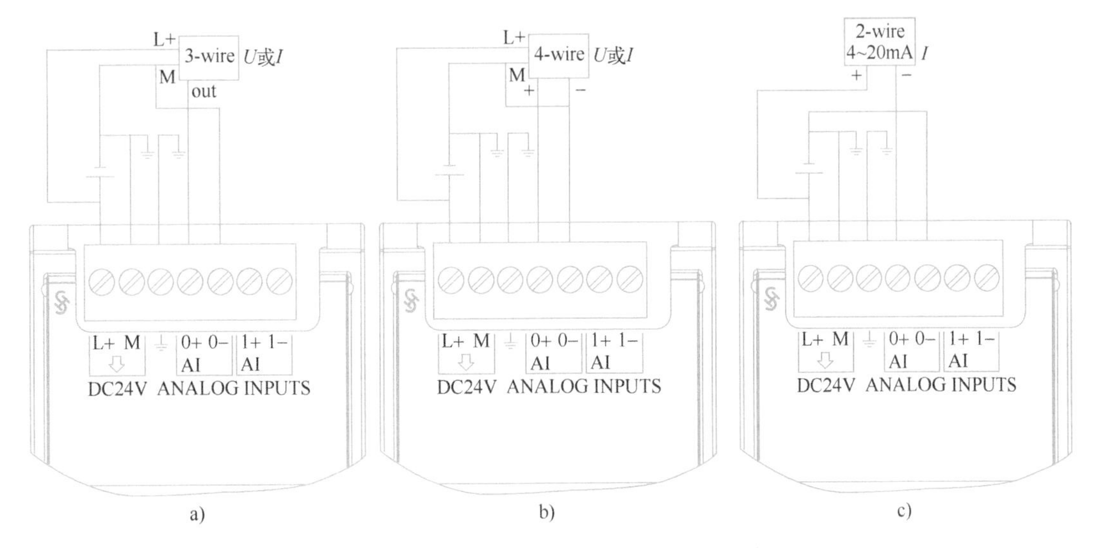

图 3-17　不同制式传感器与模拟量输入模块接线图

3.2　S7-1200 PLC 的数据类型与存储器

3.2.1　S7-1200 PLC 的基本数据类型

数据类型用于指定数据元素的大小和格式，S7-1200 支持的基本数据类型主要包括位、字节、字、双字、整型、浮点数、日期、时间、字符串等。一般而言，定义变量以及使用指令、功能、功能块时，每个指令参数至少支持一种数据类型，而有些参数支持多种数据类型。表 3-6 所示为 S7-1200 支持的数据类型。

表 3-6　S7-1200 支持的数据类型

数据类型	大　小	范　围	常量示例
Bool	1 位	0~1	TRUE, FALSE, 0, 1
Byte	8 位	16#00~16#FF	16#12, 16#AB
Word	16 位	16#0000~16#FFFF	16#ABCD, 16#0001
DWord	32 位	16#00000000~16#FFFFFFFF	16#02468ACE
Char	8 位	16#00~16#FF	'A', 't', '@'

（续）

数据类型	大　小	范　围	常量示例
WChar	16 位	16#0000～16#FFFF	'A', 't', '@', 亚洲字符等
SInt	8 位	-128～127	123, -123
USInt	8 位	0～255	123
Int	16 位	-32768～32767	123, -123
UInt	16 位	0～65535	123
DInt	32 位	-2147483648～2147483647	123, -123
UDInt	32 位	0～4294967295	123
Real	32 位	$-3.402823\times10^{38}\sim-1.175495\times10^{-38}$、±0、$1.175495\times10^{-38}\sim3.402823\times10^{38}$	123.456、-3.4、-1.2E+12、3.4E-3
LReal	64 位	$-1.7976931348623158\times10^{308}\sim-2.2250738585072014\times10^{-308}$、±0、$2.2250738585072014\times10^{-308}\sim1.7976931348623158\times10^{308}$	12345.123456789、1.2E+40
Time	32 位	T#-24d_20h_31m_23s_648ms～T#24d_20h_31m_23s_647ms 存储形式：-2147483648 ms～2147483647 ms	T#5m_30s T#1d_2h_15m_30x_45m s TIME#10d20h30m20s630ms 500h10000ms 10d20h30m20s630ms
DATE	16 位	D#1990-1-1～D#2168-12-31	D#2023-12-31 DATE#2023-12-31 2023-12-31
TOD/Time_of_Day	32 位	TOD#0:0:0.0～TOD#23:59:59.999	TOD#10:20:30.400 TIME_ OF _ DAY # 10:20:30.400 23:10:1
String	n+2 字节	n=（0～254 字节）	"ABC"
WString	n+2 字	n=（0～65534 个字）	"ä123@XYZ.COM"

除了上述基本数据类型外，S7-1200 还支持结构数据类型（Struct）、PLC 数据类型（UDT）、数组数据类型（Array）、系统数据类型（SDT）、硬件数据类型、参数数据类型（Variant）、硬件 DB_ANY 数据类型、DTL 数据类型等。

3.2.2 S7-1200 PLC 的存储器

S7-1200 PLC 的存储器主要包括用户存储器和系统存储器。用户存储器主要包括装载存储器、工作存储器和保持性存储器。

1. 装载存储器

装载存储器主要用于非易失性地存储用户程序、数据和组态。项目下载到 CPU 后，CPU 会先将程序存储在装载存储区中，在断电后装载存储区中的内容不会丢失。S7-1200 系列 CPU 的内部装载存储器的大小因型号不同而不同，当然也可使用外部存储卡作为装载存储器，如图 3-18a 所示。如果使用存储卡作装载存储器，需要利用 TIA Portal（博途）软件将该存储卡的卡类型设置为“程序”，如图 3-18b 所示，此时存储卡将作为 S7-1200 CPU 的装载存储区，所有程序和数据存储在存储卡中，CPU 内部集成的存储区中没有项目文件，设备运行中存储卡不能被拔出。

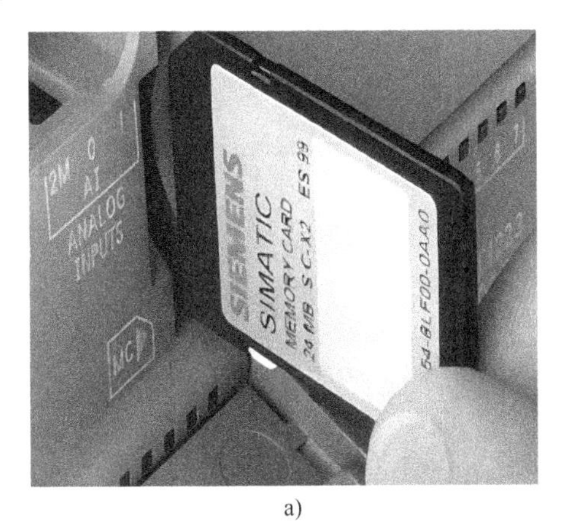

a)

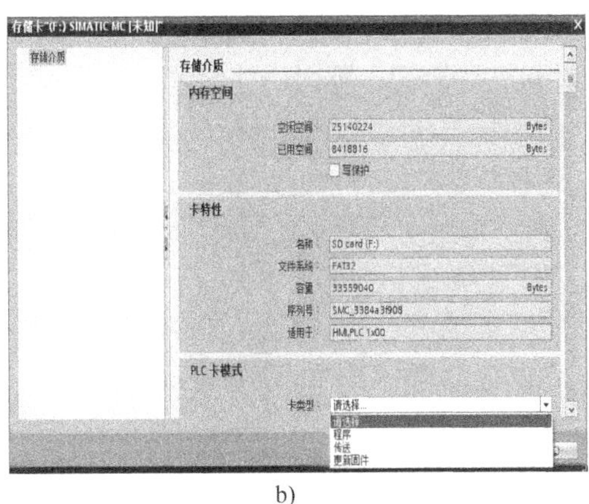

b)

图3-18 外部装载存储器

2. 工作存储器

工作存储器是易失性存储器，用于在执行用户程序时存储用户项目的某些内容。CPU会将一些项目内容从装载存储器复制到工作存储器中。该易失性存储区中的内容将在断电后丢失，恢复供电时再由CPU恢复。

3. 保持性存储器

保持性存储器用于非易失性地存储限量的工作存储器值。断电过程中，CPU使用保持性存储器存储所选用户存储单元的值，在上电时再恢复这些保持性值。

4. 系统存储器

系统存储器用于存放系统程序的操作数据。S7-1200 CPU的存储器分为各种专用存储区，其中包括I、Q、M、DB以及L。用户程序对这些存储区中所存储的数据进行访问（读取和写入）。每个存储单元都有唯一的地址。用户程序使用这些地址访问存储单元中的信息。具体见表3-7。

表3-7 S7-1200系统存储器

存储区	说明
I（过程映像输入）	CPU在扫描周期开始时将物理输入的状态复制到I存储器。在地址或变量后面添加“:P”（例如，Start:P或I0.3:P），可实现立即访问或强制物理输入
Q（过程映像输出）	CPU在扫描周期开始时将Q存储器的状态复制到物理输出。在地址或变量后面添加“:P”（例如Stop:P或Q0.3:P），可实现立即访问或强制物理输出
M（位存储器）	用户程序可以从M存储器读取和向其写入数据。任何代码块均可访问M存储器。可以组态M存储器中的地址以在上电循环后保留数据值
L（临时或本地存储器）	存储块的临时数据仅在该块的本地范围内有效。只要调用代码块，CPU就会分配要在执行块期间使用的临时或本地存储器（L）。代码块执行完毕后，CPU将重新分配本地存储器，以用于执行其他代码块
DB（数据块）	使用DB存储器存储各种类型的数据，其中包括操作的中间状态或函数块（Function Block，FB）的其他控制信息参数，以及许多指令（如定时器和计数器）所需的数据结构。可以指定DB为读/写访问还是只读访问。可以按位、字节、字或双字访问DB存储器。读/写DB可以进行读访问和写访问。只读DB只允许进行读访问

5. 存储单元寻址

SIMATIC S7 CPU 中可以按位、字节、字和双字对存储单元进行寻址。

1）S7-1200 CPU 不同的存储单元都是以字节为单位，对位数据的寻址由字节地址和位地址组成，形式为“区域标识符+字节．位”，如 I3.0 表示输入映像区中地址为 3 的字节中地址为 0 的那一位。

2）对字节、字和双字的寻址形式为“区域标识符+寻址长度+存储单元的起始字节地址”。例如 MB2，其中 B 表示寻址长度为 1 个字节，2 表示寻址单元的起始字节地址为 2，即寻址位存储器的第 2 个字节，MW2 则表示寻址位存储器的第 2、3 个字节，同理 MD2 则表示寻址位存储器的第 2、3、4、5 个字节。位、字节、字、双字寻址示意图如图 3-19 所示。

M2.7	M2.6	M2.5	M2.4	M2.3	M2.2	M2.1	M2.0	MB2	MW2	MD2
M3.7	M3.6	M3.5	M3.4	M3.3	M3.2	M3.1	M3.0	MB3		
M4.7	M4.6	M4.5	M4.4	M4.3	M4.2	M4.1	M4.0	MB4	MW4	
M5.7	M5.6	M5.5	M5.4	M5.3	M5.2	M5.1	M5.0	MB5		

图 3-19 位、字节、字、双字寻址示意图

3.3 S7-1200 PLC 的工作过程及编程语言

视频 S7-1200 PLC 的工作过程及编程语言

3.3.1 S7-1200 PLC 的工作过程

1. 综述

PLC 采用循环执行用户程序的方式，称为循环扫描工作方式。一个循环扫描周期主要可分为输入采样、用户程序执行和输出刷新 3 个阶段。PLC 运行后首先执行一次启动组织块（Organization Block，OB），再开始监视时间，在输入采样阶段，读取输入设备的状态，并存储到 IO 映像区中，之后进入执行用户程序阶段，按照从上到下、从左到右的顺序依次执行用户程序，执行完用户程序，将输出映像区的结果刷新到输出设备。

在扫描周期中的输入采样阶段，依次读入所有输入状态和数据，并将它们存入 IO 映像区中的相应单元内，输入采样结束后，转入用户程序执行和输出刷新阶段。在这两个阶段中，即使输入状态和数据发生变化，IO 映像区中相应单元的状态和数据也不会改变。因此如果输入是脉冲信号，该脉冲信号的宽度必须大于一个扫描周期，才能够保证在任何情况下该输入均能被读入。

在扫描周期中的用户程序执行阶段，PLC 总是按由上而下的顺序依次扫描用户程序，在扫描每一条梯形图时，并按先左后右、先上后下的顺序进行逻辑运算。逻辑运算的结果存于映像区，上面的逻辑运算结果会对下面的逻辑运算起作用。相反，下面的逻辑运算结果只能到下一个扫描周期才能对上面的运算结果起作用。

当扫描用户程序结束后，PLC 就进入输出刷新阶段。在此期间，CPU 按照保存在 IO 映像区的运算结果，刷新所有对应的输出锁存电路，再经输出电路驱动相应的外部设备，这时才是 PLC 的真正输出。

综合上述过程，PLC的工作特点如下：①所有输入信号在程序处理前统一读入，并在程序处理过程中不再变化，而程序处理结果也是在程序执行完成后统一输出，其工作特点是将一个连续的过程分解成若干静止的状态；②PLC仅在扫描周期的起始时段读取外部输入状态，该时段相对较短，对输入信号的抗干扰能力强；③循环扫描的工作方式，对于高速变化的过程可能漏掉变化的信号，也会带来系统响应的滞后。为克服上述问题，可利用立即输入输出、脉冲捕获高速计数器或中断技术等。

2. 过程映像

过程映像是指PLC实际的数字量或模拟量I/O点（包括CPU、信号板和信号模块的I/O点）的状态在CPU内部特定存储区的快照。这特定的存储区称为过程映像区（又称IO映像区），它分为过程映像输入区和过程映像输出区。过程映像区中相应位的状态和PLC实际I/O点的状态会同步更新。

在实际应用中，并不是所有I/O点状态在每个扫描周期都需要更新，比如中断事件，只有在中断发生时与其相关的状态才需要同步更新。因此，为了避免让CPU在每个扫描周期中执行不必要的数据更新，S7-1200提供了5个过程映像分区。第1个过程映像分区PIP0用于指定每个扫描周期都自动更新的I/O，此为默认分配。其余4个分区PIP1、PIP2、PIP3和PIP4，可用于将I/O过程映像更新分配给不同的中断事件。在设备组态中将I/O分配给过程映像分区，并在创建中断OB或编辑OB属性时将过程映像分区分配给中断事件。

默认情况下，在设备视图中插入模块时，STEP 7会将其I/O过程映像更新定义为“自动更新”。对于组态为“自动更新”的I/O，CPU将在每个扫描周期自动处理模块和过程映像之间的数据交换，具体包括以下任务：

1）CPU将过程映像输出区中的输出值写入物理输出。

2）CPU仅在用户程序执行前读取物理输入，并将输入值存储在过程映像输入区，以使这些值在整个用户指令执行过程中保持一致。

3）CPU执行用户指令逻辑，并更新过程映像输出区中的输出值，而不是写入实际的物理输出。这样可防止物理输出点可能在过程映像输出区中多次改变状态而出现抖动。

由此可见，通常情况下用户程序执行过程中CPU无法读取物理输入，也无法将运算结果写入物理输出。如果想在指令执行过程中立即读取物理输入值和立即写入物理输出，则需要在I/O地址后加后缀“:P”，这样程序就会不使用过程映像，直接从物理点立即访问I/O数据。此时，无论I/O点是否被组态到过程映像中，立即读取功能都将访问物理输入的当前状态而不更新过程映像输入区。立即写入物理输出功能将同时更新过程映像输出区（如果相应I/O点组态为存储到过程映像中）和物理输出点。

3. CPU的工作模式

S7-1200 CPU有3种工作模式：停止（STOP）模式、启动（STARTUP）模式和运行（RUN）模式。在STOP模式下，CPU处理所有通信请求并执行自诊断，不执行用户程序，过程映像也不会自动更新，可以下载、上传用户程序；在STARTUP模式下，CPU不处理中断事件，只执行一次启动OB；在RUN模式下，程序循环OB重复执行。RUN模式中的任意点处都可能发生中断事件，这会导致相应的中断事件OB执行。可在RUN模式下下载项目的某些部分。

在 STARTUP 和 RUN 模式下，V4.0 版本以后的 CPU 执行如图 3-20 所示的任务。启动过程中依次执行以下步骤：A. 将物理输入的状态复制到过程映像的输入区（I 存储器）；B. 将过程映像输出区（Q 存储器）初始化为零、上一个值或组态的替换值，将 PB、PN 和 AS-i 输出设为零；C. 将非保持性 M 存储器和 DB 初始化为其初始值，并启用组态的循环中断事件和时钟事件，执行启动 OB；D. 将所有中断事件存储到要在进入 RUN 模式后处理的队列中；E. 启用 Q 存储器到物理输出的写入操作。在启动结束后，PLC 进入运行阶段，即循环扫描工作状态，依次执行以下步骤：①将 Q 存储器写入物理输出；②将物理输入的状态复制到 I 存储器；③执行程序循环 OB；④执行自检诊断；⑤在扫描周期的任何阶段处理中断和通信。

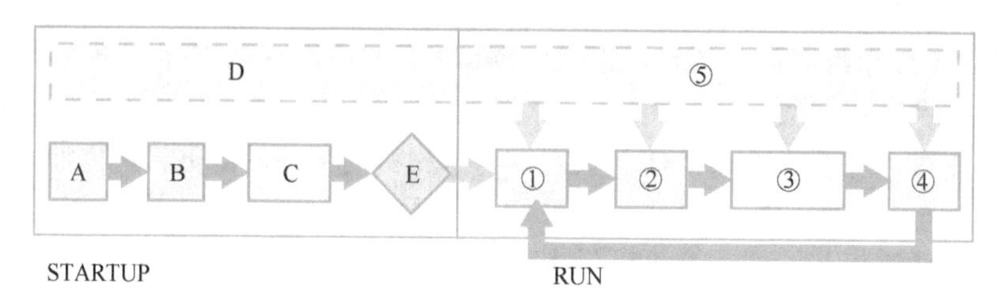

图 3-20 V4.0 版本以后 CPU 启动过程和运行过程

在 STARTUP 和 RUN 模式下，V3.0 及其以前版本的 CPU 启动过程和运行过程如图 3-21 所示。启动过程中依次执行以下步骤：A. 清除过程映像的输入区（I 存储器）；B. 根据组态情况将过程映像输出区（Q 存储器）初始化为零、上一个值或组态的替换值，将 PB、PN 和 AS-i 输出设为零；C. 将非保持性 M 存储器和 DB 初始化为其初始值，并启用组态的循环中断事件和时钟事件，执行启动 OB；D. 将物理输入的状态复制到 I 存储器；E. 将所有中断事件存储到要在进入 RUN 模式后处理的队列中；F. 启用 Q 存储器到物理输出的写入操作。在启动结束后，PLC 进入运行阶段，即循环扫描工作状态，依次执行以下步骤：①将 Q 存储器写入物理输出；②将物理输入的状态复制到 I 存储器；③执行程序循环 OB；④执行自检诊断；⑤在扫描周期的任何阶段处理中断和通信。

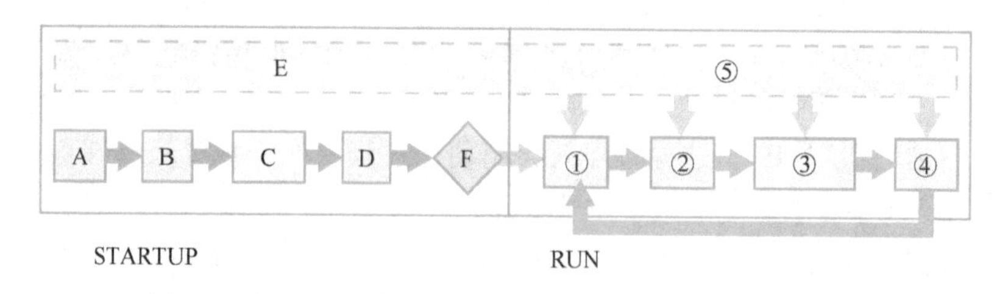

图 3-21 V3.0 及其以前版本的 CPU 启动过程和运行过程

由此可见，V3.0 版本和 V4.0 版本的最大区别是对物理输入的状态复制到 I 存储器（也就是过程映像）的执行时间，V3.0 版本是在执行完启动 OB 后进行，目前 V4.0 版本是在执行启动 OB 之前进行。也就是对于 V4.0 版本来说如果要在启动模式下读取物理输入的当前状态，不必通过执行立即读取操作。

4. CPU 的启动过程

V3.0 及其以前版本的 CPU，只要工作模式从 STOP 切换到 RUN，CPU 就会清除过程映像输入区、初始化过程映像输出区并处理启动OB。因此，通过“启动OB”中的指令对过程映像输入区进行任何读访问，都只会读取零值，而不是读取当前物理输入值。因此，要在启动模式下读取物理输入的当前状态，必须执行立即读取操作（而V4.0版本以后的CPU，当工作模式从STOP切换到RUN，CPU会将物理输入的状态复制到I存储器，初始化过程映像输出区并处理启动OB。因此，在启动模式下可读取物理输入的当前状态）。接着，CPU再执行启动OB以及任何相关的函数（Function，FC）和FB。如果存在多个启动OB，则按照OB编号依次执行各OB，编号最小的OB优先执行。在启动OB中，可以通过编写程序检查保持性数据和时钟的有效性。此外，在启动过程中，CPU会对中断进行排队但不加以处理，也不会执行任何循环时间监视。同时，在启动模式下，可以更改HSC、脉冲串输出（Pulse Train Output，PTO）以及PtP通信模块的组态，但HSC、PTO和PtP通信模块只有在RUN模式下才会真正运行。执行完启动OB后，CPU将进入RUN模式并在连续的扫描周期内处理控制任务。

5. CPU的运行模式

在运行模式下，CPU在每个扫描周期中都会写入输出、读取输入、执行用户程序、更新通信模块以及响应用户中断事件和通信请求。这些操作除了用户中断事件外，其他都按上述先后顺序定期进行处理。同时系统会监视扫描周期是否小于最大循环时间，如果扫描周期大于最大循环时间，将生成时间错误事件。其具体运行过程为：

1）在每个扫描周期的开始，从过程映像输出区重新获取数字量及模拟量输出的当前值，然后将其写入CPU、SB和SM上组态为自动I/O更新（默认组态）的物理输出。通过指令访问物理输出时，输出过程映像和物理输出本身都将被更新。

2）随后在该扫描周期中，将读取CPU、SB和SM上组态为自动I/O更新（默认组态）的数字量及模拟量输入的当前值，然后将这些值写入过程映像输入区。通过指令访问物理输入时，指令将访问物理输入的值，但输入过程映像不会更新。

3）读取输入后，系统将从第一条指令开始执行用户程序，一直执行到最后一条指令。其中包括所有的程序循环OB及其所有关联的FC和FB。程序循环OB根据OB编号依次执行，OB编号最小的先执行。

4）执行自检诊断，自诊断检查包括检查系统和I/O模块的状态。

5）在扫描周期的任何阶段处理中断和通信。中断可能发生在扫描周期的任何阶段，并且由事件驱动。事件发生时，CPU将中断扫描循环，并调用被组态用于处理该事件的OB。OB处理完该事件后，CPU从中断点继续执行用户程序；在扫描期间会定期处理通信请求，这可能会中断用户程序的执行。

3.3.2 S7-1200 PLC的编程语言

西门子PLC常用的编程语言有梯形图（Ladder Diagram，LAD）、功能块图（Function Block Diagram，FBD）、结构化控制语言（Structured Control Language，SCL）、语句表（Statement List，STL）、Graph等，其中S7-1200支持的编程语言有LAD、FBD和SCL。

1. LAD

LAD是一种图形编程语言，它使用基于电路图的表示法。绝大多数PLC可以采用梯形图语言编程，梯形图表达式是在电气控制系统中常用的接触器、继电器梯形图基础上演变而来的。它与电气控制原理图相呼应，形象、直观、实用，是 PLC 的主要编程语言，比较适合于电气技术人员使用。

LAD 由触点、线圈和用方框表示的指令构成，如图 3-22 所示。触点代表逻辑输入条件，线圈代表逻辑运算结果，常用来控制指示灯、开关和内部的标志位等。指令框用来表示定时器、计数器或数学运算等指令。

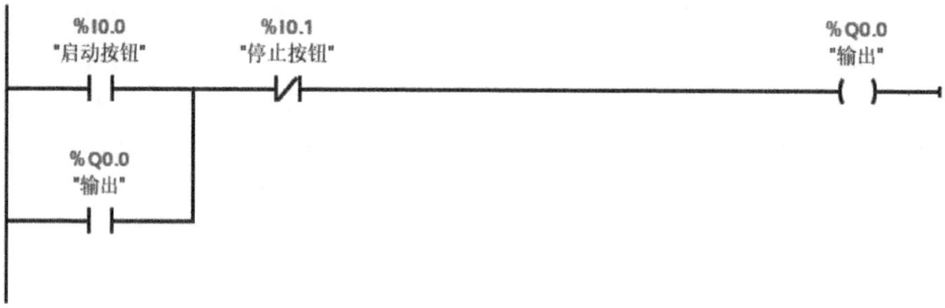

图 3-22 LAD 程序

视频
梯形图编程时应注意的问题

在 LAD 程序中，利用能流（电流）的流动来分析程序的运行。最左边的竖线称为母线，程序运行时，会有假想的电流从母线流出，电流总是从左向右流动，如果电流能流入指令，则代表这个指令被执行。

2. FBD

FBD 使用类似于布尔代数的图形逻辑符号来表示控制逻辑，一些复杂的功能用指令框表示，FBD 类似于与门、或门的方框，表示逻辑关系，如图 3-23 所示。一般用一个指令框表示一种功能，框图内的符号表达该框图的运算功能，框的左侧为逻辑运算的输入变量，右侧为输出变量，框左侧的小圆圈表示对输入变量取反（“非”运算），框右侧的小圆圈表示对运算结果再进行“非”运算。方框被“导线”连接在一起，信号自左向右流动。FBD 比较适合于有数字电路基础的编程人员使用。

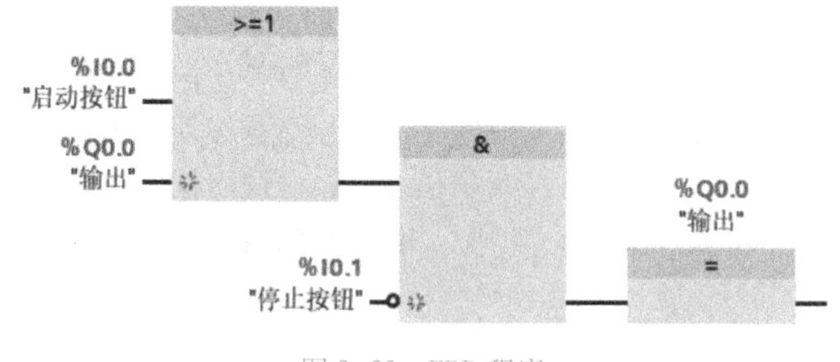

图 3-23 FBD 程序

3. SCL

西门子 SCL 是基于 PASCL 的，它在 PASCL 的基础上，加上了 PLC 编程的输入、输出、定时器、计数器、位存储器等特征，使其既具有高级语言的特点，又适合 PLC 的数据处理。

西门子 SCL 支持布尔型、整型、实型等基本数据类型及日期、时间、指针、用户自定义数据等复杂数据类型，提供了丰富的运算符可以构建逻辑表达式、数学表达式、关系表达式等各种表达式，提供了判断选择、循环等语句用于程序控制，同时还提供了基本指令、扩展指令、工艺指令及通信指令等丰富的指令，可以满足所有 PLC 控制的要求。

由于其高级语言的特性，SCL 尤其适合在数据处理、过程优化、配方管理、数学/统计运算等方面的应用。SCL 比较适合于有计算机编程基础的人员使用。

3.4 程序结构

3.4.1 代码块

视频
1200 PLC 程序结构及编程软件

S7-1200 可采用模块化编程，它将复杂的自动化任务划分为对应于生产过程功能较小的子任务，每个子任务对应于一个称为“块”的子程序，可以通过块与块之间的相互调用来组织程序。采用块的概念有利于大规模程序的设计，使程序结构清晰明了、修改方便、调试简单。采用块结构显著地增加了 PLC 程序的组织透明性、可理解性和易维护性。S7-1200 系列 PLC 提供了多种不同类型的块用于程序设计，见表 3-8，其中组织块（OB）、函数块（FB）、函数（FC）都包含代码，统称为代码（Code）块。

表 3-8　S7-1200 系列 PLC 用户程序中的块

块（Block）		简要描述
OB		操作系统与用户程序的接口，决定用户程序的结构
FC		用户编写的包含经常使用的功能的子程序，无专用的存储区
FB		用户编写的包含经常使用的功能的子程序，有专用的存储区
DB	背景 DB	用于保存 FB 的输入变量、输出变量和静态变量
	全局 DB	存储用户数据的数据区域，供所有代码共享

创建用于自动化任务的用户程序时，需要将程序的指令插入代码块中。

OB 对应于 CPU 中的特定事件，并可中断用户程序的执行。其中，OB1 是用于循环执行用户程序的默认 OB，用于为用户程序提供基本结构。如果程序中包括其他 OB，这些 OB 会中断 OB1 的执行。其他 OB 可执行特定功能，如用于启动任务、用于处理中断和错误或者用于按特定的时间间隔执行特定的程序代码。

FB 是从另一个代码块（OB、FB 或 FC）进行调用时执行的子例程。调用块将参数传递到 FB，并标识可存储特定调用数据或该 FB 实例的特定 DB。更改背景 DB 可使通用 FB 控制一组设备的运行。例如，借助包含每个泵或阀门的特定运行参数的不同背景 DB，一个 FB 可控制多个泵或阀。

FC 是从另一个代码块（OB、FB 或 FC）进行调用时执行的子例程。FC 不具有相关的背景 DB。调用块将参数传递给 FC。FC 中的输出值必须写入存储器地址或全局 DB 中。

1. 组织块

组织块（OB）是 CPU 中操作系统与用户程序的接口，由操作系统调用，用于控制用户程序扫描循环和中断程序的执行、PLC 的启动和错误处理等，只有在 OB 中编写的程序或调用的程序块才能被操作系统执行。

OB1 是用于循环执行用户程序的默认 OB，相当于主程序，决定了用户程序的结构。操作系统调用 OB1 来启动用户程序的循环执行，每一次循环中调用一次 OB1。

OB 中除 OB1 外，还包括程序循环 OB、启动 OB、时间中断 OB、延时中断 OB、循环中断 OB、硬件中断 OB 和诊断错误中断 OB 等。

OB 调用 FB、FC，并且这些 FB、FC 还可以继续向下嵌套调用 FB、FC。除 OB1 和启动 OB 以外，其他 OB 的执行是根据各种中断条件（如错误、时间、硬件等）来触发的，OB 无法互相调用也不能被 FB、FC 调用。CPU 按优先级处理 OB，即先执行优先级较高的 OB，然后执行优先级较低的 OB，在低优先级 OB 运行过程中，高优先级 OB 的到来会打断低优先级 OB 的执行。最低优先级为 1（对应主程序循环），最高优先级为 27（对应时间错误中断）。

以主循环程序为例，在没有其他 OB 执行时，主程序会周而复始地执行，当有高优先级中断（例如循环中断）出现时，立即停止主程序执行，转而执行高优先级中断 OB 的程序，当高优先级中断 OB 的程序执行完，则继续从中断处的主程序执行。两个不同优先级 OB 的程序之间的打断也是同样规则。

（1）程序循环 OB　程序循环 OB 在 CPU 处于 RUN 模式时循环执行。用户在其中编写控制程序或调用其他功能块（FC 或 FB）。用户程序中需要连续执行的程序可以存放在循环 OB 中，允许使用多个程序循环 OB，它们按编号顺序执行。OB1 是默认循环 OB，其他程序循环 OB 的标识符自动给定，编号从 1、2、3 开始。程序循环 OB 的优先级为 1，可被高优先级的 OB 中断；程序循环执行一次需要的时间即为程序的循环扫描周期时间。最长循环时间默认设置为 150 ms。如果用户程序超过了最长循环时间，操作系统将调用 OB80（时间故障 OB）；如果 OB80 不存在，则 CPU 停机。

（2）启动 OB　启动 OB 用于系统初始化，在 CPU 的工作模式从 STOP 切换到 RUN 或者处于 RUN 模式下时，CPU 断电再上电时都将执行一次，启动 OB 执行完毕后才开始执行主“程序循环” OB。S7-1200 CPU 中支持多个启动 OB，按照编号由小到大的顺序依次执行，OB100 是默认启动 OB。其他启动 OB 的编号必须大于或等于 123。在启动 OB 执行过程中可以读取物理输入的状态，但是无法将 Q 存储器状态写入物理输出。

（3）时间中断 OB　时间中断 OB 用于在时间可控的应用中定期运行一部分用户程序，可实现在某个预设时间到达时只运行一次，或者按每分/时/天/周/月/年等循环运行。目前 CPU 仅支持两个时间中断 OB，OB10 为默认时间中断 OB，时间中断 OB 的编号必须为 10~17，或大于等于 123。

（4）延时中断 OB　延时中断 OB 在经过一段指定的时间延时后，才执行相应 OB 中的程序。S7-1200 最多支持 4 个延时中断 OB，通过调用 SRT_DINT 指令启动延时中断 OB。在使用 SRT_DINT 指令编程时，需要提供 OB 号、延时时间（1~60000 ms），当到达设定的延时时间时，操作系统将启动相应的延时中断 OB；尚未启动的延时中断 OB 也可以通过 CAN_DINT 指令取消执行，同时还可以使用 QRY_DINT 指令查询延时中断的状态。OB20 为默认延时中断 OB，延时中断 OB 的编号必须为 20~23，或大于等于 123。

（5）循环中断 OB　循环中断 OB 在 PLC 启动后开始计时，每经过一段固定的时间间隔，执行一次相应的中断 OB 中的程序。S7-1200 最多支持 4 个循环中断 OB，在创建循环中断 OB 时设定固定的间隔扫描时间。在 CPU 运行期间，可以使用 SET_CINT 指令重新设置循环中断的间隔扫描时间、相移时间；同时还可以使用 QRY_CINT 指令查询循环中断的状态。循环中断 OB 的编号必须为 30~38，或大于等于 123。

（6）硬件中断 OB　硬件中断 OB 在发生相关硬件事件时执行，可以快速地响应并执行硬件中断 OB 中的程序（例如立即停止某些关键设备）。硬件发生变化时将触发硬件中断事件时，例如输入点上的上升沿/下降沿事件或者 HSC 事件。当发生硬件中断事件时，硬件中断 OB 将中断正常的循环程序而优先执行。S7-1200 可以在硬件配置的属性中预先定义硬件中断事件，一个硬件中断事件只允许对应一个硬件中断 OB，而一个硬件中断 OB 可以分配给多个硬件中断事件。S7-1200 最多支持 50 个硬件中断 OB，OB40 为默认硬件中断 OB。在 CPU 运行期间，可使用附加指令 ATTACH 和分离指令 DETACH 对中断事件重新分配。硬件中断 OB 的编号必须为 40~47，或大于等于 123。

（7）时间错误中断 OB（OB80）　当 CPU 中的程序执行时间超过最大循环时间或者发生时间错误事件（例如，循环中断 OB 仍在执行前一次调用时，该循环中断 OB 的启动事件再次发生）时，将触发时间错误中断 OB。由于 OB80 的优先级最高，它将中断所有正常循环程序或其他所有 OB 事件的执行而优先执行。

（8）诊断错误中断 OB（OB82）　S7-1200 支持诊断错误中断，可以为具有诊断功能的模块启用诊断错误中断功能来检测模块状态。出现故障（进入事件）、故障解除（离开事件）均会触发 OB82。当模块检测到故障并且在软件中使能了诊断错误中断时，操作系统将启动诊断错误中断，OB82 将中断正常的循环程序而优先执行。此时无论程序中有没有 OB82，CPU 都会保持 RUN 模式，同时 CPU 的 ERROR 指示灯闪烁。如果希望 CPU 在接收到该类型的错误时进入 STOP 模式，可以在 OB82 中加入 STP 指令使 CPU 进入 STOP 模式。

（9）插拔中断 OB（OB83）　如果移除或插入了已组态且未禁用的分布式 I/O 模块或子模块（PROFIBUS、PROFINET 和 AS-i），系统将执行插拔中断 OB。当触发插拔中断时，通过 OB83 的接口变量可以读取相应的启动信息，以便于确定事件发生的设备、发生的事件类别。

（10）机架或站故障 OB（OB86）　当 CPU 检测到分布式机架或站出现故障或发生通信丢失时，将执行机架或站故障 OB。当触发 OB86 时，通过 OB86 的接口变量可以读取相应的启动信息，可以帮助确定事件发生的站、发生的事件类别。

2. 函数和函数块

（1）函数　函数（FC）是一种不带"存储区"的代码块，即不具有相关的背景 DB，常用于对一组输入值执行特定运算。例如，可使用 FC 执行标准运算和可重复使用的运算（如数学计算）或者执行工艺功能（如使用位逻辑运算执行独立的控制）。FC 的临时变量存储在局部数据堆栈中，当 FC 执行结束后，这些临时数据就丢失了。要将这些数据永久存储，可将输出值赋给全局存储器，如全局 DB 或者 M 存储器。

FC 类似于子程序，子程序仅在被其他程序调用时才执行，可以简化程序代码和减少扫描时间。用户可以将不同的任务编写到不同的 FC 中，同一 FC 可以在不同的地方被多次调用。

由于 FC 没有自己的存储区，所以必须为其指定实际参数，不能为一个 FC 的局部数据分配初始值。

（2）函数块（FB） S7-1200 PLC 编程可以使用的代码块有 OB、FC 和 FB。FB 与 FC 一样，类似于子程序，但 FB 是一种具有“存储功能”的代码块，它使用背景 DB 保存其参数和静态数据。背景 DB 是与 FB 的实例（或调用）关联的一块存储区并在 FB 完成后存储数据。可将不同的背景 DB 与 FB 的不同调用进行关联。通过背景 DB 可使用一个通用 FB 控制多个设备。可通过使一个代码块对 FB 和背景 DB 进行调用来构建程序。调用时，CPU 执行该 FB 中的程序代码，并将块参数和静态局部数据存储在背景 DB 中。FB 执行完成后，CPU 会返回到调用该 FB 的代码块中。背景 DB 保留该 FB 实例的值。随后可在同一扫描周期或其他扫描周期中调用该功能块时使用这些值。

在编写调用 FB 的程序时，必须指定背景 DB 的编号，调用时背景 DB 被自动打开。可以在用户程序中或通过人机界面接口访问这些背景数据。一个 FB 可以有多个背景 DB，使 FB 可用于不同的被控对象。图 3-24 显示了 3 次调用同一个 FB 的 OB，方法是针对每次调用使用一个不同的 DB。该结构使一个通用 FB 可以控制多个相似的设备（如电机），方法是在每次调用时为各设备分配不同的背景 DB。每个背景 DB 存储单个设备的数据（如速度、加速时间和总运行时间）。在此实例中，FB22 控制三个独立的设备，其中 DB201 用于存储第一个设备的运行数据，DB202 用于存储第二个设备的运行数据，DB203 用于存储第三个设备的运行数据。

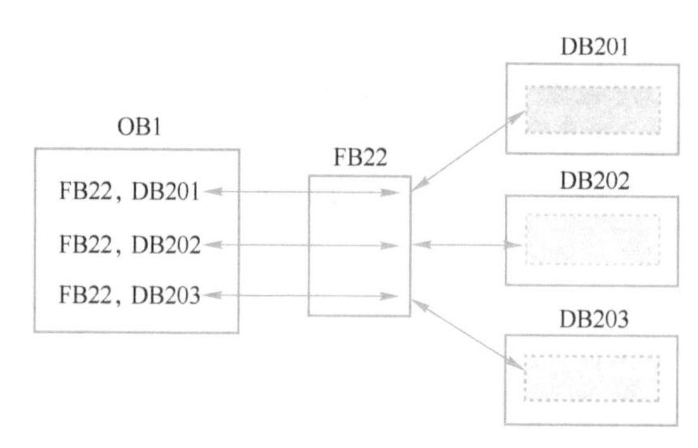

图 3-24 一个 FB 具有不同的 DB

3. 数据块

用户程序中除了逻辑处理外，还需要对存储过程状态和信号信息的数据进行处理。数据以变量的形式存储，通过存储地址和数据类型来确保数据的唯一性。数据的存储地址包括 I/O 映像区、位存储器、局部存储区和 DB 等。

DB 是用于存放执行用户程序时所需的变量数据的数据区。用户程序以位、字节、字或双字操作访问数据块中的数据，可以使用符号或绝对地址。DB 与临时数据不同，当代码块执行结束时或 DB 关闭时，DB 中的数据不会被删除。DB 同代码块一样占用用户存储器的空间，但不同于代码块的是，DB 中没有指令而只是一个数据存储区，S7-1200 PLC 按数据生成的顺序自动地为 DB 中的变量分配地址。

DB 分为全局 DB（也叫共享 DB）和背景 DB。用户程序的所有代码块（包括 OB1）都可以访问全局 DB 中的信息，而背景 DB 是分配给特定 FB 的，它存储特定 FB 的数据。背景 DB 中数据的结构反映了 FB 的参数（Input、Output 和 InOut）和静态变量（FB 的临时变量和常量器不存储在背景 DB 中）。背景 DB 中的数据是自动生成的，它们是 FB 的变量声明表中的数据（临时变量除外）。编程时，应首先生成 FB，然后生成它的背景 DB。在生成背景 DB 时，应指明它的类型为背景 DB（Instance），并指明它的 FB 编号。

S7-1200 PLC 中访问 DB 数据有两种方法：符号访问和绝对地址访问。默认情况下在编程软件中建立 DB 时系统会自动选择“仅符号访问”项，则此时 DB 仅能通过符号寻址的方式进行数据的存取。例如，Value. Start 即为符号访问的例子，其中 Value 为 DB 的符号名称，Start 为 DB 中定义的变量，而 DB10. DBW0 则为绝对地址访问的例子，其中 DB10 为所要访问的 DB，DBW0 中 W 指明了寻址一个字长，其寻址的起始字节为 0，即寻址的是 DB10 中的数据字节 0 和数据字节 1。同样地，DBB0、DBD0 和 DBX4. 1 则分别寻址的是一个字节、双字和位。

4. 块的调用

块调用即子程序调用，调用者可以是 OB、FB 及 FC 等各种逻辑块，被调用的块是除 OB 之外的逻辑块，调用 FB 时需要指定背景 DB。

调用块将设备特定的参数传递给被调用块，当一个代码块调用另一个代码块时，CPU 会执行被调用块中的程序代码。执行完被调用块后，CPU 会继续执行调用块，并继续执行该块调用之后的指令。块调用过程如图 3-25 所示。

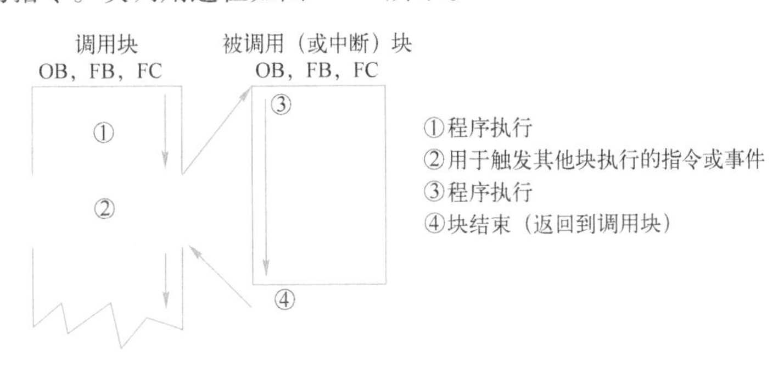

图 3-25 块调用过程

块可以嵌套调用，即被调用的块还可以调用别的块。从 OB 调用 FC 或 FB 等程序代码块的允许嵌套调用层数称为嵌套深度。如果从程序循环 OB 或启动 OB 开始调用 FC 和 FB 等程序代码块，则嵌套深度为 16 层；如果从其他中断 OB 开始调用 FC 和 FB 等程序代码块，则嵌套深度为 6 层；而安全程序嵌套深度为 4 层。图 3-26 中，在没有中断和跳转的情况下，OB1 先调用 FB1，在执行 FB1 的过程中调用 FC1，FC1 执行完毕后返回 FB1，待 FB1 执行完毕后返回 OB1。OB1 在结束调用 FB1 后，调用了 FB2，最后调用了 FC1。在调用 FB2 时，FB2 调用了 FB1，FB1 又调用了 FC21，这些都是嵌套调用的例子，其嵌套深度为 3。在创建块时，应确保被调用的块已经存在，例如，要先创建 FC1，然后创建 FB1 及其背景 DB。

3.4.2 程序结构

根据实际应用要求，可选择线性结构或模块化结构来创建用户程序。

1. 线性程序

线性程序按顺序逐条执行用于自动化任务的所有指令。通常，线性程序将所有程序指令都放入用于循环执行程序的 OB（OB1）中，如图 3-27a 所示。

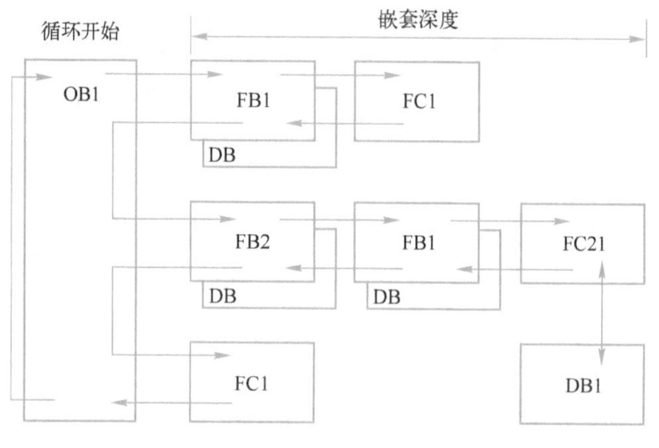

图 3-26 块的嵌套调用

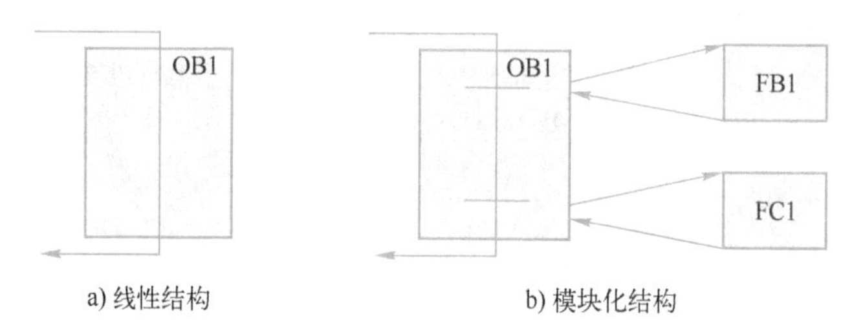

图 3-27 程序结构

线性程序结构简单，不涉及 FB、FC、DB、局域变量和中断等较复杂的概念，容易入门。由于所有的指令都在一个块中，即使程序中的某部分代码在大多数时候并不需要执行，但循环扫描工作方式中每个扫描周期都要扫描执行所有的指令，CPU 因此额外增加了不必要的负担，不能有效充分被利用。此外如果要求多次执行相同或类似的操作，线性程序由于包含多段相同或类似的程序会变得非常冗杂。因此除非程序非常简单，通常不建议用户采用线性程序。

2. 模块化程序

模块化程序由多个可执行特定任务的代码块组成。要创建模块化程序，需要将复杂的自动化任务划分为与过程的工艺功能相对应的更小的次级任务，每个次级任务通过独立的代码块来实现。通过代码块的调用来构建程序，以此完成相应的自动化任务，如图 3-27b 所示。

通过设计 FB 和 FC 执行通用任务，可创建模块化代码块，然后可通过由其他代码块调用这些可重复使用的模块来构建用户程序。通过创建可在用户程序中重复使用的通用代码块，可简化用户程序的设计和实现。使用通用代码块具有许多优点：

1）可为标准任务创建能够重复使用的代码块，如用于控制泵或电机。也可以将这些通用代码块存储在可由不同的应用或解决方案使用的库中。

2）将用户程序构建到与功能任务相关的模块化组件中，可使程序的设计更易于理解和管理。模块化组件不仅有助于程序设计的标准化，也使更新或修改程序代码更加快速和容易。

3）通过将整个程序构建为一组模块化程序段，可在开发每个代码块时测试其功能，从而简化对程序的调试。

4）创建与特定工艺功能相关的模块化组件，有助于简化对已完成应用程序的调试，并缩短调试所用的时间。

3.5 程序的编写与调试

3.5.1 STEP 7 编程软件

STEP 7 是 TIA Portal 的编程和组态软件组件，除 STEP 7 之外，TIA Portal 还包括用于设计和执行运行系统过程可视化的 WinCC，以及面向 WinCC 和 STEP 7 的综合信息系统（在线帮助）。STEP 7 有 STEP 7 Basic（基本版）和 STEP 7 Professional（专业版）两个版本。STEP 7 Basic 是用于 S7-1200 的工程组态系统；STEP 7 Professional 是用于 S7-1200/1500/300/400 控制器、WinAC 和软件控制器的工程组态系统。

STEP 7 软件提供了一个用户友好的环境，供用户开发、编辑和监视控制应用所需的逻辑，其中包括用于管理和组态项目中所有设备（如控制器和 HMI 等设备）的工具。为了帮助用户查找需要的信息，STEP 7 提供了内容丰富的在线帮助系统。STEP 7 提供了如 LAD、FBD、SCL 等标准编程语言，以用于开发适合用户具体应用需求的控制程序。

利用 TIA Portal 软件创建项目时，可使用 Portal 视图和项目视图。两种视图可以互相切换。Portal 视图支持面向任务的组态，项目视图支持面向对象的组态。Portal 视图提供面向任务的工具箱视图，利用它可以通过简单的方式来浏览项目任务和数据，也可以通过各个 Portal 来访问处理关键任务所需的应用程序功能。图 3-28 所示为 Portal 视图，其中①为不同任务的门户，门户为各个任务区提供了基本功能，在 Portal 视图中提供的门户取决于所安装

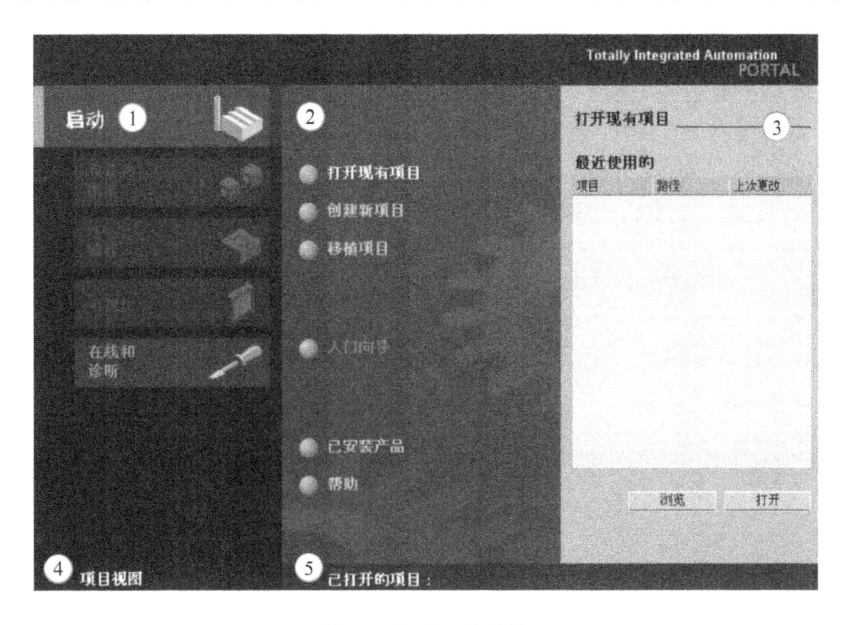

图 3-28　Portal 视图

的产品；②为所选门户的任务。此处提供了在所选门户中可使用的操作，可在每个门户中调用上下文相关的帮助功能；③为所选操作的选择面板。该面板的内容取决于在所选门户中的相应操作；④为“项目视图”链接，用于切换到项目视图；⑤为当前打开的项目的显示区域，通过此处可了解当前打开的是哪个项目。

项目视图是项目所有组件的结构化视图。项目视图中提供了各种编辑器，可以用来创建和编辑相应的项目组件。项目视图如图 3-29 所示。

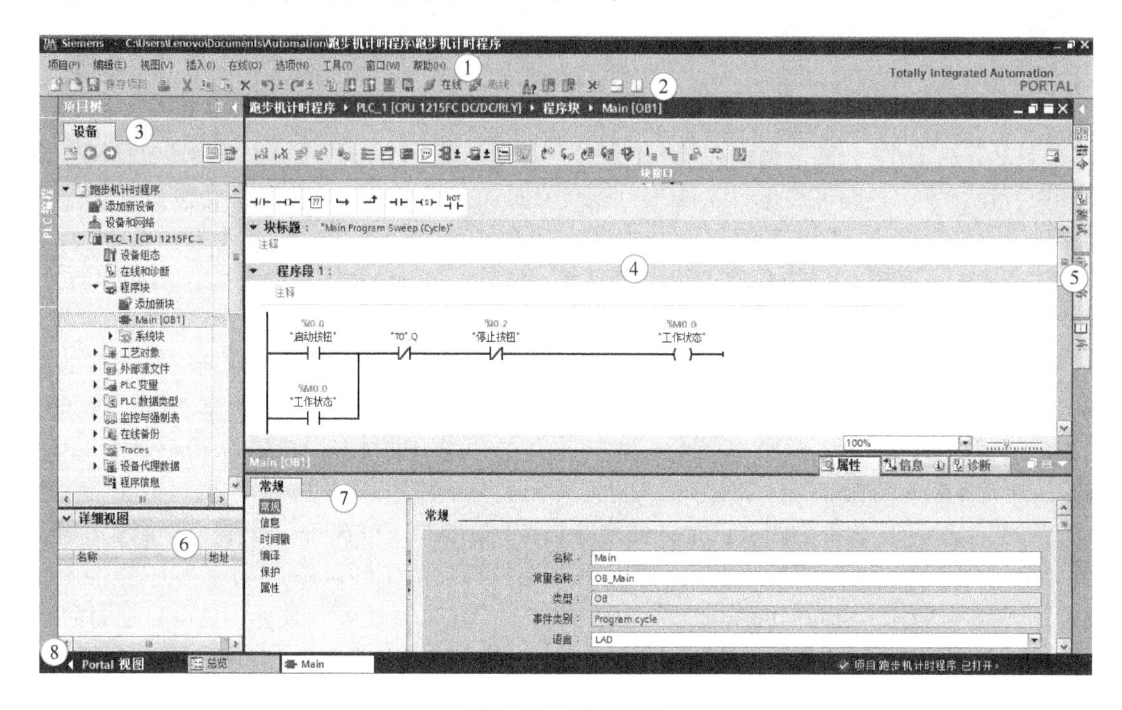

图 3-29 项目视图

在图 3-29 中，①为菜单栏，主要包含相关工作所需的全部命令；②为工具栏，提供了常用命令的按钮；③为项目树，通过项目树可以访问所有组件和项目数据，例如可在项目树中执行添加新组件、编辑现有组件、扫描和修改现有组件的属性等任务；④为工作区，用于显示需要编辑的对象；⑤为任务卡，可用的任务卡取决于所编辑或所选择的对象，任务卡在屏幕右侧的条形栏中，可以随时折叠和重新展开它们；⑥为详细视图，用于显示所选对象的某些内容，如包含文本列表或变量；⑦为巡视窗口，用于显示所选对象或所执行动作的附加信息；⑧为“Portal 视图”链接，用于切换到 Portal 视图。

3.5.2 编程软件的使用

打开 TIA Portal 软件后，在项目视图下单击左上角的新建工程按钮，如图 3-30 所示。

输入创建项目的名称，单击“路径”，选择最右侧的▭，选择保存路径，如图 3-31 所示。然后单击“创建”按钮，出现图 3-32 所示窗口。

双击图 3-32 左侧项目树中的“添加新设备”，会弹出如图 3-33 所示的窗口。

图 3-33 所示的窗口中，有“控制器”“HMI”和“PC 系统”等选项。控制器包括 SI-

MATIC S7 系列 CPU，如 1200、1500、300、400、ET200 等；HMI 主要有 SIMATIC 精简系列面板和用于多功能面板的 SIMATIC WinAC 等；PC 系统主要包括 SIMATIC PC station、工业 PC、SIMATC 57 开放式控制器、SIMATIC S7 嵌入式控制器、SINUMERIK 操作员组件、SIMATIC 控制器应用程序和 SIMATIC HMI 应用软件等。

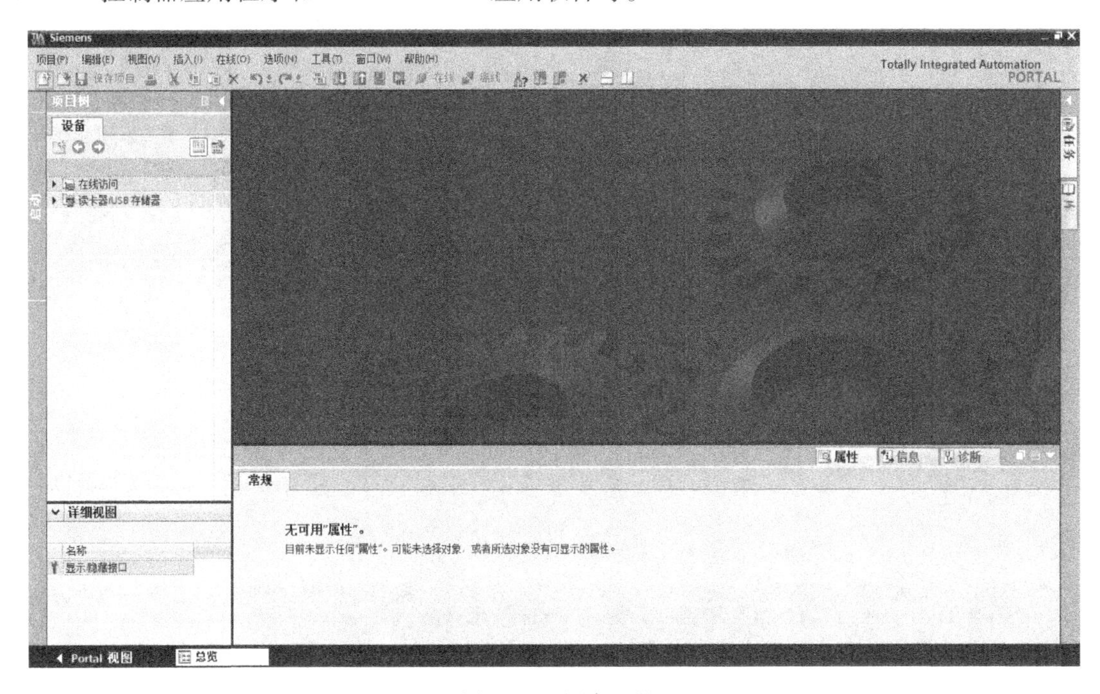

图 3-30　新建工程

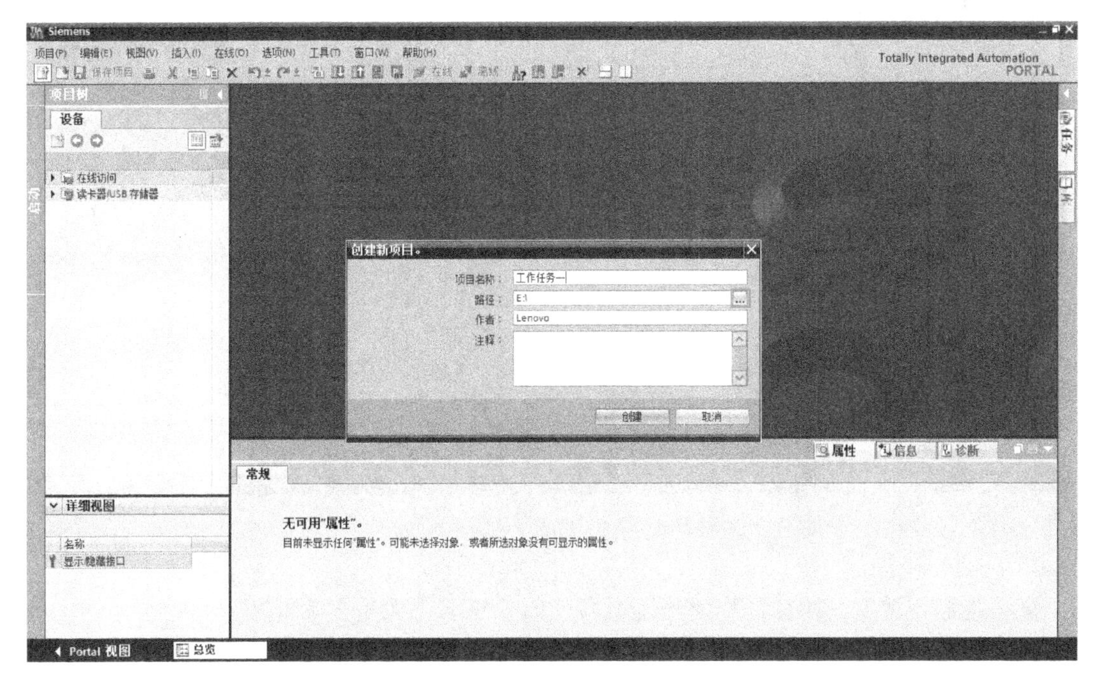

图 3-31　输入项目名称等信息

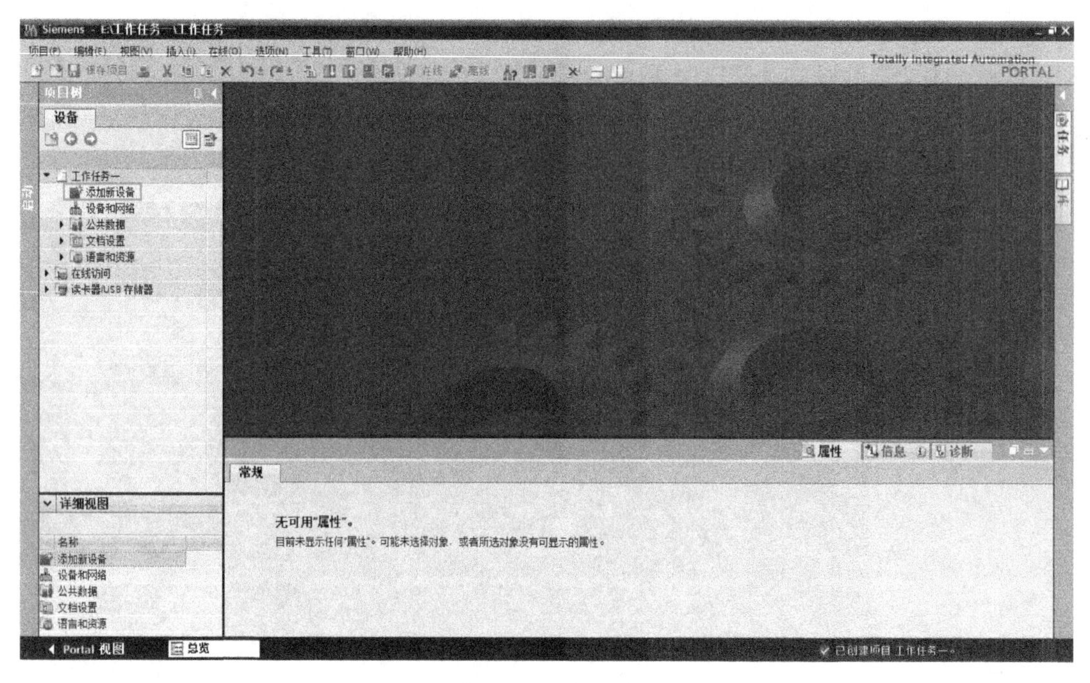

图 3-32　添加设备

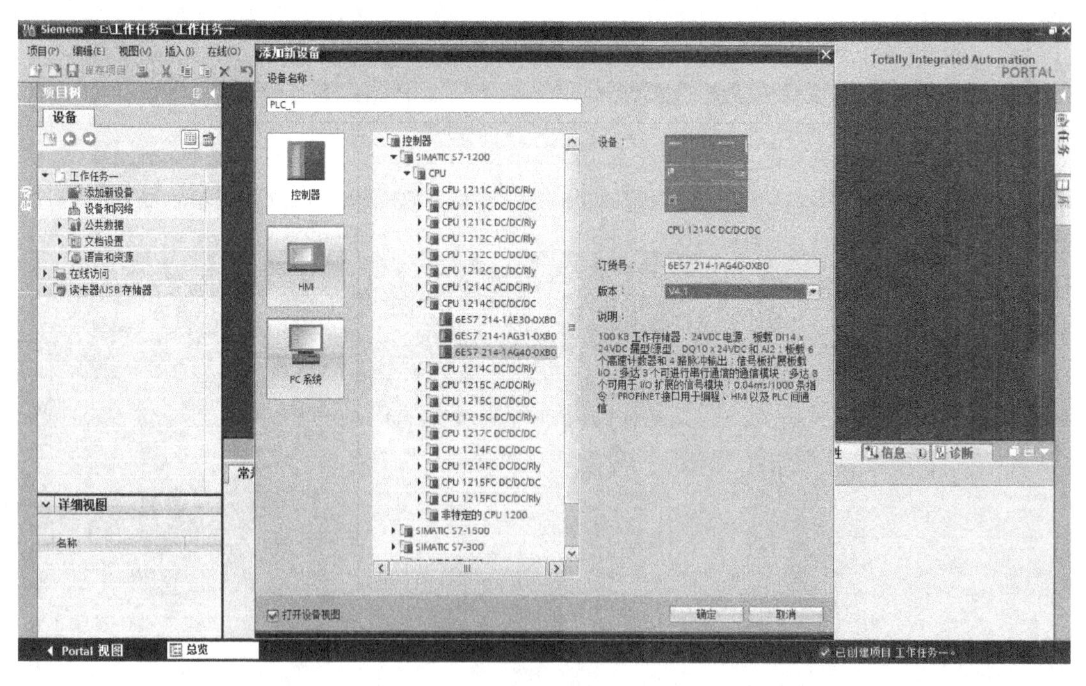

图 3-33　组态 CPU 模块

单击控制器选项，在其右侧硬件目录内“CPU”下找到与实际 CPU 相一致的型号，如 CPU 1214C DC/DC/DC，这种型号有 3 种不同订货号的 CPU，相同订货号的 CPU 又有不同的版本。选择与实际 CPU 订货号和版本号相一致的 CPU，如 6ES7 214-1AG40-0XB0 V4.2 版本。

添加好 CPU 后在右侧硬件目录中添加对应的附加模块。假设实际所用模块为数字量输入输出模块，型号为 DI 8×24VDC/DQ 8×Relay，则需在右侧硬件目录的 DI/DQ 中选择与实际 DI/DO 模块订货号一致的模块（如 6ES7 223-1PH32-0XB0）并双击，得到的组态画面如图 3-34 所示。

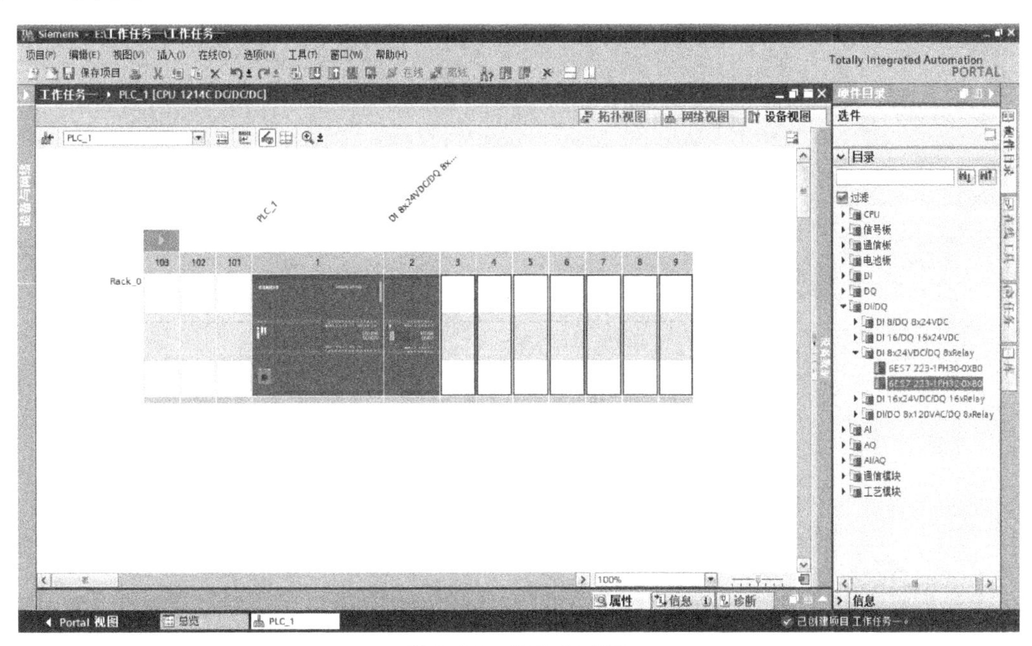

图 3-34　组态 DI 模块

在硬件目录 DQ 中找到与实际数字量输出模块型号和订货号相一致的模块（如 DQ 8×Relay，6ES7 222-1HF32-0XB0）并双击或将模块拖到相应插槽，得到的组态画面如图 3-35 所示。

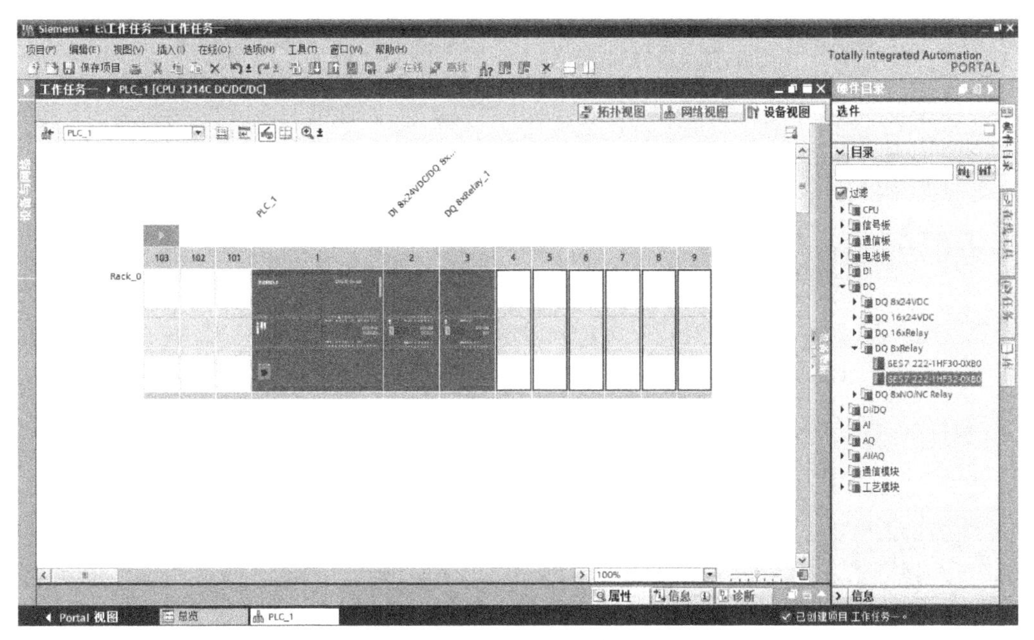

图 3-35　组态 DO 模块

假设在实际 CPU 模块上安装了一块信号板，其型号为 DI 2/DQ 2×24VDC，订货号为 6ES7 223-0BD30-0XB0，则应在硬件目录中“信号板”下选择与实际信号板型号和订货号相一致的信号板模块并双击以组态信号板，如图 3-36 所示。

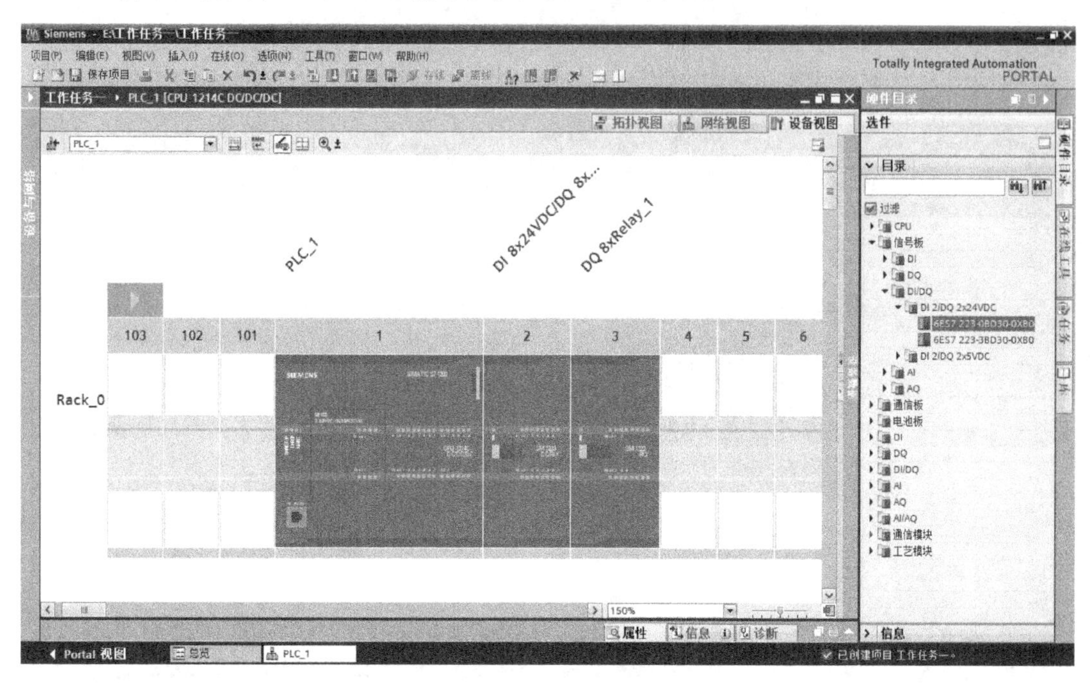

图 3-36 组态信号板

硬件添加完成后，单击设备视图右边框中间的箭头（见图 3-37），打开 IO 设置界面。

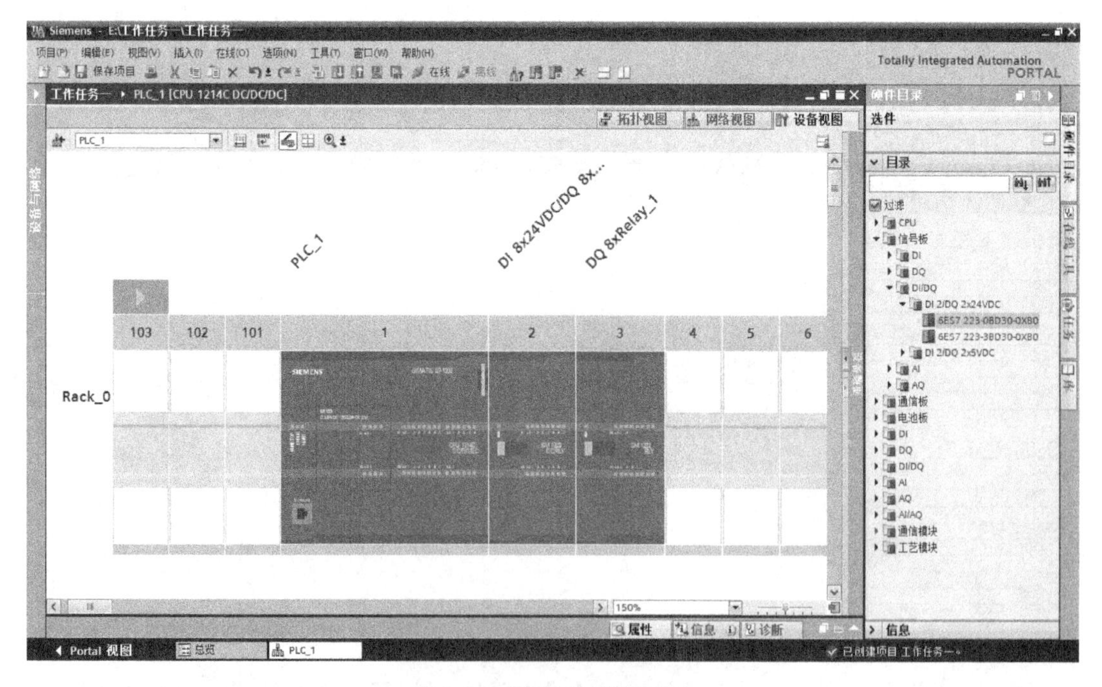

图 3-37 打开 IO 设置界面

在添加 CPU、输入/输出模块等硬件时，系统会自动给模块的输入/输出通道分配地址，也可以根据实际情况对地址进行修改。在如图 3-38 所示的 IO 设置界面中，I 地址和 Q 地址都可以修改，本例只对框起来的部分进行了修改。

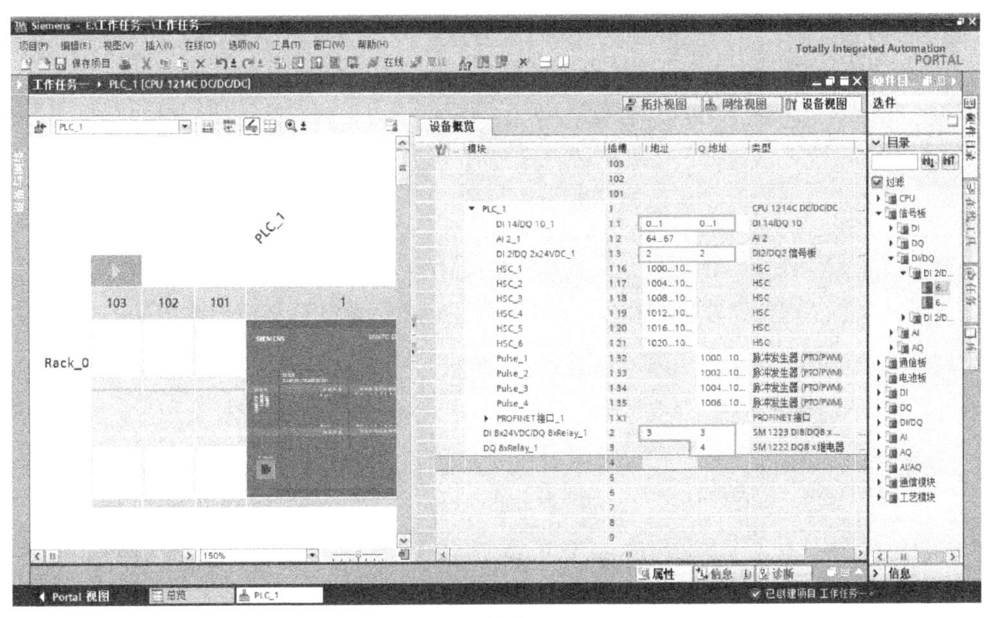

图 3-38　修改 IO 地址

在编写程序时，如果用到首次循环标志位、始终高（低）电平位、内部时钟等，还需要启用系统存储器字节和时钟存储器字节。启用方法为单击 CPU 模块，如图 3-39 所示，然后单击右下方的“属性”选项卡。或者在左边项目树中右键单击“PLC_1[CPU 1214 DC\DC\DC]”，在弹出的菜单中选“属性”。

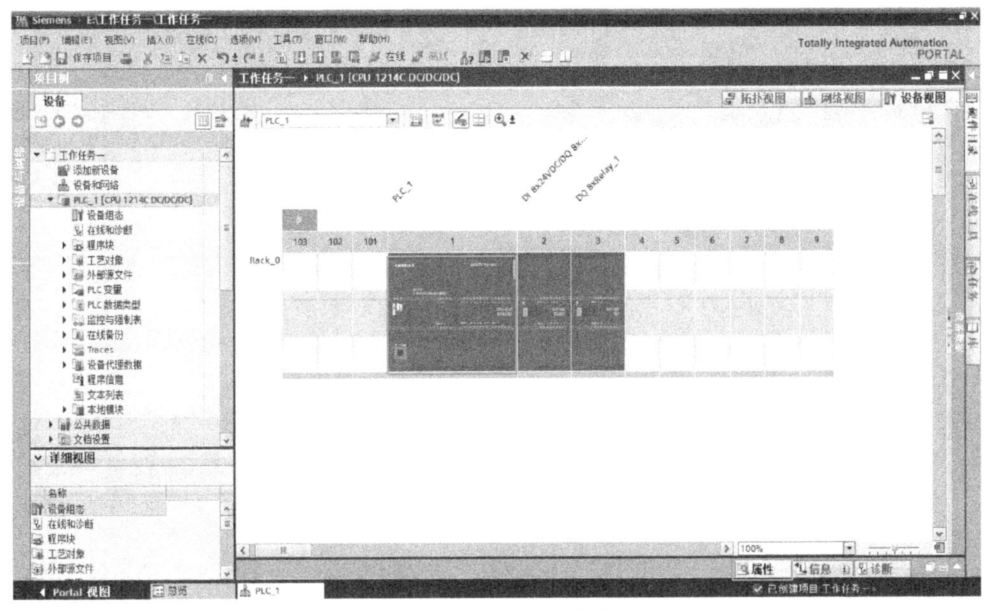

图 3-39　选择 CPU 属性

在 CPU 属性窗口的“常规”选项卡中单击“系统和时钟存储器”，根据情况勾选“启用系统存储器字节”和“启用时钟存储器字节”并分配地址，如图 3-40 所示。

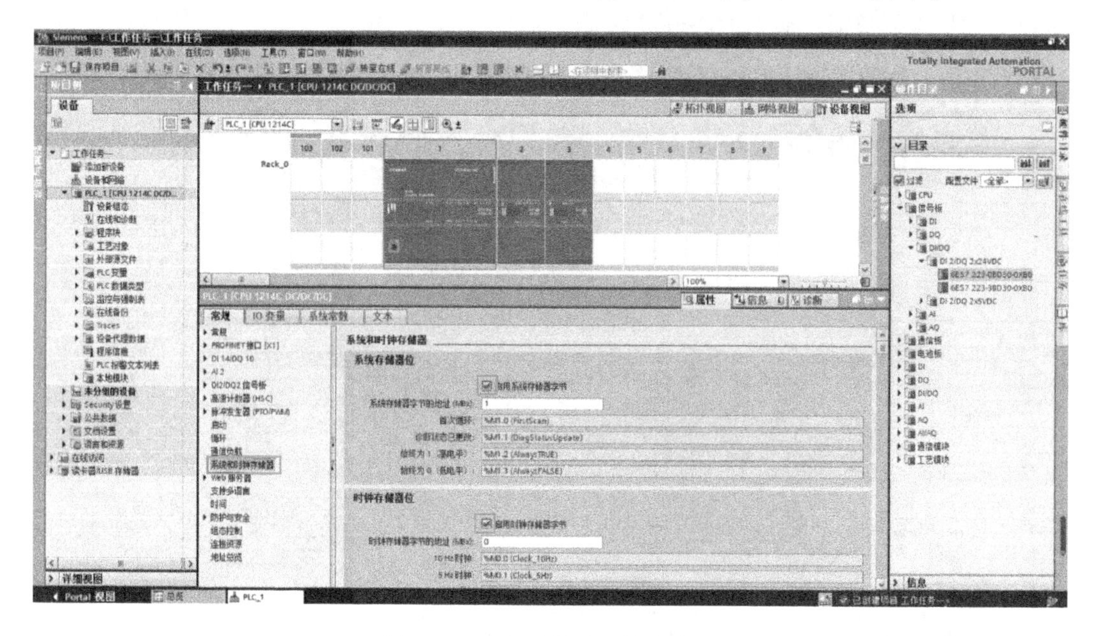

图 3-40　启用系统和时钟存储器

完成上述组态后，可以进行 PLC 程序的编写。在左侧项目树中“程序块”文件夹内有“添加新块”和“Mian[OB1]”两个块，双击“添加新块”弹出添加新块面板，可添加组织块、函数块、函数和数据块，如图 3-41 所示。

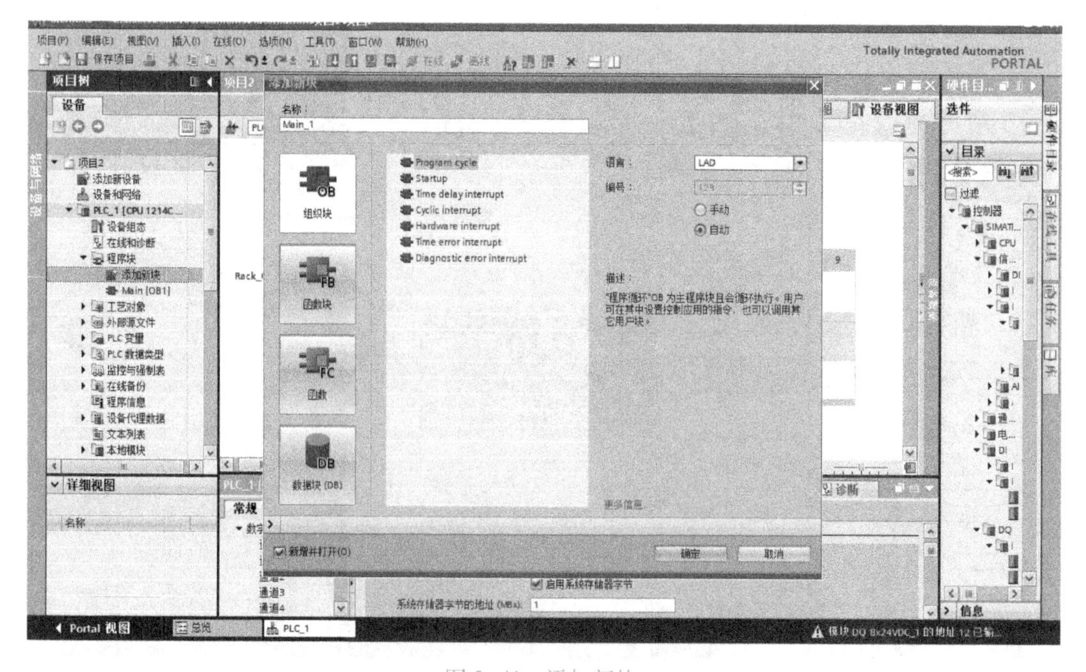

图 3-41　添加新块

双击“Main[OB1]”块调用程序编辑器，打开主程序块 OB1，如图 3-42 所示。程序编辑器是用于设计函数、函数块和组织块的集成开发环境，它为编程和故障排除提供了全面的支持。程序编辑器的结构如图 3-43 所示。

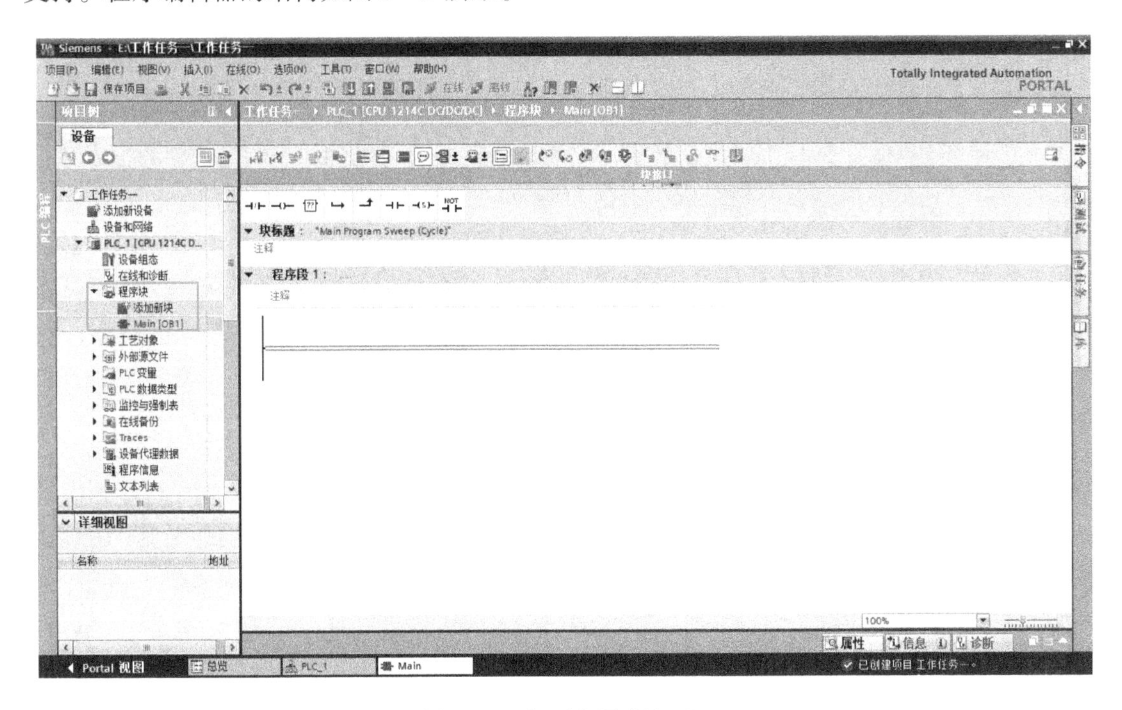

图 3-42　打开主程序块 OB1

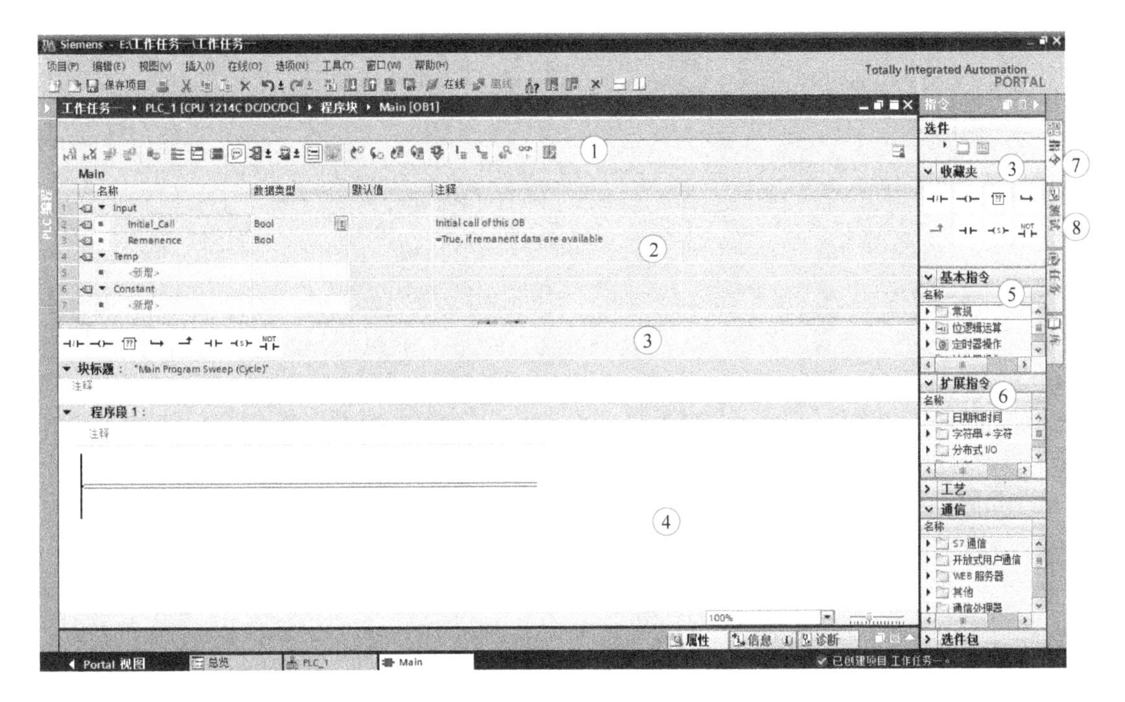

图 3-43　程序编辑器的结构

在图 3-43 中，①为工具栏，使用工具栏可以访问程序编辑器的主要功能，例如插入、删除、打开和关闭程序段，显示和隐藏绝对操作数，显示和隐藏程序段注释，显示和隐藏收藏夹，显示和隐藏程序状态等。②为块接口，用于创建和管理局部变量。③为收藏夹，位于指令任务卡和程序编辑器中，通过它可以快速访问常用的指令。可以将指令从指令任务卡中拖放到收藏夹中便于快速访问。④为指令窗口，也就是程序编辑器的工作区，在其中可执行创建和管理程序段、输入块和程序段的标题与注释以及输入程序代码等任务。⑤和⑥分别为指令任务卡中的指令窗格和扩展指令窗格。⑦为指令任务卡，包含用于创建程序的指令，由收藏夹、指令和扩展指令等窗格组成。目前新版本的 TIA Portal 中，指令任务卡由收藏夹、基本指令、扩展指令、工艺、通信、选件包等窗格组成，指令功能更为丰富。⑧为测试任务卡，在测试任务卡中，可以通过程序状态对故障排除进行设置，其功能仅在在线模式下可用。

可以使用不同编程语言编写 PLC 程序，程序由若干程序段构成。在创建组织块、函数块或函数时，会自动创建一个空的程序段，在程序段中编写程序时会自动生成下一个空程序段，也可以手动插入或删除程序段。在本例中，使用 LAD 编辑组织块 Main [OB1]。LAD 编程语言使用基于电路图的表示法，具有直观易懂的特点，因此得到了广泛的应用。LAD 程序可看作由在电源线上串联或并联的各个元素组成。图 3-44 所示为 LAD 程序段的主要组成元素。其中，①为电源线，②为梯级，③为分支，④为触点，⑤为线圈，⑥为功能框。

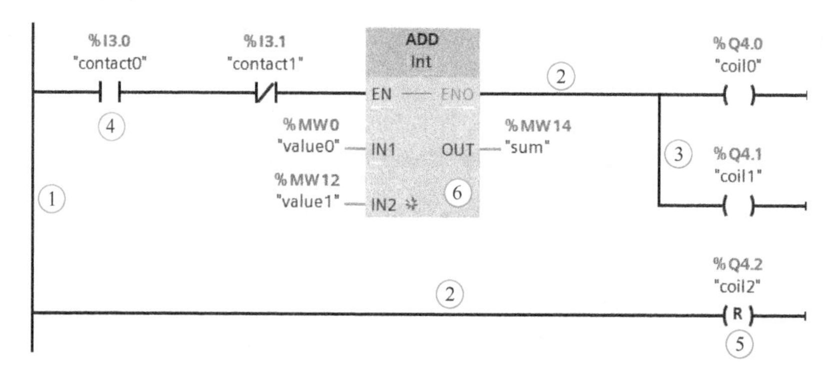

图 3-44 LAD 程序段

为了和实际电气控制图相呼应，LAD 最左边的线称为电源线，也称母线。这是一条假想的电源线，在程序运行时会有假想电流流过各个梯级。每个 LAD 程序段都包含至少一个梯级，通过添加其他梯级可扩展程序段，图 3-44 所示程序段包含了两个梯级。可以使用分支在特定梯级中创建并联结构。

触点用来建立或中断两个元素之间的载流连接，这里的元素指 LAD 程序元素或电源线。在程序执行时，电流总是从左向右传递，结合电流流通情况及触点类型可以获取操作数的信号状态或值。LAD 程序中的触点有常开触点、常闭触点和带附加功能的触点 3 种类型。对于常开触点，如果为其指定的二进制操作数的信号状态为“1”，则常开触点传送电流；对于常闭触点，如果为其指定的二进制操作数的信号状态为“0”，则常闭触点传送电流；对于带附加功能的触点，如果满足特定条件，则带附加功能的触点在传送电流的同时，还可以使用这些触点执行附加功能。

线圈可根据逻辑运算结果的信号状态置位或复位二进制操作数，故可以使用线圈控制二进制操作数。LAD 程序中的线圈包括标准线圈和带附加功能的线圈两种类型。对标准线圈而言，如果电流流经线圈，则标准线圈置位其二进制操作数。对于带附加功能的线圈，这些线圈除了判断逻辑运算的结果，还具有附加功能，比如用于 RLO 沿检测和程序控制的线圈。

功能框是具有复杂功能的 LAD 元素，在用 LAD 语言编写功能框时，需要先插入一个空功能框，然后选择所需的运算。空功能框没有任何功能，可以作为占位符。LAD 程序中的功能框主要包括无 EN/ENO 机制的功能框和具有 EN/ENO 机制的功能框两种类型。无 EN/ENO 机制的功能框只是根据其输入的信号状态执行相应功能，无法查询处理过程中的错误状态；对于具有 EN/ENO 机制的功能框，只有使能输入“EN”的信号状态为“1”时才执行功能框。如果正确处理了该功能框，则使能输出“ENO”的信号状态为“1”。如果处理期间出错，则该“ENO”的信号状态为“0”。

本例中编写了一个对灯泡亮灭进行控制的程序，程序编写完成后，单击任务栏中的“编译”图标，如图 3-45 所示，进行程序的编译工作，检查程序是否有错误。也可以通过菜单栏“编辑”菜单中的“编译”选项实现对程序的编译。

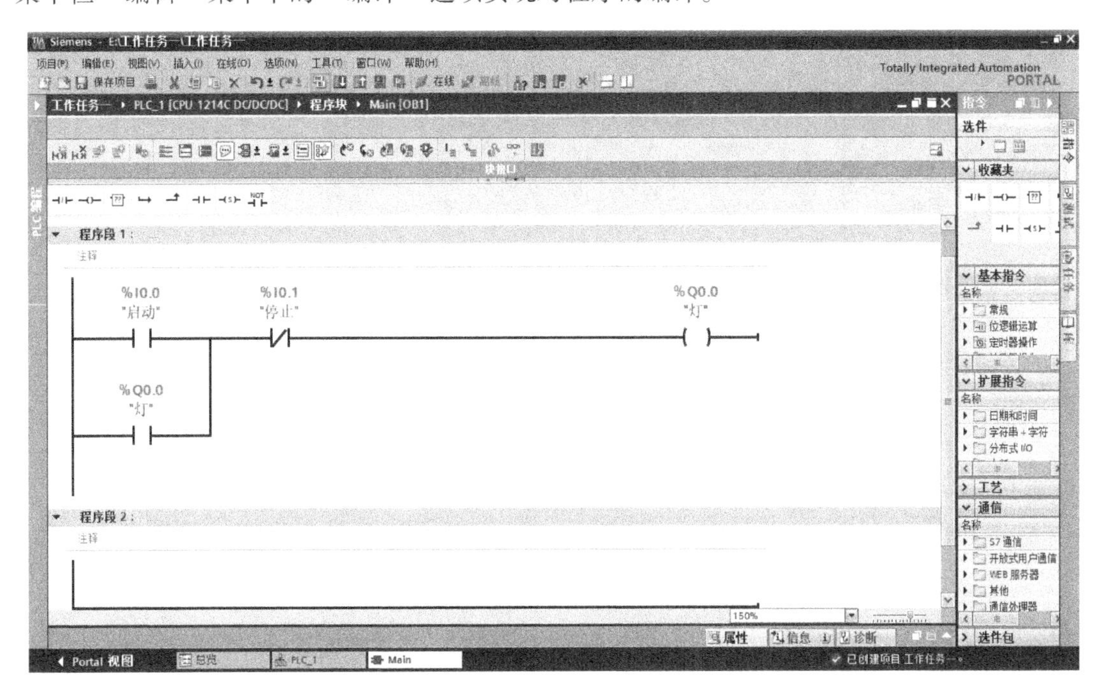

图 3-45　编译程序

编译后，可以在程序编辑器→“信息”选项卡→“编译”中查看程序编译结果，如图 3-46 所示。如果程序存在错误，可根据错误提示对程序进行修改，直到编译通过为止。

在完成组态和编程后，需要将项目下载到实际的 CPU 中。在程序编译成功后，单击左侧项目树中的 PLC_1，选中后单击任务栏中的“下载到设备”图标，将程序下载到相应的设备中，如图 3-47 所示。也可以通过菜单栏的“在线”菜单中的“下载到设备”选项下载程序。

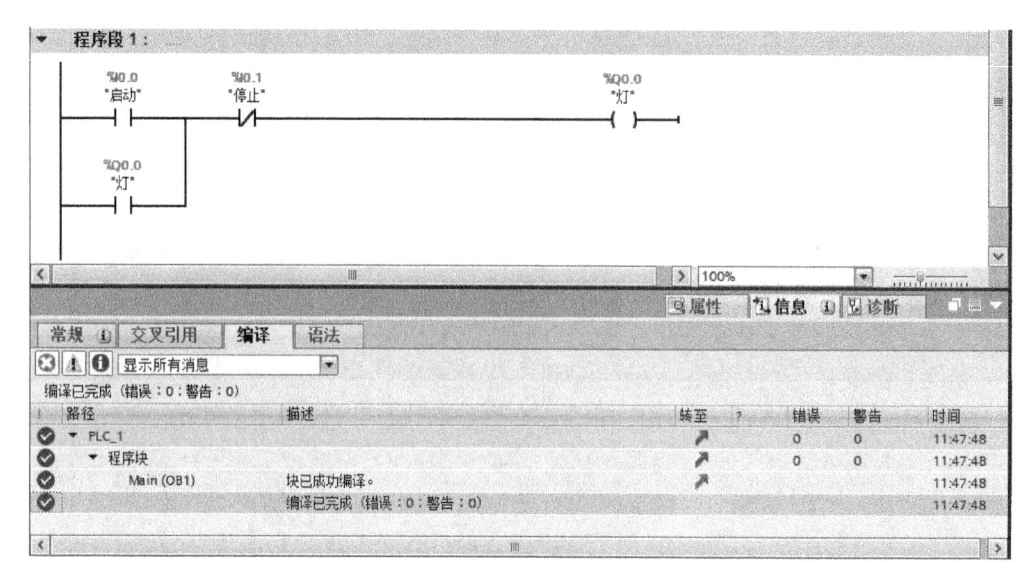

图 3-46 程序编译结果

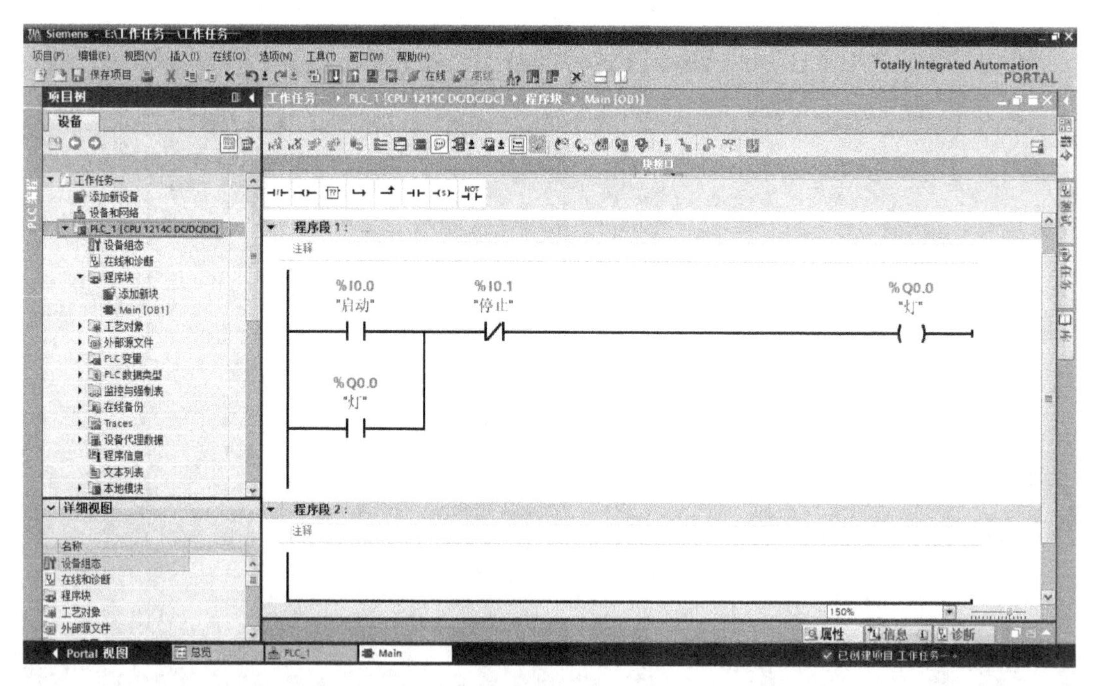

图 3-47 下载程序

当单击“下载到设备”图标时，会弹出如图 3-48 所示的“扩展的下载到设备”对话框。在对话框中，根据编程设备和 PLC 的实际连接方式选择对应的 PG/PC 接口类型，然后选择对应的 PG/PC 接口，同时将“选择目标设备”的模式勾选为“显示所有兼容的设备”，选择完成后单击“开始搜索”按钮。

如果编程设备与 PLC 之间进行了正确的物理连接，且上述连接设置正确，则会搜索到对应的 PLC。面板上编程设备和 PLC 之间的连线会变为绿色，同时会显示其相应信息，如图 3-49 所示。

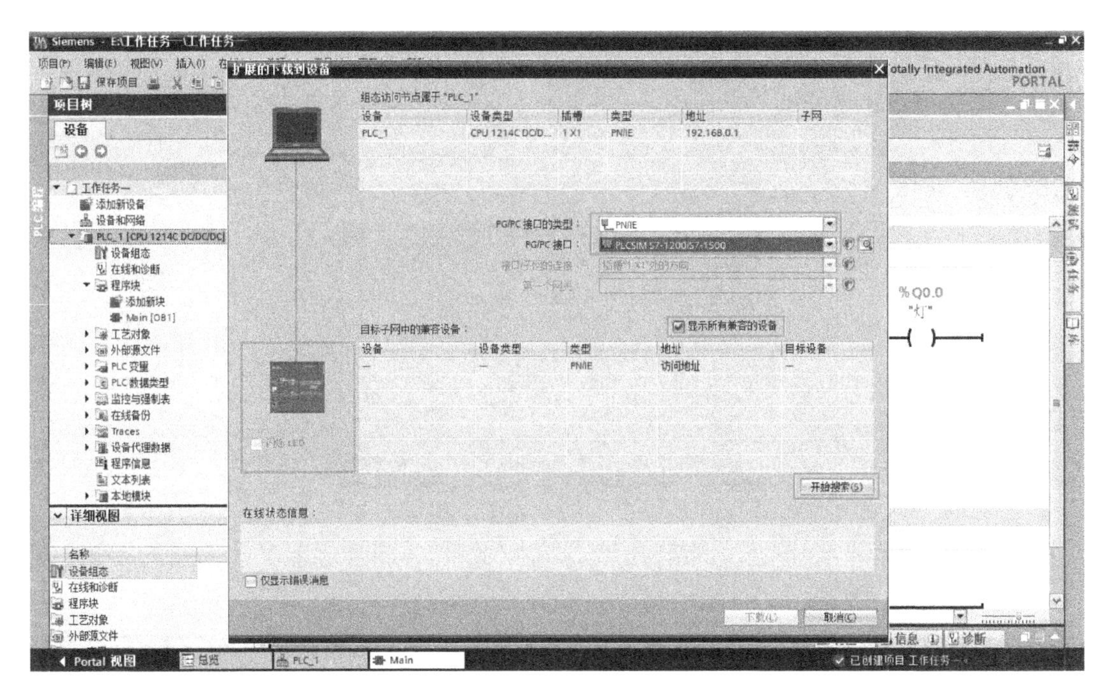

图 3-48　连接设置

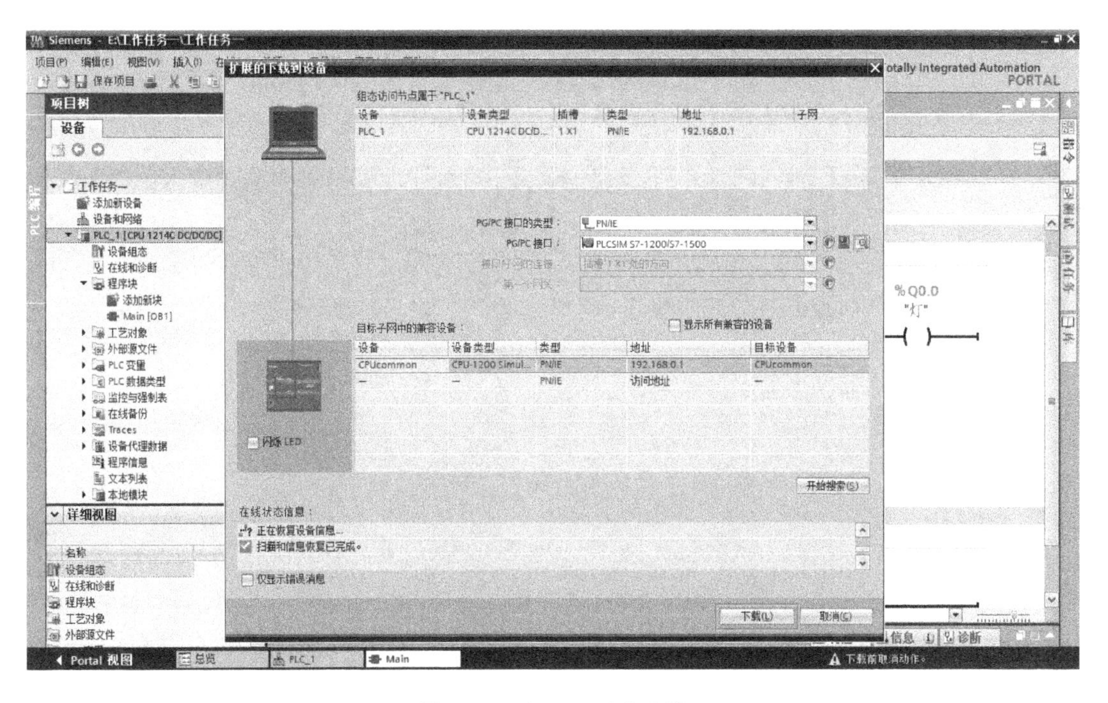

图 3-49　与 PLC 建立连接

在与 PLC 建立连接后，选择对应的 PLC 并单击“下载”按钮（见图 3-49），会弹出如图 3-50 所示的“下载预览”对话框。在对话框中，将目标为“停止模块”的动作选项勾选为“全部停止”，然后单击“装载”按钮。

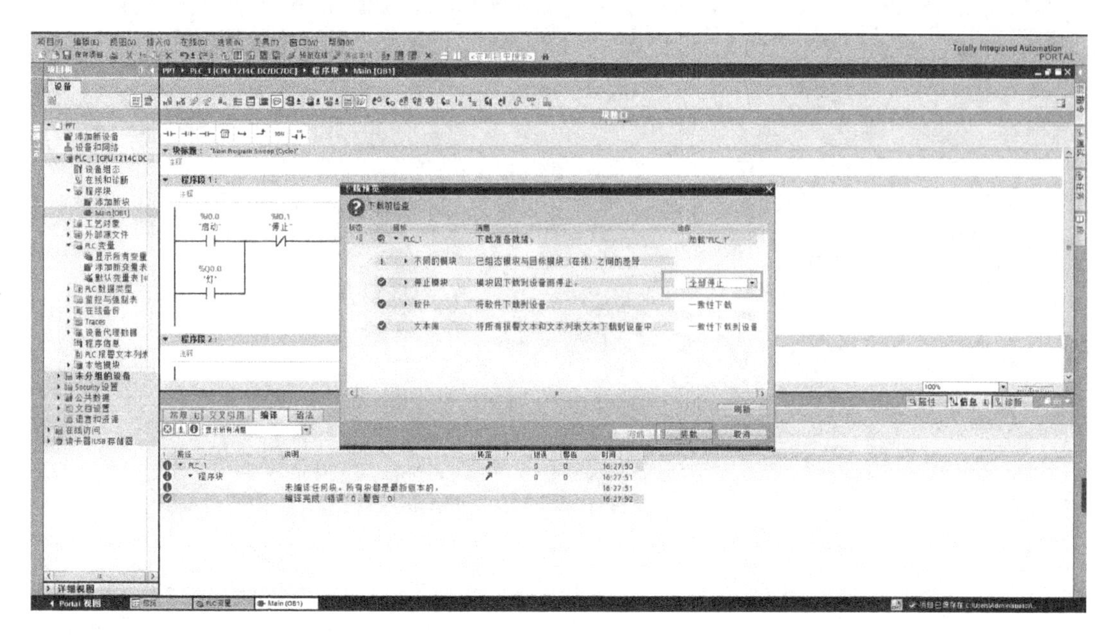

图 3-50 装载程序

程序下载成功后，单击任务栏中的“启动 CPU”图标运行程序，然后单击程序编辑器中工具栏的“启用/禁用监视”图标启动在线监视功能，可以在线监视程序的当前执行状态，如图 3-51 所示。图中绿色为线路导通，虚线则为断开。

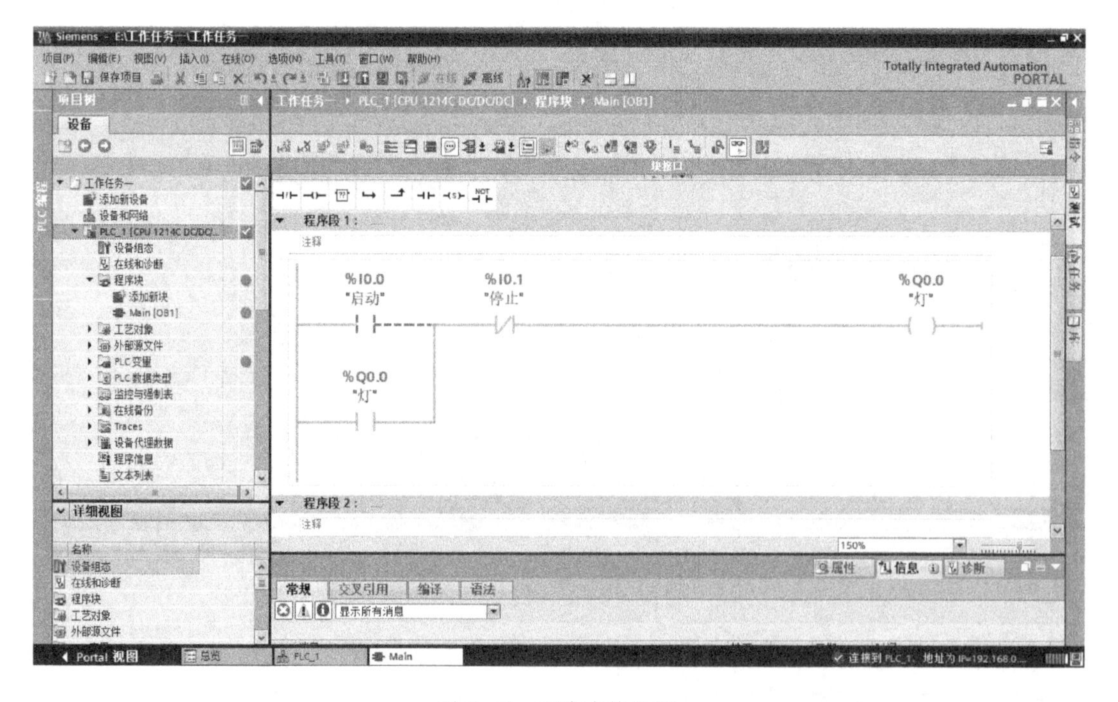

图 3-51 程序在线监视

3.6 习题

1. 简述 SIMATIC S7-1200 PLC 的硬件组成。

2. S7-1200 系列 PLC 最大 I/O 能力取决于哪几个因素？

3. S7-1200 CPU 自带模拟量输入通道能否接入 0~20 mA 电流信号？怎么接线？

4. 简述 S7-1200 CPU 的工作过程。

5. 简述 S7-1200 系列 PLC 的主要功能。

6. S7-1200 CPU 的 IO 响应时间主要由哪几部分组成？

7. 模拟量模块用于把输入的模拟量信号转换为相应的数字量，试分析模拟量转换的精度取决于哪些因素。

8. S7-1200 PLC 数据类型有哪些？

9. IEC 61131-3-2013 标准说明了 PLC 有哪几种编程语言？S7-1200 可以使用哪些编程语言？

10. 什么是组织块？

11. FC 和 FB 有哪些区别？

12. OB 与 FB 和 FC 有哪些区别？

13. 在块的嵌套调用中，什么是嵌套深度？

14. 简述 S7-1200 CPU 的启动过程和运行过程。

15. 硬件组态的目的是什么？

16. 监控表有哪些功能？

17. 在某工程项目中，把用户程序下载到 PLC 后无法运行，且在 PLC 诊断信息中出现“超出最大程序循环时间”，试分析出现这种情况的原因。

第4章 S7-1200 PLC指令及程序设计

按照功能，S7-1200系列PLC的指令大致可分为基本指令、扩展指令、工艺指令和通信指令四大类。基本指令包括位逻辑指令、定时器指令、计数器指令、比较值指令、数学运算指令、移动指令、转换指令、程序控制指令、字逻辑指令、移位与循环移位等；扩展指令包括日期和时间指令、字符串和字符操作指令、分布式I/O指令、中断操作指令、报警诊断指令、脉冲指令、配方和数据日志、数据块控制、处理地址等相关指令；工艺指令包括高速计数器、运动控制、PID控制等相关指令；通信指令包括S7通信相关指令、开放式用户通信相关指令、WEB服务器相关指令、Modbus TCP相关指令、通信处理器相关指令以及远程服务相关指令等。

4.1 位逻辑指令

位逻辑指令是PLC编程中最基本、使用最频繁的指令，主要包括基本触点指令、基本输出指令、置位和复位指令、边沿指令等。

1. 基本触点指令

梯形图中的基本触点指令包括常开触点指令、常闭触点指令和取反指令，其梯形图符号和功能见表4-1。

表4-1 基本触点指令

名　称	梯形图符号	功　能
常开触点	位操作数 —| |—	操作数（指定位）的状态为“1”（ON）时常开触点将闭合，状态为“0”（OFF）时断开
常闭触点	位操作数 —|/|—	操作数的状态为“1”（ON）时常闭触点断开，状态为“0”（OFF）时闭合
取反	—|NOT|—	对逻辑运算结果（RLO）的信号状态进行取反；输入端（左端）为“1”时，输出端（右端）为“0”；输入端（左端）为“0”时，输出端（右端）为“1”

在常开触点指令和常闭触点指令中，如果用户指定的操作数位使用存储器标识符I（输入）或Q（输出），则从过程映像寄存器中读取位值。控制过程中的物理触点信号会连接到PLC上的I端子。CPU扫描已连接的输入信号并持续更新过程映像输入寄存器中的相应状态

值。通过在 I 偏移量后加上“:P”（例如：“%I3.4:P”），可执行立即读取物理输入。对于立即读取，直接从物理输入读取位数据值，而非从过程映像中读取，也不会更新过程映像。

指令的数据区指的是指令操作数所能使用的继电器区和数据区。常开触点指令和常闭触点指令的数据区为 I、Q、M、L、T、C。

基本触点指令以串联方式连接就创建了 AND 逻辑程序段，称为“与”操作，以并联方式连接就创建了 OR 逻辑程序段，称为“或”操作，见表 4-2。

表 4-2 与操作和或操作

名称	梯形图	功能
与操作	操作数1 ─┤├─ 操作数2 ─┤├─	操作数 1 和操作数 2 同时为“1”时，与操作的逻辑结果为“1”
或操作	操作数1 ─┤├─ 并联 操作数2 ─┤├─	操作数 1 或操作数 2 为“1”，则或操作的逻辑结果即为“1”

2. 基本输出指令

基本输出指令包括输出线圈指令（赋值指令）和反向输出线圈指令（赋值取反指令），见表 4-3。

表 4-3 基本输出指令

名称	梯形图符号	功能
线圈	位操作数 ─( )─	线圈输入端接通时，操作数的状态为“1”；线圈输入端断开时，操作数的状态为“0”
反向输出线圈	位操作数 ─(/)─	线圈输入端接通时，操作数的状态为“0”；线圈输入端断开时，操作数的状态为“1”

在线圈输出指令中，如果用户指定的位操作数使用存储器标识符 Q，则 CPU 接通或断开过程映像寄存器中的输出位。控制执行器的输出信号连接到 CPU 的 Q 端子。在 RUN 模式下，CPU 系统将连续扫描输入信号，并根据程序逻辑处理输入状态，然后通过在过程映像输出寄存器中设置新的输出状态值进行响应。CPU 系统会将存储在过程映像寄存器中新的输出状态响应传送到已连接的输出端子。

PLC 是在继电器线路和计算机原理的基础上发展起来的，PLC 的梯形图语言借鉴了继电器线路原理。例 4-1 展示了 PLC 梯形图和继电器线路间的联系。

【例 4-1】图 4-1 所示为电动机起保停控制电路，试用 PLC 实现。

分析：对于这样一个任务来说，有两个输入 SB_1 和 SB_2，一个输出 KM。至于 KM 的自保触点，可用 PLC 内部的位实现，因此 KM 的自保触点不作为输入。SB_1 和 SB_2 均可选用带一对常开触点的按钮。假定该任务在 S7-1200 CPU 上实现，可对 I/O 点分配如下：

输入：停止按钮 SB_1　　I0.0

　　　起动按钮 SB_2　　I0.1

输出：电动机转动 KM　　Q0.0

根据 I/O 点的分配，系统接线如图 4-2 所示。

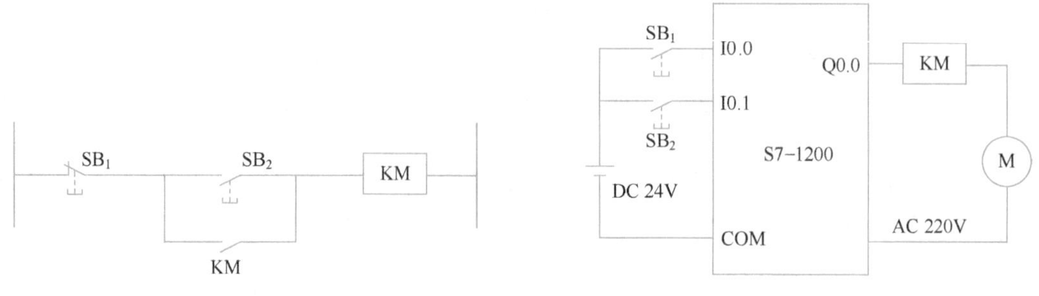

图 4-1 电动机起保停控制电路图

图 4-2 PLC 接线图

该任务的 PLC 程序如图 4-3 所示。通过比较可见，图 4-3a 和图 4-3b 程序所实现的逻辑是相同的，但图 4-3b 程序占用的程序空间较小，其扫描时间较短。通过该例可以发现，PLC 的梯形图程序与继电器线路图非常接近，编制梯形图程序时可借鉴继电器线路图，但不可照搬。合理地安排梯形图逻辑顺序，可以节省程序存储空间，缩短扫描时间。

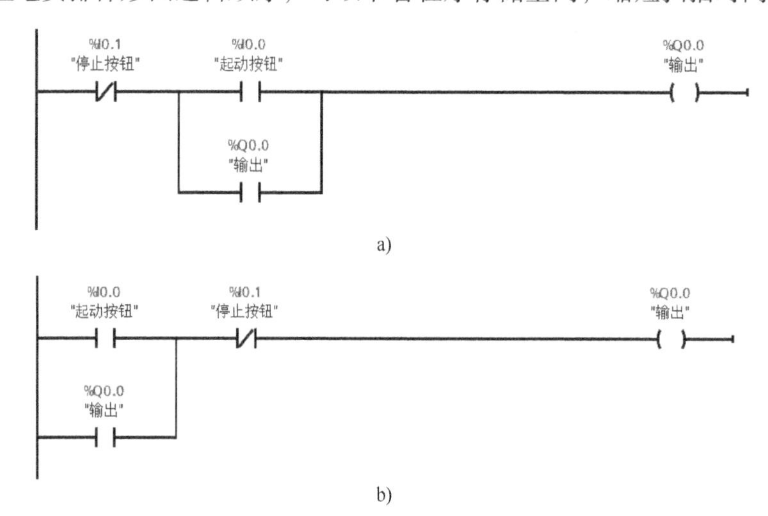

图 4-3 电动机起保停 PLC 控制程序

3. 梯形图编程时应注意的问题

1）编程时，应注意 PLC 内部编程元件和实际继电器之间的区别。PLC 内部编程元件的常开触点、常闭触点可无限次使用，而继电器中的触点数量是有限的。梯形图中，同一编程元件的常开触点、常闭触点切换没有时间延迟，只是互为相反状态，而继电器中的常闭触点、常开触点具有先断后合的特点。

2）梯形图的每一行都是从左边母线开始，以线圈或指令盒结束，触点不能放在指令行的最右边。能流只能从左到右、自上向下流动，而不允许倒流，也不允许短路，如图 4-4 和图 4-5 所示。

3）同一程序中，同一编号的线圈通常不能重复使用，使用两次及两次以上称为双线圈输出。图 4-6a 所示的双线圈输出非常容易引起误动作，所以应避免使用，但是同一编号的触点可无限次使用。可以用图 4-6b 的梯形图来表示图 4-6a 所示的逻辑关系。在使用置位和复位指令时，允许双线圈输出，在图 4-6c 中，置位指令将线圈置位，复位指令将线圈复位。

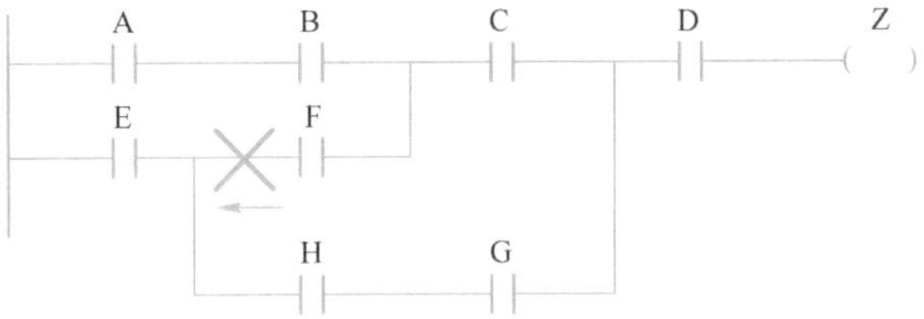

A B C D Z
E F
H G

图 4-4　不能创建可能导致反向能流的分支

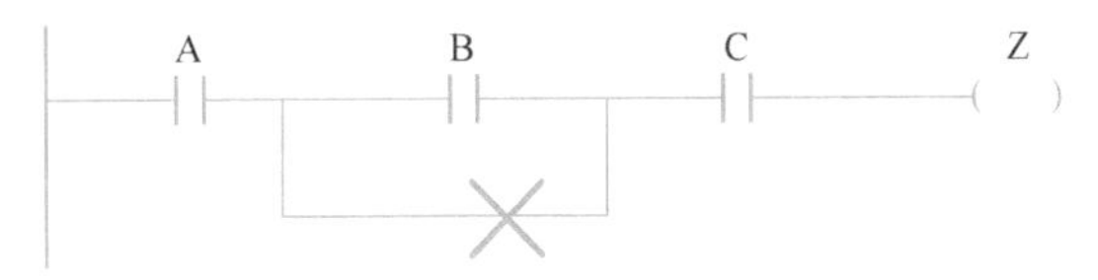

图 4-5　不能创建可能导致短路的分支

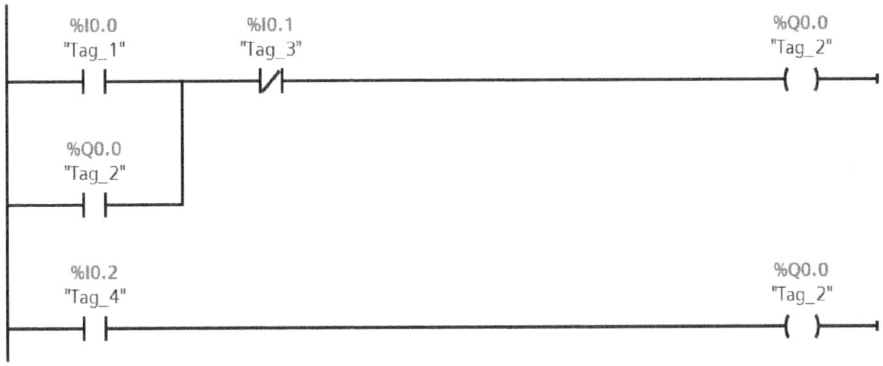

%I0.0 "Tag_1"　%I0.1 "Tag_3"　%Q0.0 "Tag_2"
%Q0.0 "Tag_2"
%I0.2 "Tag_4"　%Q0.0 "Tag_2"

a) 错误

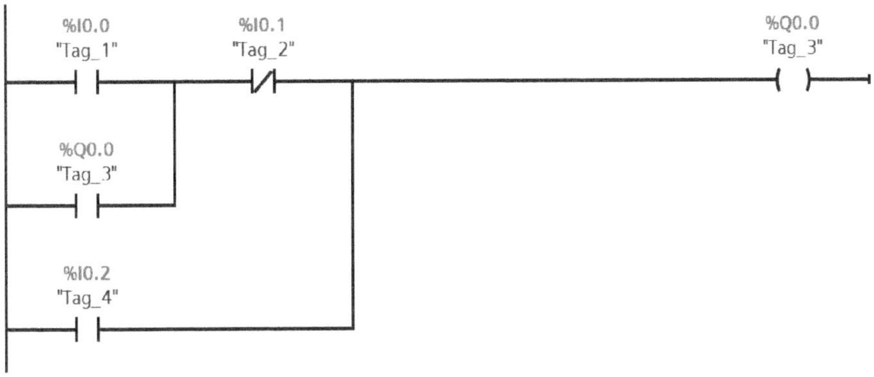

%I0.0 "Tag_1"　%I0.1 "Tag_2"　%Q0.0 "Tag_3"
%Q0.0 "Tag_3"
%I0.2 "Tag_4"

b) 正确

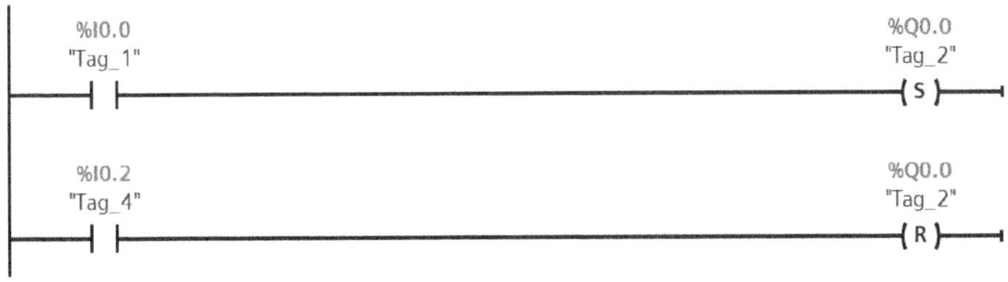

%I0.0 "Tag_1"　%Q0.0 "Tag_2" S
%I0.2 "Tag_4"　%Q0.0 "Tag_2" R

c) 正确

图 4-6　双线圈输出示例

4）编程时，对于有复杂逻辑关系的程序段，应按照先复杂后简单的原则编程。一般串联多的电路块尽量放在最上边，并联多的电路块尽量放在最左边，如图 4-7b 所示，这样可以节省程序存储空间，减小扫描时间。

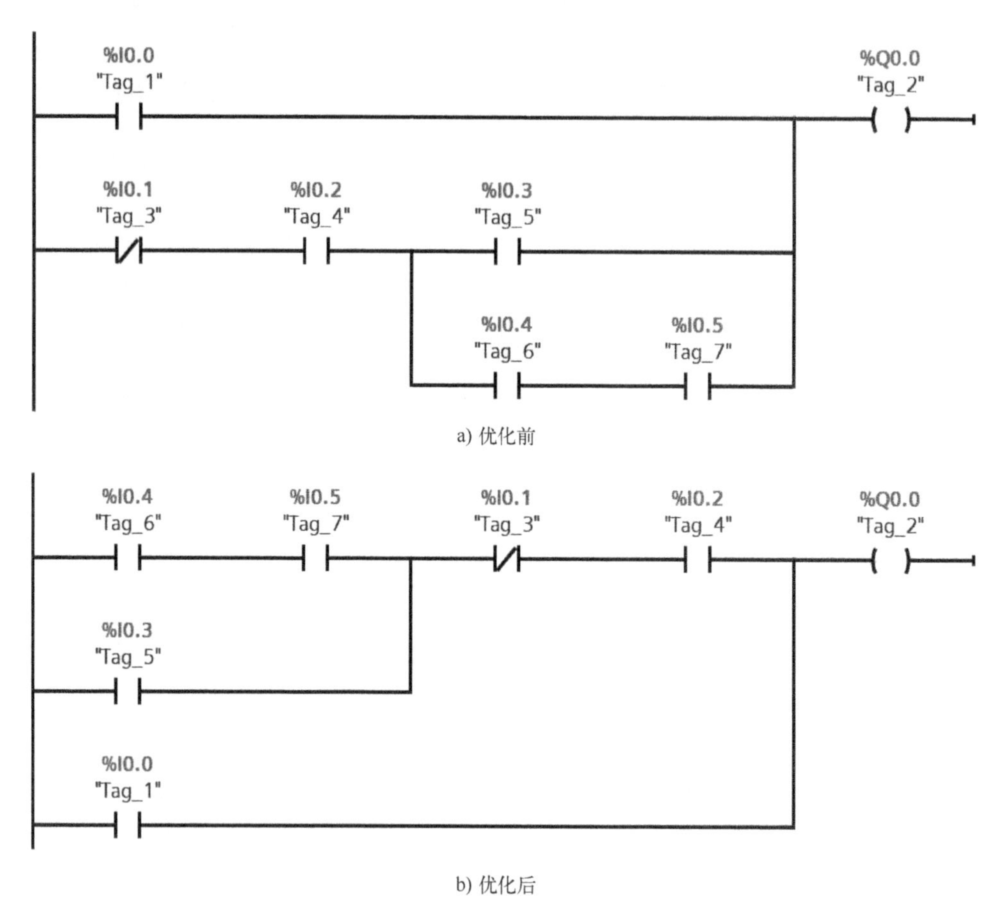

图 4-7 复杂逻辑程序段编程

视频
龙门刨床横梁机构控制程序设计

5）编程时，注意指令的数据区。

【例 4-2】在龙门刨床上装有横梁机构，刀架装在横梁上，如图 4-8 所示。随加工工件的大小不同横梁需要沿立柱上下移动，而在加工过程中，横梁又需要保证夹紧在立柱上不允许松动。横梁夹紧，利用电动机通过减速机构传动夹紧螺杆，通过杠杆作用使压块将横梁夹紧或放松。横梁完全放松时，压块压下，放松限位开关；横梁夹紧时，夹紧电动机过电流继电器动作，表示横梁已经夹紧。试设计 PLC 控制程序。

分析：① 执行机构与动作过程。该任务需要两个执行电动机，一个为升降电动机，一个为夹紧电动机，这两个电动机均需正反转。

按下“上升”按钮后，夹紧电动机反转，放松横梁，横梁完全放松后，升降电动机正转，横梁上升。上升到需要位置后，松开按钮，升降电动机停转，夹紧电动机正转，待横梁完全夹紧后，夹紧电动机停转。按下“下降”按钮时，动作过程与上升时相同，只是此时横梁下降。

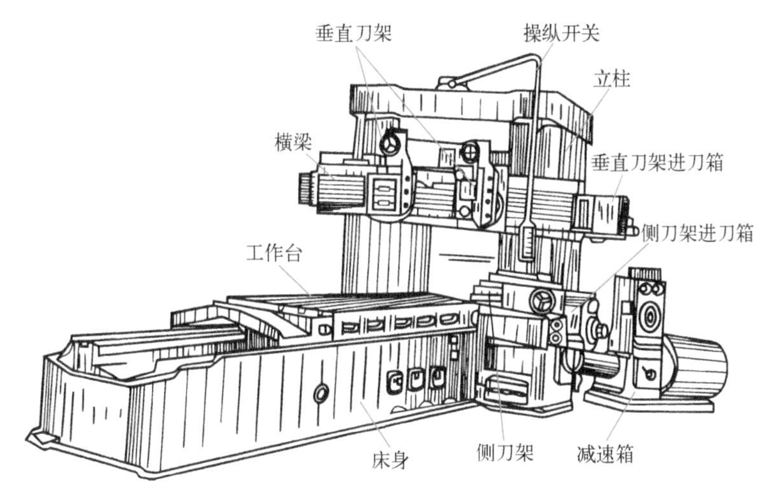

图4-8 双柱龙门刨床结构示意图

为保证横梁到达立柱顶部时不再上升，应有上升限位。同样，下降时也应有下降限位。

② 输入、输出与内存分配。在此不考虑电动机的过载、过热等保护。该任务中共有6个输入信号、4个输出信号，可用S7-1200 CPU主机实现。电动机主回路及PLC硬件接线略。其I/O点分配如下：

输入信号：上升按钮 SB_1 I0.0
下降按钮 SB_2 I0.1
上升限位 S_2 I0.2
下降限位 S_3 I0.3
放松信号 S_1 I0.4
夹紧信号 K_3 I0.5
输出信号：上升 KM_1 Q0.0
下降 KM_2 Q0.1
夹紧 KM_3 Q0.2
放松 KM_4 Q0.3

③ 程序设计。

上升：按下上升按钮，未达到上升限位，横梁完全放松，下降不动作时，上升动作。由上述逻辑关系，可写出横梁上升程序，如图4-9所示。

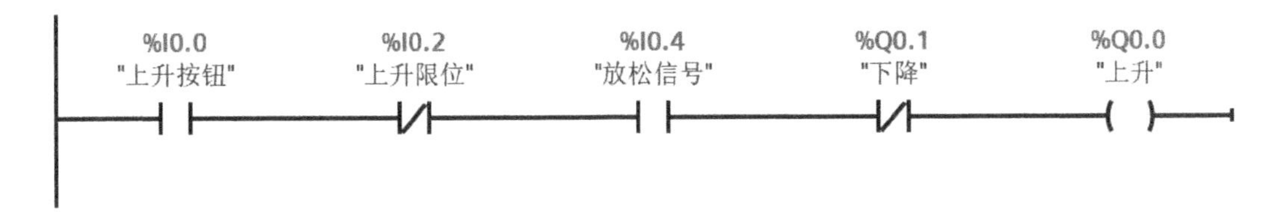

图4-9 横梁上升程序

下降：按下下降按钮，未达到下降限位，横梁完全放松，上升不动作时，下降动作。由上述逻辑关系，可写出横梁下降程序，如图4-10所示。

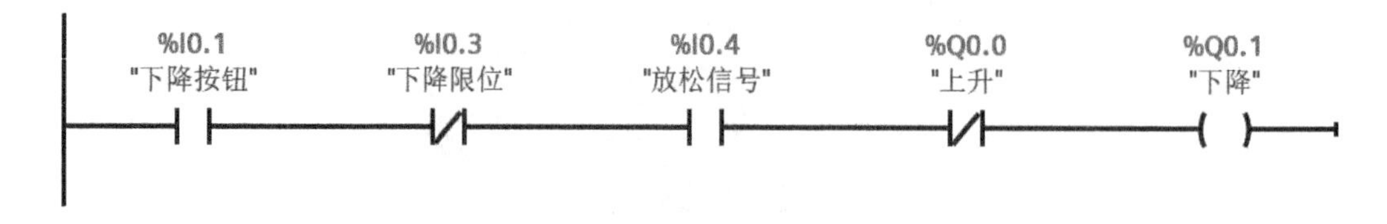

图 4-10　横梁下降程序

夹紧：当上升、下降按钮处于松开状态时，横梁开始夹紧。夹紧后，夹紧电动机过电流继电器动作，夹紧动作停止。因此，夹紧程序如图 4-11 所示。

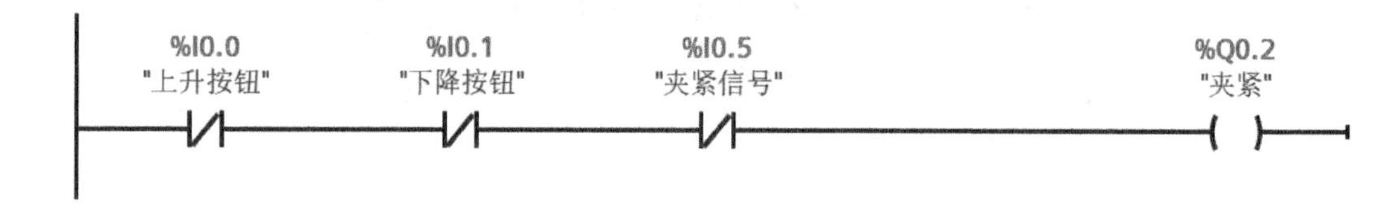

图 4-11　横梁夹紧程序

对于图 4-11 中的程序，当横梁到达上升限位或下降限位时，虽横梁移动停止，但未松开上升或下降按钮时，Q0.2 不能为 ON 即不能夹紧。所以，在夹紧程序中，松开按钮的条件换成横梁停止移动的条件更加合理，即把 I0.0、I0.1 换成 Q0.0、Q0.1。夹紧后，夹紧电动机过电流继电器动作，I0.5 为 ON，输出 Q0.2 为 OFF，夹紧停止。然而，一旦夹紧停止，过电流继电器失电，I0.5 为 OFF，输出 Q0.2 为 ON，夹紧又开始。可见，采用该程序，夹紧动作不能正常停止，存在抖动现象。另外，在夹紧电动机起动时，I0.5 也动作，也存在抖动现象。

由于夹紧开始于移动结束，此时横梁肯定是完全放松的，利用放松开关这一条件，即将 I0.4 常开触点与 I0.5 常闭触点进行逻辑“或”，可消除夹紧电动机起动时的抖动现象。为消除夹紧停止时的抖动现象，将 I0.5 常闭触点与 Q0.2 触点常开进行逻辑“与”后再与 I0.4 常开触点进行逻辑“或”。于是，在夹紧电动机起动开始夹紧时，放松信号 I0.4 起作用，能保证在起动过电流时保持 Q0.2 为 ON。起动很短时间后，放松信号 I0.4 断开。随着夹紧的继续，只要 I0.5 一动作，Q0.2 就变成 OFF，夹紧停止。夹紧程序如图 4-12 所示。

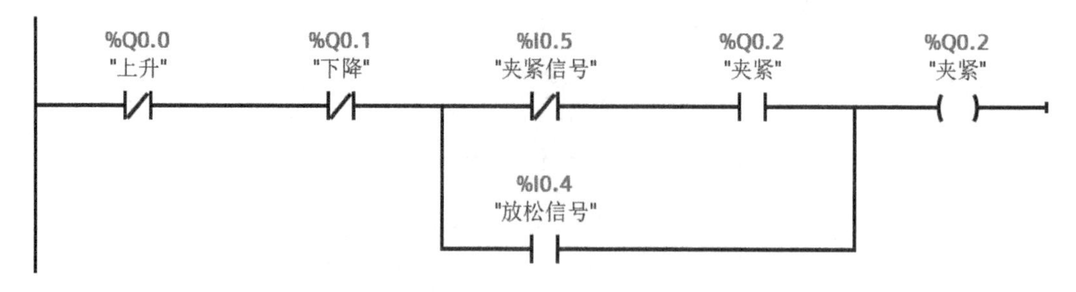

图 4-12　修正后的横梁夹紧程序

优化后的程序如图 4-13 所示。

%I0.5
"夹紧信号"
%Q0.2
"夹紧"
%Q0.0
"上升"
%Q0.1
"下降"
%Q0.2
"夹紧"
%I0.4
"放松信号"

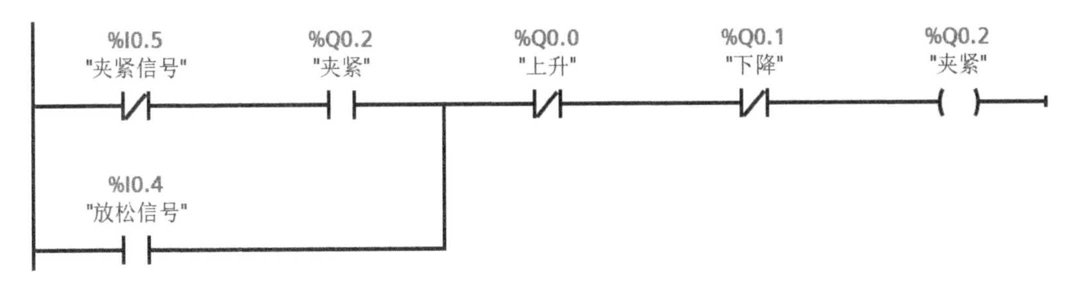

图 4-13　优化后的横梁夹紧程序

放松：按下上升或下降按钮，开始放松。放松信号 I0.4 动作后横梁就已完全放松，放松动作停止。若上升或下降按钮按动时间较短，则可能出现横梁已放松但未达到完全放松状态，I0.4 未动作；夹紧不动作，横梁出现松动而不能夹紧。为克服这一缺陷，可以使放松动作一旦开始就保持 Q0.3 为 ON，直到横梁完全放松后停止，即在放松程序中加自保。横梁放松程序如图 4-14 所示。

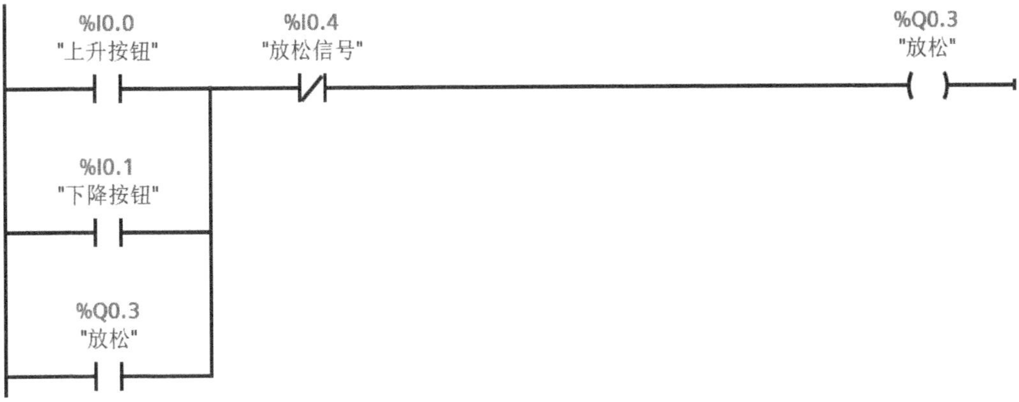

%I0.0
"上升按钮"
%I0.4
"放松信号"
%Q0.3
"放松"
%I0.1
"下降按钮"
%Q0.3
"放松"

图 4-14　横梁放松程序

此外，放松和加紧动作应互锁。据此，设计出的横梁控制程序如图 4-15 所示。

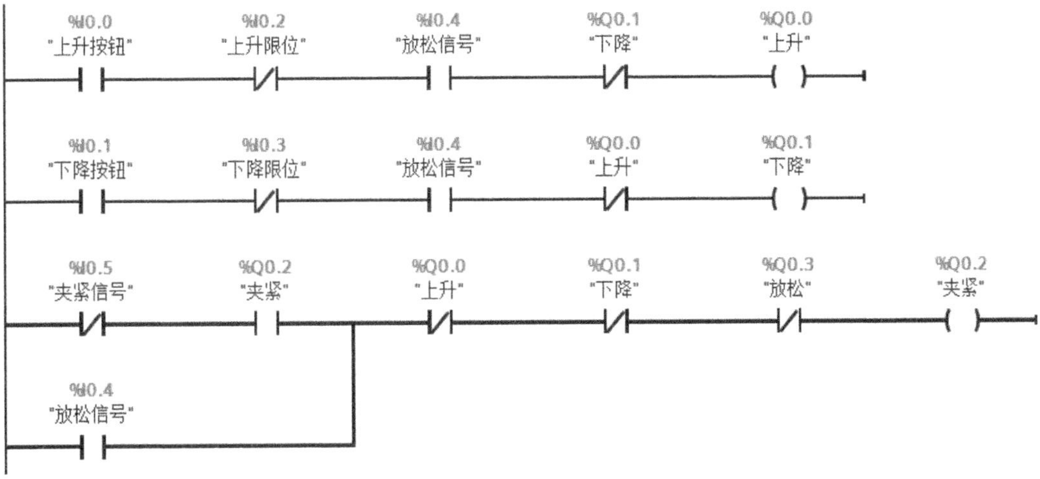

%I0.0
"上升按钮"
%I0.2
"上升限位"
%I0.4
"放松信号"
%Q0.1
"下降"
%Q0.0
"上升"
%I0.1
"下降按钮"
%I0.3
"下降限位"
%I0.4
"放松信号"
%Q0.0
"上升"
%Q0.1
"下降"
%I0.5
"夹紧信号"
%Q0.2
"夹紧"
%Q0.0
"上升"
%Q0.1
"下降"
%Q0.3
"放松"
%Q0.2
"夹紧"
%I0.4
"放松信号"

图 4-15　横梁控制程序

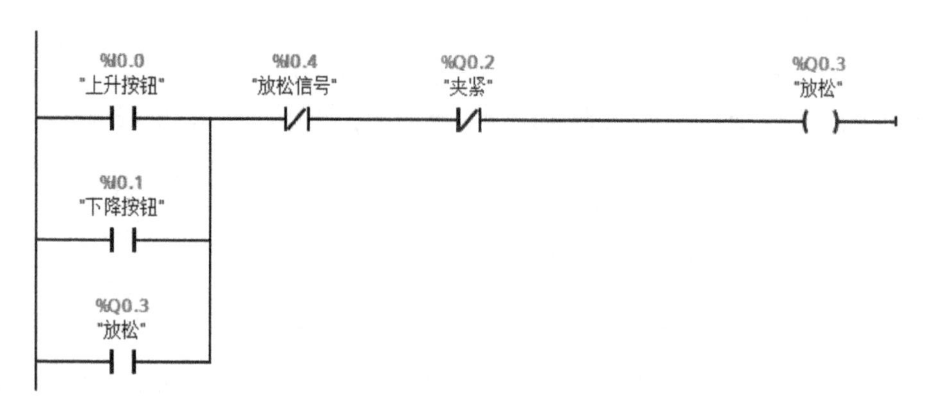

图 4-15 横梁控制程序（续）

4. 置位、复位指令

（1）置位和复位 1 位 对单独位进行置位和复位的指令见表 4-4。

表 4-4 置位和复位指令

名称	梯形图符号	功　能
置位	位操作数 —(S)—	线圈输入端接通时，操作数的状态置为“1”；线圈输入端断开时，操作数状态维持
复位	位操作数 —(R)—	线圈输入端接通时，操作数的状态复位为“0”；线圈输入端断开时，操作数状态维持

置位和复位指令大多数情况下是成对出现的，在程序的一个地方使用了置位，在另一个地方就会用到复位。置位和复位指令的操作数可以多次使用，也可放置在程序段的任何位置，置位和复位指令的用法和其对应的时序图如图 4-16 和图 4-17 所示。

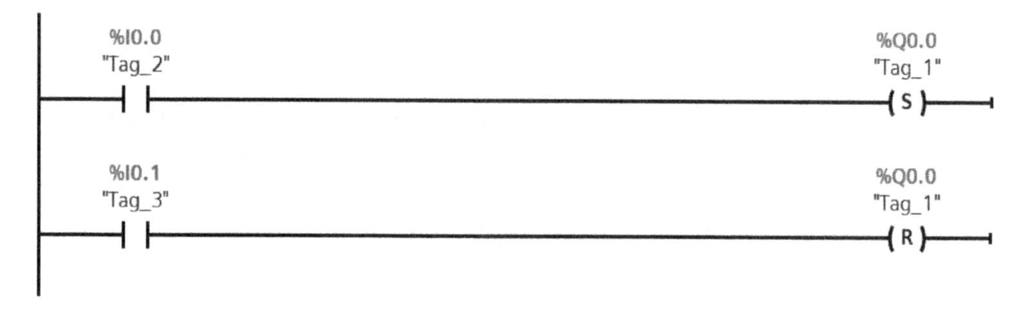

图 4-16 置位和复位指令

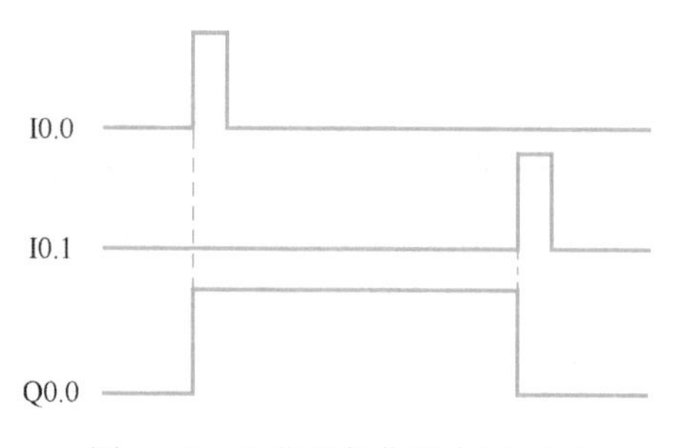

图 4-17 置位和复位指令时序图

【例 4-3】试编程实现电动机的顺序起动、逆序停止控制。车床主轴转动时，要求油泵先给齿轮箱供油润滑，然后主拖动电动机才允许起动。即要求润滑油油泵电动机 M1 起动后才允许主拖动电动机 M2 起动；设备停机时，要求 M2 停止后 M1 才能停止。

分析：① 执行机构与动作过程。该任务需要实现对两个电动机的顺序控制、逆序停止控制。即需要先按下油泵电动机 M1 的起动按钮，启动 M1，然后再按下主拖动电动机 M2 的起动按钮，电动机 M2 才能起动，M1 起动之前，即使按下 M2 的起动按钮，M2 也不会起动；在停车时，需要先按下 M2 的停止按钮，使 M2 停止后，再按下 M1 的停止按钮时，M1 才能停止。

② 输入、输出与内存分配。在此不考虑电动机的过载、过热等保护。该任务中共有 4 个输入信号、2 个输出信号，可用 S7-1200 CPU 主机实现。电动机主回路及 PLC 硬件接线略。其 I/O 点分配如下：

输入信号：	M1 起动按钮	I0. 0
	M1 停止按钮	I0. 1
	M2 起动按钮	I0. 2
	M2 停止按钮	I0. 3
输出信号：	油泵电动机 M1	Q0. 0
	主拖动电动机 M2	Q 0. 1

③ 程序设计。油泵电动机的起停控制。按下油泵电动机 M1 的起动按钮，M1 起动；只有在主拖动电动机 M2 停止的前提下，按下油泵电动机 M1 的停止按钮，M1 才能停止。

主拖动电动机的起停控制。在油泵电动机运行的前提下，按下主拖动电动机的起动按钮，主拖动电动机才能起动；按下主拖动电动机的停止按钮，主拖动电动机立即停止。

为此，可考虑采用置位、复位指令来实现，具体程序如图 4-18 所示。

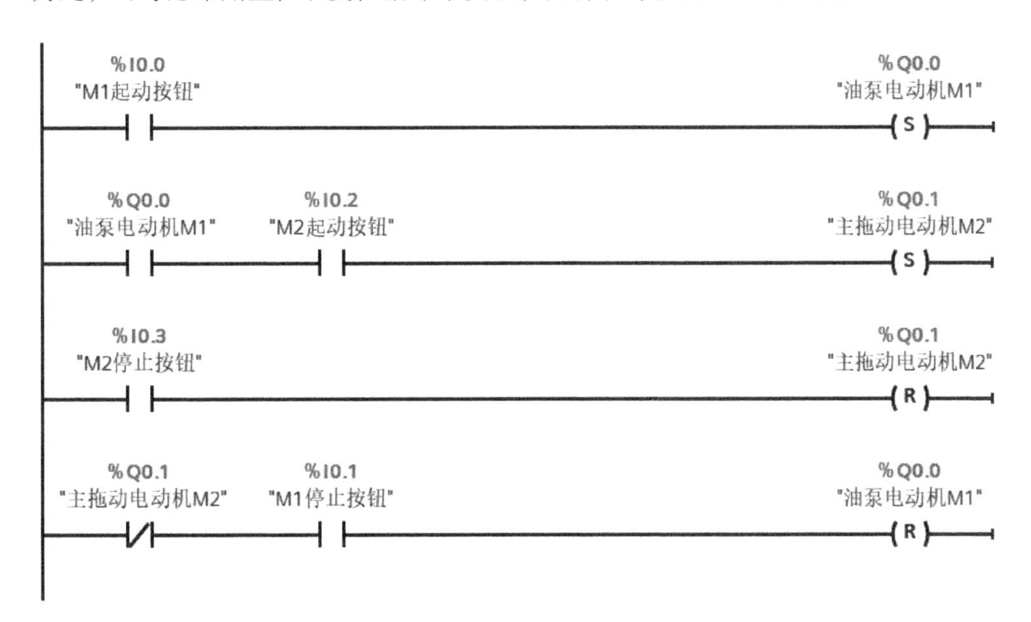

图 4-18　电动机控制程序

（2）置位和复位位域 置位和复位位域指令见表 4-5。

表 4-5 置位和复位位域指令

名称	梯形图符号	功 能
置位位域	"OUT" -(SET_BF)- n	SET_BF 激活时，为从寻址变量 OUT 处开始的“n”位分配数据值 1。SET_BF 未激活时，OUT 不变
复位位域	"OUT" -(RESET_BF)- n	RESET_BF 为从寻址变量 OUT 处开始的“n”位写入数据值 0。RESET_BF 未激活时，OUT 不变

其中，操作数 OUT 为 Bool 数据类型，n 为常数，这些指令必须是分支中最右端的指令。图 4-19 和图 4-20 分别为置位和复位位域指令的用法和其对应的时序图。

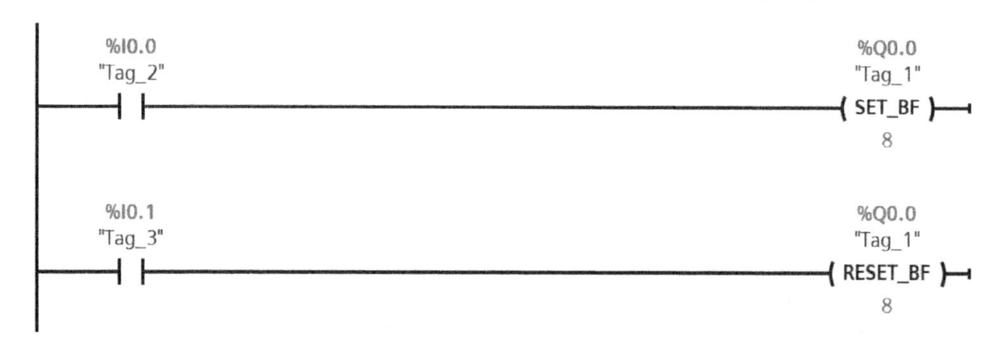

图 4-19 置位和复位位域指令

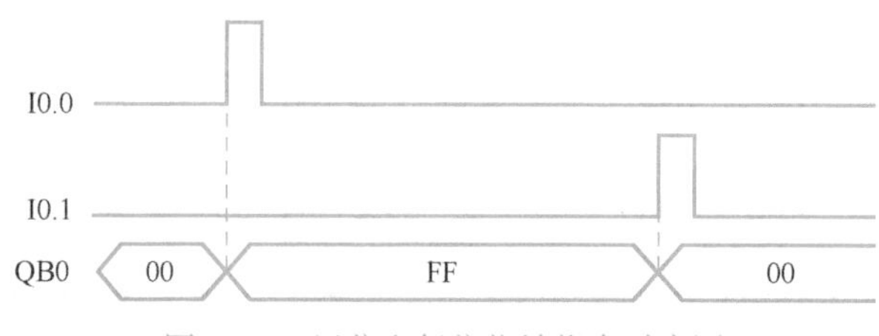

图 4-20 置位和复位位域指令时序图

（3）置位优先和复位优先触发器 置位优先触发器也称为 RS 触发器，复位优先触发器也称为 SR 触发器，其指令格式见表 4-6。S 是置位输入端，R 是复位输入端，1 表示优先。

表 4-6 置位优先和复位优先触发器指令

名称	梯形图符号	功 能
置位优先触发器	"OUT" RS R Q S1	RS 是置位优先锁存，其中置位优先。如果置位（S1）和复位（R）信号都为真，则地址 OUT 的值将为 1
复位优先触发器	"OUT" SR S Q R1	SR 是复位优先锁存，其中复位优先。如果置位（S）和复位（R1）信号都为真，则地址 OUT 的值将为 0

置位优先和复位优先触发器指令必须是分支中最右端的指令，即其要放在置位输入端和复位输入端所连分支的最右端。其具体用法为，在置位优先和复位优先触发器指令中，若置

位输入端和复位输入端的状态均为“0”，则输出信号状态保持不变；若置位输入端状态均为“0”，复位输入端状态为“1”，则输出端状态为“0”；若置位输入端状态为“1”，复位输入端状态为“0”，则输出端状态为“1”；若两个输入端的状态均为“1”，将按照优先级顺序执行置位或复位指令，即置位优先触发器的输出端状态为“1”，复位优先触发器的输出端状态为“0”。图 4-21 和图 4-22 分别为置位优先和复位优先触发器指令的用法和对应的时序图。

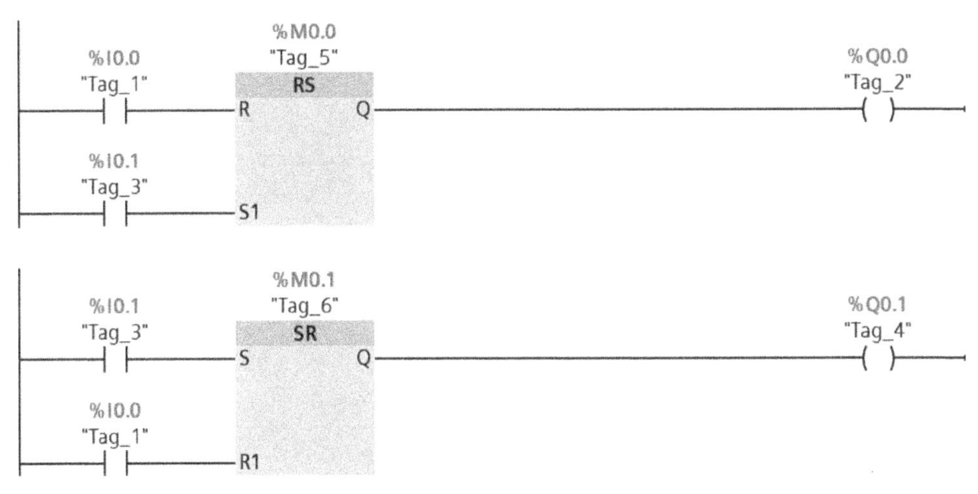

图 4-21 置位优先和复位优先触发器指令

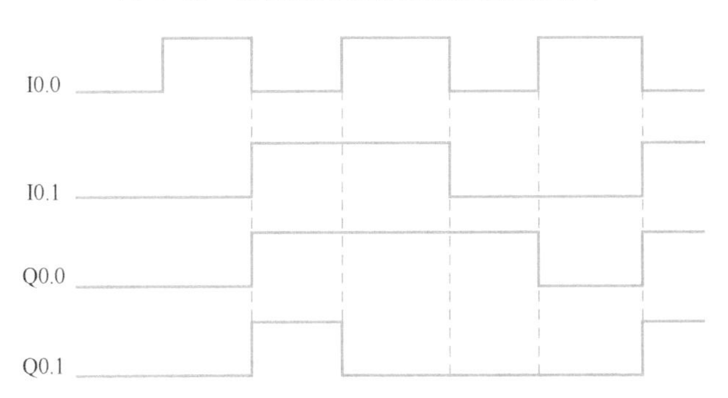

图 4-22 置位优先和复位优先触发器指令时序图

【例 4-4】试编程实现故障信息显示，控制要求如下：从故障信号 I0.0 的上升沿开始，Q0.0 控制的指示灯以 2 Hz 的频率闪烁，操作员按下复位按钮 I0.1 后，如果故障已消失，则指示灯灭，如果故障没有消失，则指示灯转为常亮，直到故障消失。

分析：根据控制要求，当有故障时，I0.0 由“0”变为“1”时，Q0.0 开始闪烁（2Hz）。当按下复位按钮，即 I0.1 输入一个脉冲后，Q0.0 停止闪烁，若此时 I0.0 为“0”，则 Q0.0 为“0”，若 I0.0 为“1”，则 Q0.0 为“1”，故其时序图如图 4-23 所示。

根据时序图，在 I0.0 的上升沿，Q0.0 开始闪烁，在 I0.1 的上升沿，Q0.0 闪烁停止。可考虑采用复位优先触发器来实现，对于 2 Hz 的闪烁，可通过串联时钟存储器位来实现。故设计初步程序如图 4-24 所示。

上述程序中，M10.3 输出频率为 2 Hz 的时钟脉冲信号，与 M0.0 串联，实现故障指示灯 Q0.0 以 2 Hz 的频率闪烁。内部时钟的具体设置方式如下：

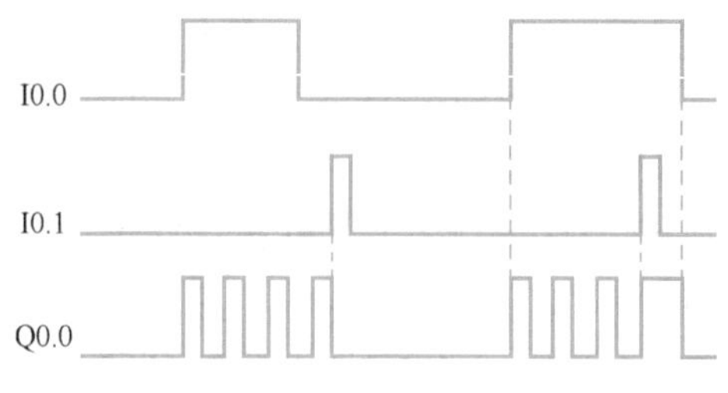

图 4-23 故障信息显示系统的时序图

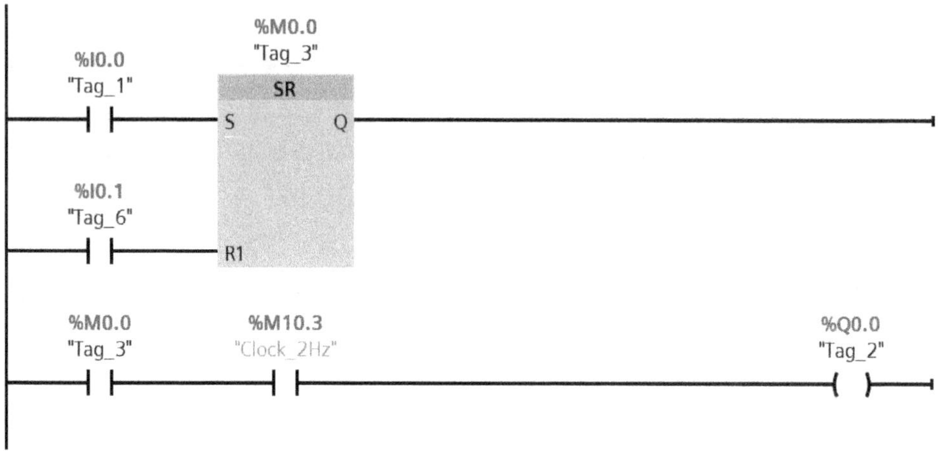

%I0.0 "Tag_1"
%M0.0 "Tag_3"
SR
S Q
%I0.1 "Tag_6"
R1
%M0.0 "Tag_3"
%M10.3 "Clock_2Hz"
%Q0.0 "Tag_2"

图 4-24 故障信息显示系统初步程序

在 CPU 属性选项卡中，选择“常规”→“系统和时钟存储器”选项，在“时钟存储器位”组中勾选“启用时钟存储器字节”复选框，在“时钟存储器字节的地址（MBx）”编辑框中输入期望时钟存储器字节的地址，如图 4-25 所示。

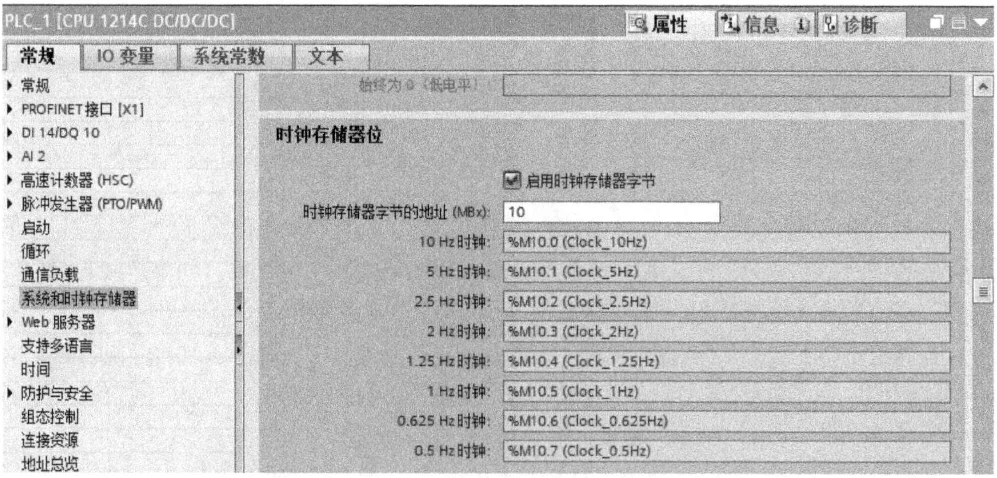

PLC_1 [CPU 1214C DC/DC/DC] 属性 信息 诊断
常规 IO 变量 系统常数 文本
常规
PROFINET接口 [X1]
DI 14/DQ 10
AI 2
高速计数器 (HSC)
脉冲发生器 (PTO/PWM)
启动
循环
通信负载
系统和时钟存储器
Web 服务器
支持多语言
时间
防护与安全
组态控制
连接资源
地址总览
时钟存储器位
启用时钟存储器字节
时钟存储器字节的地址 (MBx): 10
10 Hz 时钟: %M10.0 (Clock_10Hz)
5 Hz 时钟: %M10.1 (Clock_5Hz)
2.5 Hz 时钟: %M10.2 (Clock_2.5Hz)
2 Hz 时钟: %M10.3 (Clock_2Hz)
1.25 Hz 时钟: %M10.4 (Clock_1.25Hz)
1 Hz 时钟: %M10.5 (Clock_1Hz)
0.625 Hz 时钟: %M10.6 (Clock_0.625Hz)
0.5 Hz 时钟: %M10.7 (Clock_0.5Hz)

图 4-25 设置时钟存储器字节的地址

在图 4-24 所示程序中，操作员按下复位按钮 I0.1 后，如果故障已消失（即 I0.0 为“0”），则指示灯会灭（Q0.0 变为“0”），但是如果在故障没有消失的情况下，按下复位按钮后，指示灯会暂时熄灭，在复位按钮弹起后，指示灯仍为闪烁状态。对于在按下复位按钮

“如果故障没有消失，则指示灯转为常亮，直到故障消失”的实现，因为 Q0.0 为“1”是发生在复位按钮按下之后、故障消失（I0.0 由“1”变为“0”）之前，故可考虑通过 M0.0 的常闭触点和 I0.0 的常开触点串联实现。修改后的程序如图 4-26 所示。

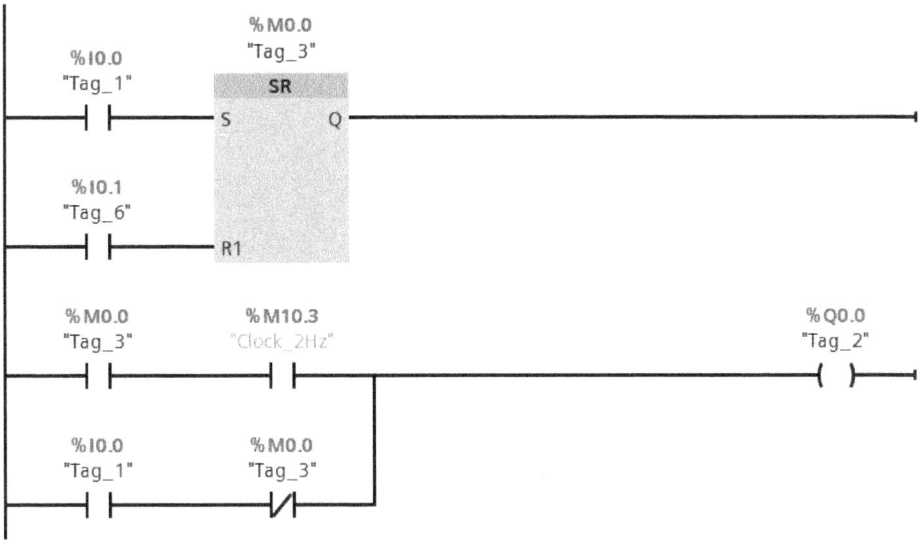

%M0.0
"Tag_3"
%I0.0
"Tag_1"
SR
S
Q
%I0.1
"Tag_6"
R1
%M0.0
"Tag_3"
%M10.3
"Clock_2Hz"
%Q0.0
"Tag_2"
%I0.0
"Tag_1"
%M0.0
"Tag_3"

图 4-26　修改后的程序

然而，在上述程序中，对于按下复位按钮后，故障仍然存在的情况，只有 I0.1 是高电平期间，Q0.0 为常亮状态，而当 I0.1 由“1”变为“0”后，Q0.0 会变为闪烁状态，即使故障消失，Q0.0 仍然会保持闪烁。对上述程序做如图 4-27 所示的修改，则可解决这个问题。

%M0.0
"Tag_3"
%I0.0
"Tag_1"
SR
P
S
Q
%M0.1
"Tag_5"
%I0.1
"Tag_6"
R1
%M0.0
"Tag_3"
%M10.3
"Clock_2Hz"
%Q0.0
"Tag_2"
%I0.0
"Tag_1"
%M0.0
"Tag_3"

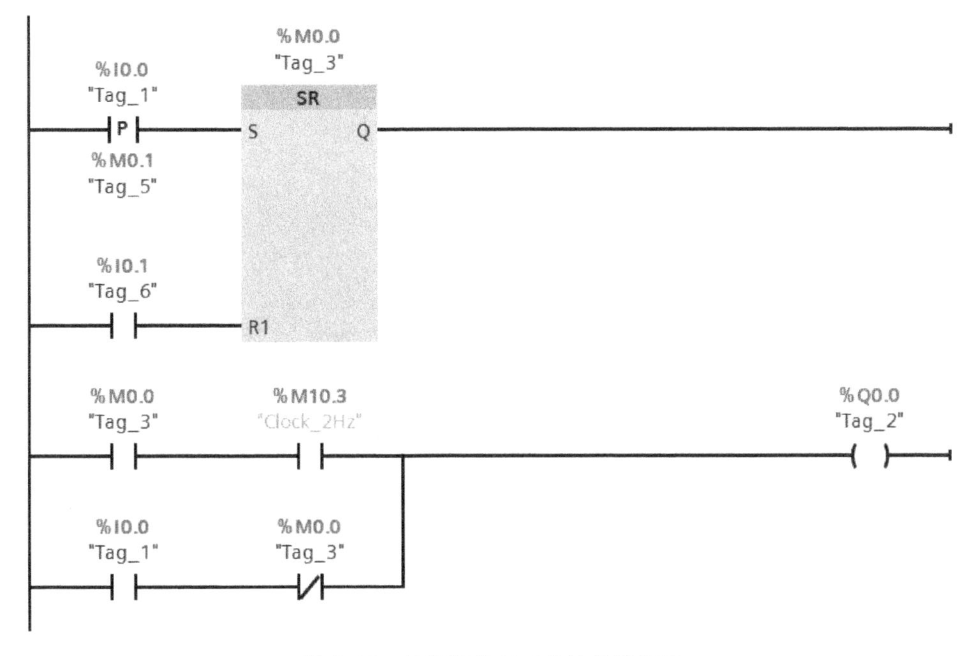

图 4-27　故障信息显示系统最终程序

上述程序中把置位优先触发器置位端的常开触点改为了 P 触点指令，用于检测 I0.0 的上升沿，具体用法将在边沿指令中详细介绍。

5. 边沿指令

（1）扫描操作数信号边沿指令　扫描操作数信号边沿指令能够检测位操作数状态的变化。按照检测信号方向的不同，扫描操作数信号边沿指令分为上升沿检测和下降沿检测两种，见表 4-7。

表 4-7　扫描操作数信号边沿指令

名称	梯形图符号	功　能
扫描操作数信号上升沿	"IN" ─┤P├─ "M_BIT"	在分配的输入位 IN 上检测到正跳变（由“0”到“1”）时，输出状态为“1”，其他情况下该位状态为 0。M_BIT 存储位用来存储上个扫描周期中 IN 位的状态。该指令可以放置在程序段中除分支结尾外的任何位置
扫描操作数信号下降沿	"IN" ─┤N├─ "M_BIT"	在分配的输入位 IN 上检测到负跳变（由“1”到“0”）时，输出状态为“1”，其他情况下该位状态为 0。M_BIT 存储位用来存储上个扫描周期中 IN 位的状态。该指令可以放置在程序段中除分支结尾外的任何位置

上述指令的用法及相应的时序图如图 4-28 和图 4-29 所示。

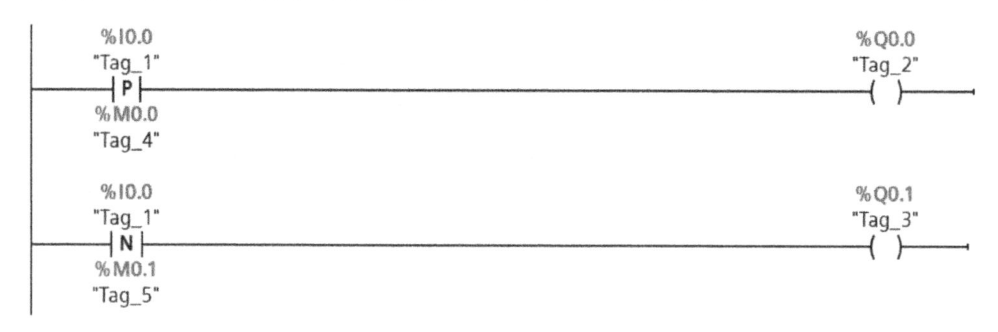

图 4-28　扫描操作数信号边沿指令

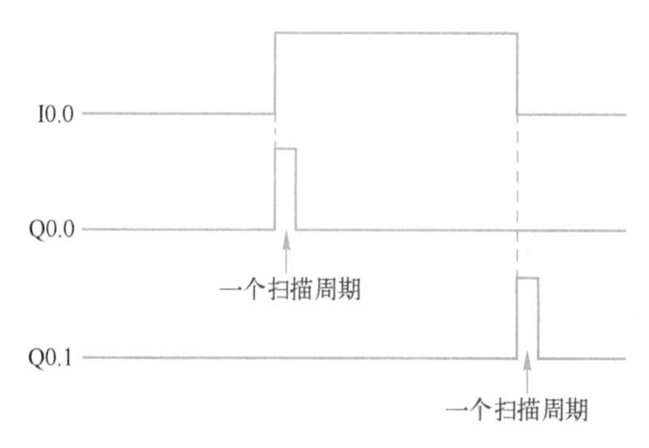

图 4-29　时序图

在上述程序执行过程中，用 M0.0 位的状态与 I0.0 位的状态做比较，以确定 I0.0 是否有状态变化。当 I0.0 由“0”状态变为“1”状态（即 I0.0 产生一个上升沿）时，P 触点状态变为“1”，在下一个扫描周期，I0.0 维持“1”状态不变，P 触点状态变为“0”，故 Q0.0 维持一个扫描周期的高电平；当 I0.0 由“1”状态变为“0”状态（即 I0.0 产生一个下降沿）时，N 触点状态变为“1”，在下一个扫描周期，I0.0 维持“0”状态不变，N 触点状态变为“0”，故 Q0.1 维持一个扫描周期的高电平。

【例 4-5】图 4-30 所示程序实现了电动机的单按钮起停控制，即第一次按下按钮电动机起动，第二次按下按钮电动机停止。

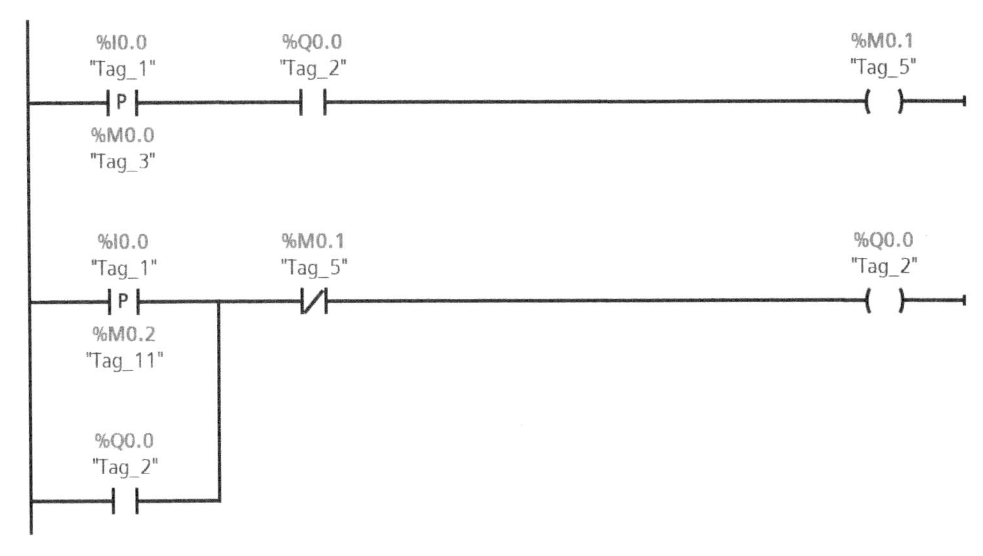

图 4-30　梯形图程序

分析：设 Q0.0 的初始状态为“0”，则 M0.1 状态为“0”，当按下按钮后，I0.0 变为高电平，P 触点接通一个扫描周期，此时因 M0.1 状态为“0”，Q0.0 被接通，输出高电平，从而起动电动机。当再次按下按钮后，因 Q0.0 是“1”状态，从而 M0.1 会接通一个扫描周期，此时因为 M0.1 是“1”状态，则 Q0.0 状态变为“0”，使电动机停止。

（2）在信号边沿置位操作数指令　在信号边沿置位操作数指令可以利用信号的上升沿或下降沿对指定的操作数进行置位，其梯形图符号和功能见表 4-8。

表 4-8　在信号边沿置位操作数指令

名称	梯形图符号	功　能
在信号上升沿置位操作数	"OUT" —(P)— "M_BIT"	当检测到进入线圈的能流中有正跳变（由“0”到“1”）时，分配的 OUT 位为“1”，其他情况下该位状态为“0”。M_BIT 存储位用来存储上个扫描周期中进入线圈的能流的状态。该指令可以放置在程序段中的任何位置
在信号下降沿置位操作数	"OUT" —(N)— "M_BIT"	当检测到进入线圈的能流中有负跳变（由“1”到“0”）时，分配的 OUT 位为“1”，其他情况下该位状态为“0”。M_BIT 存储位用来存储上个扫描周期中进入线圈的能流的状态。该指令可以放置在程序段中的任何位置

图 4-31 和图 4-32 分别为在信号边沿置位操作数指令的用法及其对应的时序图。

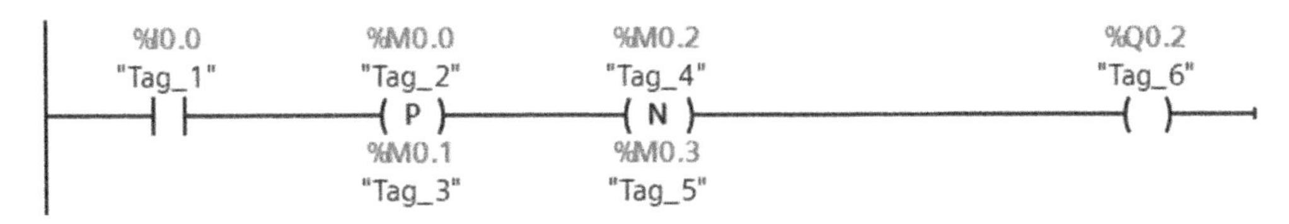

图 4-31　在信号边沿置位操作数指令

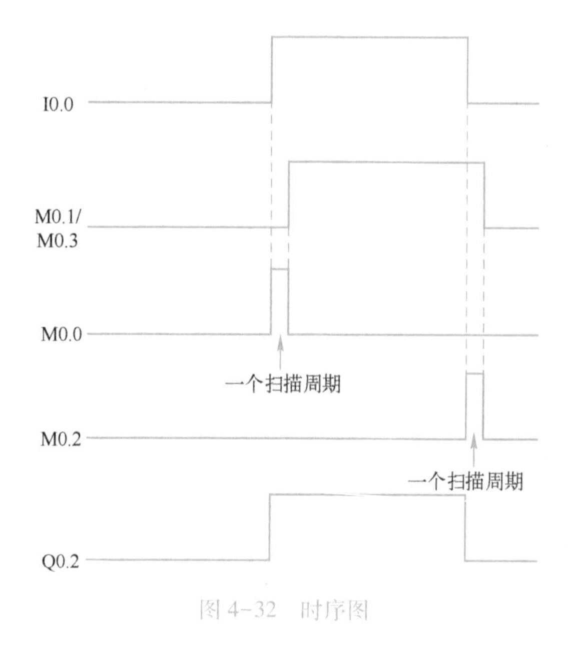

图 4-32 时序图

在上述程序执行过程中，M0.1/M0.3 位的状态与进入线圈的能流的状态（即 I0.0 位的状态）做比较，以确定 M0.0/M0.2 位是否有状态变化。当 I0.0 的状态为“1”、M0.1 的状态为“0”（即进入 P 线圈的能流中有正跳变）时，M0.0 状态变为“1”，在下一个扫描周期，M0.1 和 I0.0 的状态均为“1”，故 M0.0 状态变为“0”，即从检测到 I0.0 的上升沿开始，M0.0 维持一个扫描周期的高电平；当 M0.3 状态为“1”、I0.0 的状态为“0”时，即输入 N 线圈的能流有负跳变，此时 M0.2 状态变为“1”，在下一个扫描周期，I0.0（流入 N 线圈中的能流）状态和 M0.3 的状态均为“0”，M0.2 的状态变为“0”，即从检测到 I0.0 的下降沿开始，M0.2 维持一个扫描周期的高电平。

（3）扫描 RLO 的信号边沿指令　扫描 RLO（逻辑运算结果）边沿指令主要用来检测 CLK 输入端状态的变化，分为上升沿检测（P_TRIG）和下降沿检测（N_TRIG）两类，见表 4-9。

表 4-9　扫描 RLO 的信号边沿指令

名称	梯形图符号	功　能
扫描 RLO 的信号上升沿	P_TRIG CLK　Q "M_BIT"	当检测到输入端 CLK 的能流为由断到通（即为正跳变）时，输出端 Q 输出一个扫描周期的高电平。该指令不能放置在程序段的开头或结尾
扫描 RLO 的信号下降沿	N_TRIG CLK　Q "M_BIT"	当检测到输入端 CLK 的能流为由通到断（即为负跳变）时，输出端 Q 输出一个扫描周期的高电平。该指令不能放置在程序段的开头或结尾

上述指令的用法及相应的时序图如图 4-33、图 4-34 所示。当 I0.0 由断开到接通时，P_TRIG 的输入端 CLK 接收到一个上升沿信号，其输出端 Q 输出一个扫描周期的脉冲，则 Q0.0 输出一个扫描周期的脉冲；当 I0.0 由接通到断开时，N_TRIG 指令的输入端 CLK 接收到一个下降沿信号，Q0.1 输出一个扫描周期的脉冲。

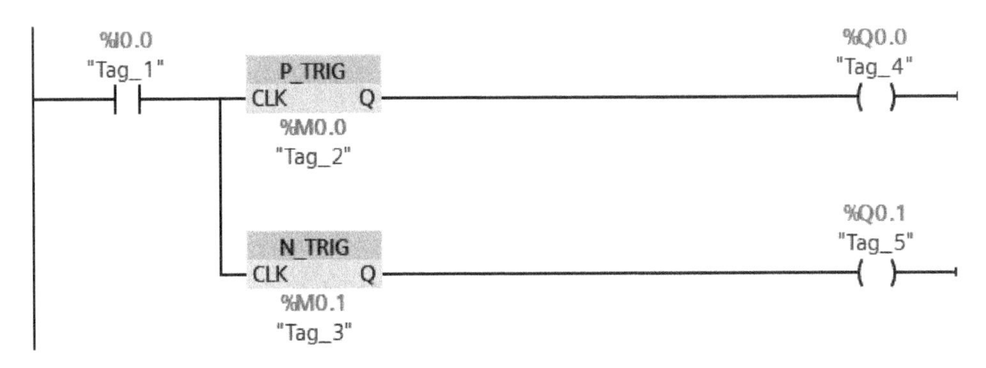

图 4-33　扫描 RLO 的信号边沿指令

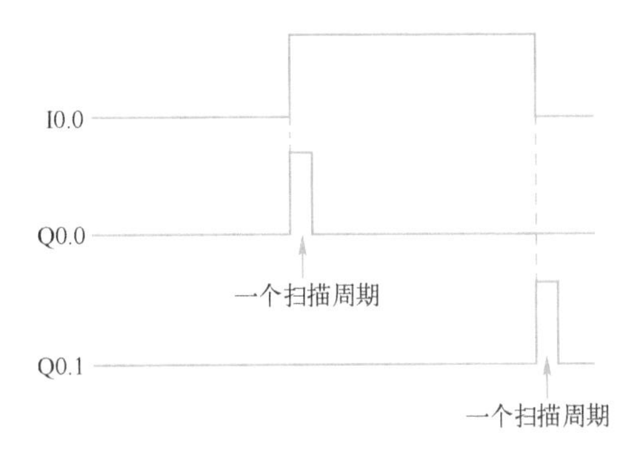

图 4-34　时序图

（4）检测信号边沿指令　检测信号边沿指令分为检测信号上升沿指令（R_TRIG）和检测信号下降沿指令（F_TRIG）两类，见表 4-10。

表 4-10　检测信号边沿指令

名称	梯形图符号	功　能
检测信号上升沿指令	"R_TRIG_DB" R_TRIG EN　ENO CLK　Q	分配的背景数据块用于存储 CLK 输入的前一状态。在 CLK 能流输入中检测到正跳变（断到通）时，Q 输出能流。在 LAD 中，R_TRIG 指令不能放置在程序段的开头或结尾
检测信号下降沿指令	"R_TRIG_DB_1" F_TRIG EN　ENO CLK　Q	分配的背景数据块用于存储 CLK 输入的前一状态。在 CLK 能流输入中检测到负跳变（通到断）时，Q 输出能流。在 LAD 中，F_TRIG 指令不能放置在程序段的开头或结尾

R_TRIG 和 F_TRIG 都是函数块，在调用时应为它们指定背景数据块。这两条指令在执行时，会将输入 CLK 的当前状态和在背景数据块中的边沿存储位中存储的上一个扫描周期输入 CLK 的状态进行比较，以检测输入信号是否有上升沿或下降沿产生。如果在 CLK 端检测到上升沿或下降沿，则会通过 Q 端输出一个扫描周期的脉冲。

（5）边沿指令小结　以上升沿检测为例，对上述 4 种边沿检测指令的异同点比较如下：

1）P 触点指令用于检测触点上面的位操作数的上升沿，并且在检测到上升沿时该触点接通一个扫描周期，即输出持续时间是一个扫描周期的脉冲，而其他 3 种指令都是用来检测流入指令输入端能流（RLO）的上升沿。

2）P 线圈指令用于检测流过线圈能流的上升沿，若检测到上升沿，则线圈上面的操作数状态变为 1 并持续一个扫描周期，但是此指令只是影响线圈上面操作数的结果，对程序段结果无影响，其他 3 种指令都是直接输出检测结果。

3）P 触点指令、P 线圈指令和 P_TRIG 指令都是用边沿存储位来保存上一个扫描周期的输入信号的状态。

4）R_TRIG 指令与 P_TRIG 指令都是用于检测流入它们的 CLK 端能流的上升沿，并用 Q 端直接输出检测结果。区别在于 R_TRIG 是功能块，需用背景数据块保存上一个扫描周期中 CLK 端信号的状态，而 P_TRIG 指令用边沿存储位来保存它。

在上述边沿指令中，P/N 触点/线圈、P_TRIG/N_TRIG 指令采用存储位（M_BIT），R_TRIG/F_TRIG 指令采用背景数据块位来保存被监控输入信号的先前状态。通过将输入的状态与前一状态进行比较来检测沿。如果状态指示在关注的方向上有输入变化，则会在输出写入 TRUE 来报告沿，否则输出会写入 FALSE。

需要注意的是，沿指令每次执行时都会对输入和存储器位值进行评估，包括第一次执行。在程序设计期间必须考虑输入和存储器位的初始状态，以允许或避免在第一次扫描时进行沿检测。由于存储器位必须从一次执行保留到下一次执行，所以应该对每个沿指令都使用唯一的位，并且不应在程序中的任何其他位置使用该位。还应避免使用临时存储器和可受其他系统功能（例如 I/O 更新）影响的存储器。仅将 M、全局数据块或静态存储器（在背景数据块中）用于 M_BIT 存储器分配。

视频
货叉取放箱程序设计

【例 4-6】某系统中，要实现货叉取放箱动作。要求如下：

1）货叉在原位且货叉上无货箱时，货叉应处在低位；货叉在原位且货叉上有货箱时，货叉应处在高位。

2）货叉在低位原位时，按下左取箱按钮，货叉左伸到左位，上升到高位，右伸回到原位。

3）货叉在高位原位时，按下右放箱按钮，货叉右伸到右位，下降到低位，左伸回到原位。

4）货叉动作过程中，断电后能够自动恢复。货叉机构动作示意图如图 4-35 所示。

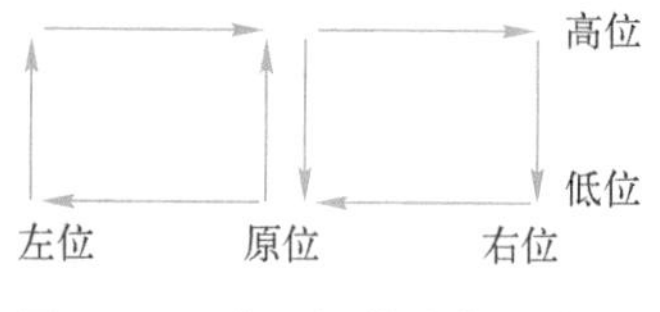

图 4-35 货叉机构动作示意图

分析：① 执行机构与动作过程。在该任务中有两个执行电动机，一个用于货叉伸缩，一个用于货叉升降。这两个电动机均需要正、反转。因此，在该任务中应有 4 个输出信号，动作过程如上文所述。

② 输入、输出信号与内存分配。在该任务中，假设不考虑电动机过载、过热等保护。该任务中输入信号除左取箱、右放箱按钮和 5 个限位开关外，还应有货箱检测信号。用光电开关检测货叉上有无货箱，有箱时光电开关为 ON，无箱时为 OFF。因此，该任务中共有 8 个输入信号和 4 个输出信号。电动机主回路及 PLC 硬件接线略。输入、输出点及内存分配如下：

输入信号：左取箱按钮　　I0.0
　　　　　右放箱按钮　　I0.1

原位　I0.2
左位　I0.3
右位　I0.4
高位　I0.5
低位　I0.6
货叉有箱　I0.7
输出信号：左伸　Q0.0
右伸　Q0.1
上升　Q0.2
下降　Q0.3

③ 程序设计。对于要求断电后能够自动恢复，可以在“PLC 变量”选项卡中单击“保持”按钮来设定 M 存储区的保持范围，以实现对某些数据的断电保持。

无论是左取箱还是右放箱，货叉都需要左右伸缩，伸缩的规律取决于按下的是左取箱按钮还是右放箱按钮。

左取箱状态保持：在货叉低位、原位、货叉上无箱时，按下左取箱按钮，左取箱状态保持，否则按下按钮无效。当左取箱动作完成、货叉回到原位时，左取箱状态清除，为下一次操作做好准备。另外，左取箱状态还应与右放箱状态互锁。可通过对左取箱状态位的置位和复位实现左取箱状态的保持与清除，可以考虑用 SR 指令实现。显然，使左取箱状态保持的条件应作为 SR 指令的置位端，使左取箱状态清除的条件应作为 SR 指令的复位端。因此，左取箱状态保持梯形图如图 4-36 所示。

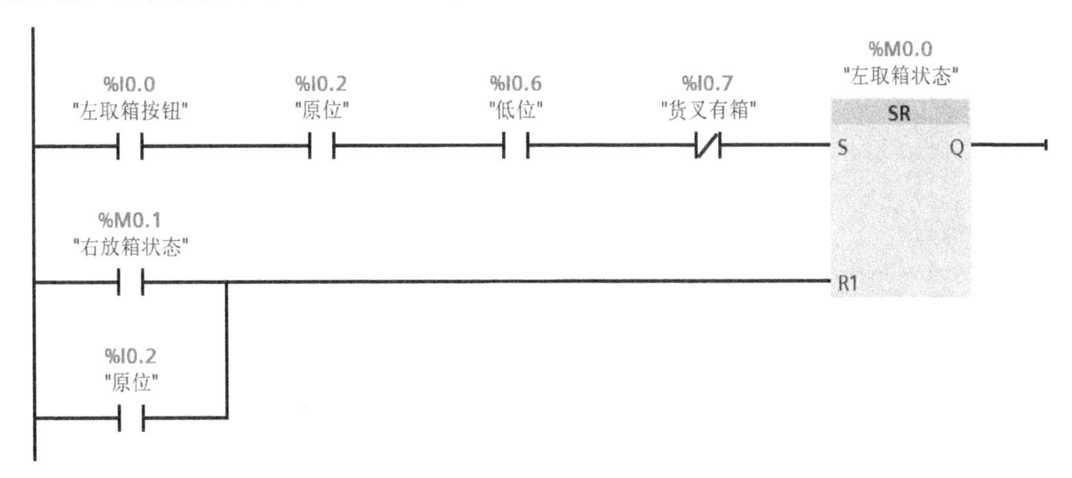

图 4-36　左取箱状态保持梯形图

在图 4-36 中，M0.1 是右放箱状态，用于对左取箱状态互锁。由于货叉回到原位时动作结束，所以可利用原位开关 I0.2 来清除左取箱状态。但是，在左取箱动作开始前，货叉也在原位，按下左取箱按钮时，SR 指令的置位端和复位端同时为 ON，SR 指令复位，按下按钮无效。因此在清除时，既应利用原位这一条件，又应使这一条件所产生的状态与动作前的原位状态有所不同。利用原位的上升沿来清除则可以解决这一问题，因此图 4-36 中操作数为 I0.2 的常开触点应换为扫描操作数信号上升沿指令。

右放箱状态保持：当货叉在原位、高位、货叉上有箱时，按下右放箱按钮，右放箱状态保持，否则按下按钮无效。当右放箱动作完成、货叉回到原位时，利用原位的上升沿清除右放箱状态。另外，右放箱状态还应与左取箱状态互锁。右放箱状态保持梯形图如图 4-37 所示。

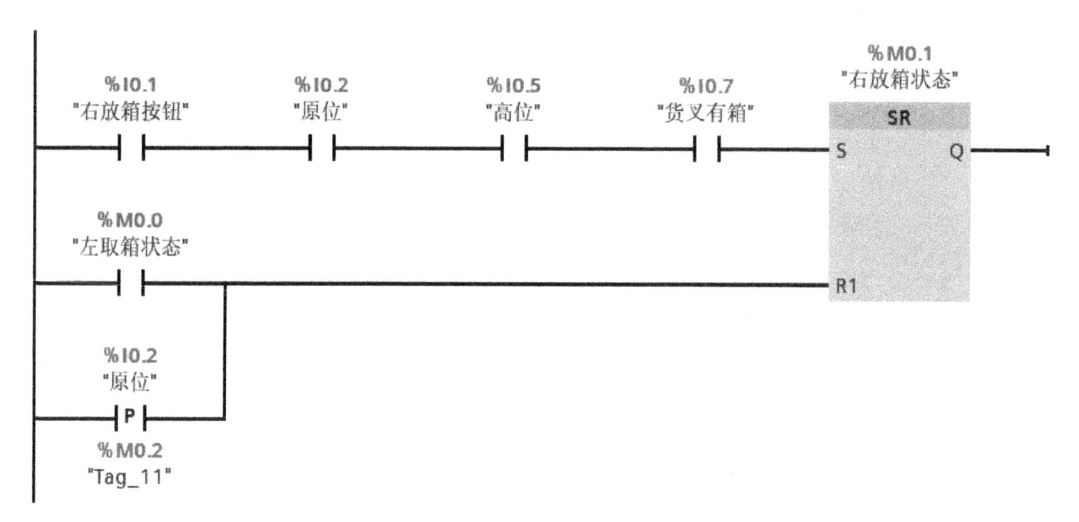

图 4-37 右放箱状态保持梯形图

左伸：在左取箱或右放箱时，只要货叉处在低位即开始左伸。从图 4-35 可以看出，左取箱时应左伸到左位；右放箱时应左伸到原位。由于在右放箱过程中，当左伸到原位时右放箱状态即被清除，因此左伸的关断条件可只用左位，而不需要用原位。另外，左伸和右伸应互锁，在关断条件中加入右伸互锁，左伸梯形图如图 4-38 所示。由于低位开关 I0.6 在左伸过程中不会断开，而取放箱状态已具备断电恢复能力，所以左伸也具备断电恢复能力。

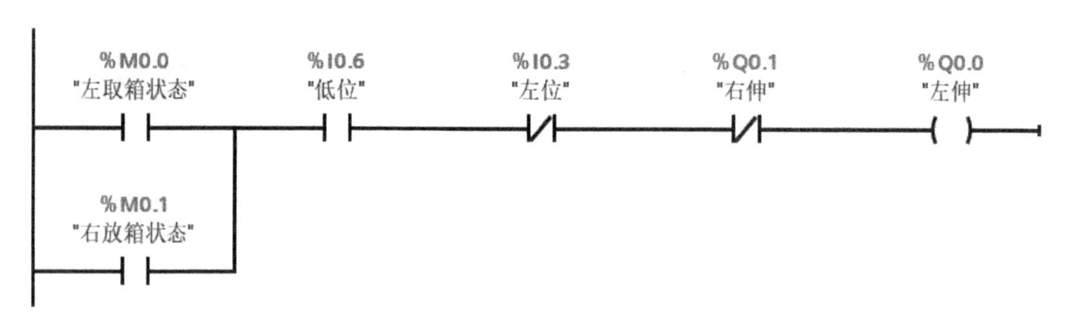

图 4-38 货叉左伸梯形图

右伸：工作原理同左伸。开始条件为高位，关断条件为右位，加左伸互锁。

上升：左取箱时货叉在左位或者货叉在原位时货叉上有箱，且不在高位时开始上升，上升到高位停止。上升的条件均具备断电恢复能力。

下降：右放箱时货叉在右位或者货叉在原位时货叉上无箱，且不在低位时开始下降，下降到低位停止。下降的条件也具备断电恢复能力。

货叉取放箱程序如图 4-39 所示。

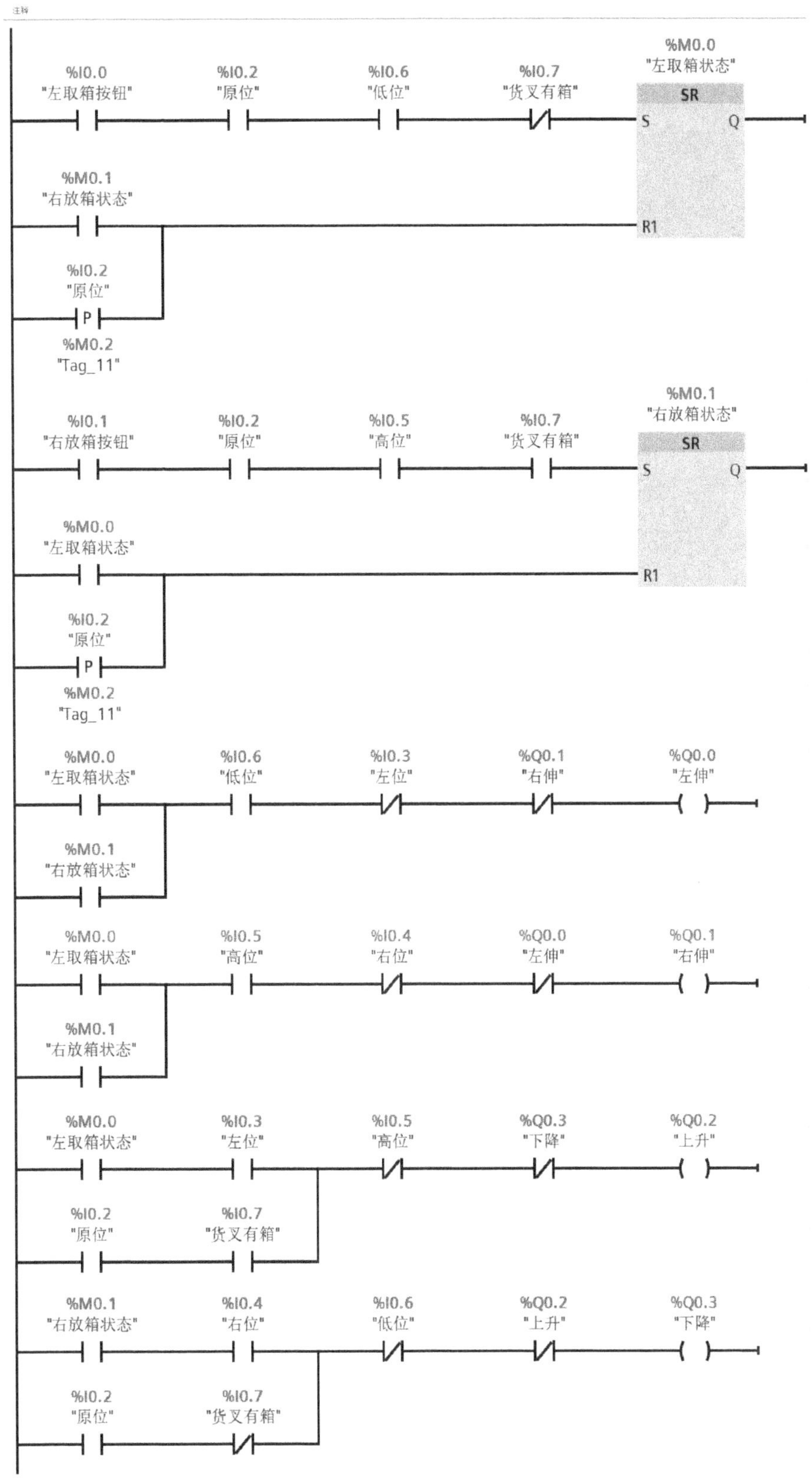

注释

%I0.0 "左取箱按钮" %I0.2 "原位" %I0.6 "低位" %I0.7 "货叉有箱" %M0.0 "左取箱状态" SR S Q R1
%M0.1 "右放箱状态"
%I0.2 "原位" P %M0.2 "Tag_11"

%I0.1 "右放箱按钮" %I0.2 "原位" %I0.5 "高位" %I0.7 "货叉有箱" %M0.1 "右放箱状态" SR S Q R1
%M0.0 "左取箱状态"
%I0.2 "原位" P %M0.2 "Tag_11"

%M0.0 "左取箱状态" %I0.6 "低位" %I0.3 "左位" %Q0.1 "右伸" %Q0.0 "左伸"
%M0.1 "右放箱状态"

%M0.0 "左取箱状态" %I0.5 "高位" %I0.4 "右位" %Q0.0 "左伸" %Q0.1 "右伸"
%M0.1 "右放箱状态"

%M0.0 "左取箱状态" %I0.3 "左位" %I0.5 "高位" %Q0.3 "下降" %Q0.2 "上升"
%I0.2 "原位" %I0.7 "货叉有箱"

%M0.1 "右放箱状态" %I0.4 "右位" %I0.6 "低位" %Q0.2 "上升" %Q0.3 "下降"
%I0.2 "原位" %I0.7 "货叉有箱"

图 4-39 货叉取放箱程序

4.2 定时器指令与计数器指令

4.2.1 定时器指令

S7-1200 使用符合 IEC 61131-3-2013 标准的定时器和计数器。定时器类似于时间继电器，使用定时器指令可创建编程的时间延时。用户程序中可以使用的定时器数仅受 CPU 存储器容量限制。IEC 定时器和 IEC 计数器属于函数块，每个定时器均使用 16 字节的 IEC_Timer 数据类型的数据块结构来存储功能框或线圈指令顶部指定的定时器数据。STEP 7 会在插入功能框指令时自动创建该数据块。

S7-1200 系列 PLC 的定时器指令包括接通延时定时器指令、关断延时定时器指令、脉冲定时器指令和保持型接通延时定时器指令 4 种类型。

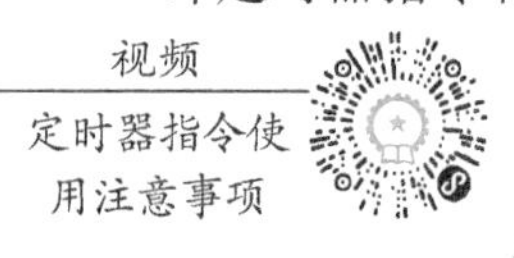

1. 接通延时定时器指令

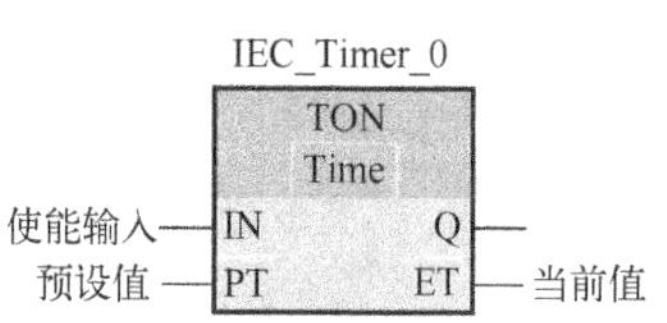

图 4-40 接通延时定时器指令梯形图符号

接通延时定时器指令（TON）梯形图符号如图 4-40 所示，其中 IN 引脚（使能输入端）用于启动定时器，PT 引脚用于存储定时器的预设值（默认单位为 ms），Q 引脚用于连接定时器的状态输出，ET 引脚用于存储定时器的当前值。Time 数据使用 T#标识符，PT（预设时间）和 ET（经过的时间）值以表示毫秒时间的有符号双精度整数形式存储在指定的 IEC_TIMER DB 数据中，其位数为 32，有效数值范围为-2147483648~2147483647ms 即 T#-24d_20h_31m_23s_648~T#24d_20h_31m_23s_647ms。但是，在定时器指令中，无法使用上面所示 Time 数据类型的负数范围，负的 PT（预设时间）值会被认为是无效值，ET（经过的时间）始终为正值。

TON 定时器用于在延时 PT 预设时间后将输出 Q 设置为 ON。如图 4-41 所示，当使能输入端 IN 由低电平转为高电平时，接通延时定时器的当前值 ET 从 0 开始增加；当增加到预设值 PT 时，当前值 ET 保持不变，输出端 Q 的状态从“0”变为“1”；当使能输入端 IN 从高电平转为低电平时，当前值 ET 清零，输出端 Q 的状态从“1”变为“0”；如果使能输入端 IN 为高电平的持续时间 t_2 小于 PT 预设时间，则输出端 Q 的状态维持“0”不变。

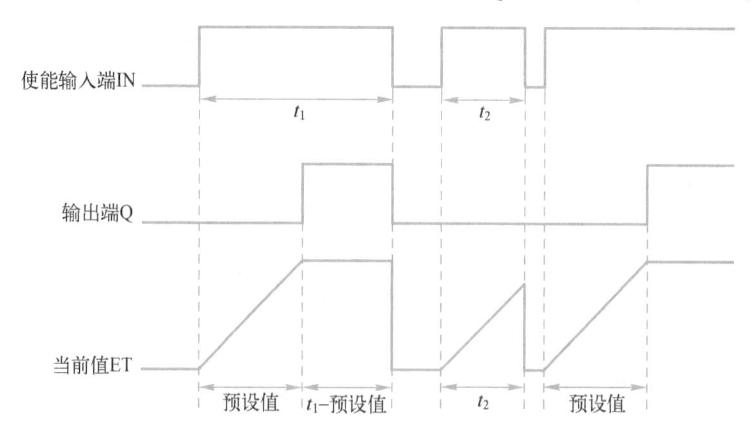

图 4-41 接通延时定时器指令时序图

【例 4-7】试编程实现对两台电动机的起停控制：按下起动按钮，第一台电动机运行 30 s 后第二台电动机开始起动；按下停止按钮，两台电动机同时停止。

分析：设 I0.0 为起动按钮，I0.1 为停止按钮，第一台电动机（Q0.0）工作 30 s 后第二台电动机（Q0.1）开始工作，因此可用 TON 指令进行定时，预设值 PT 为 30 s，并把 Q0.0 作为定时器的使能输入条件。梯形图程序如图 4-42 所示。

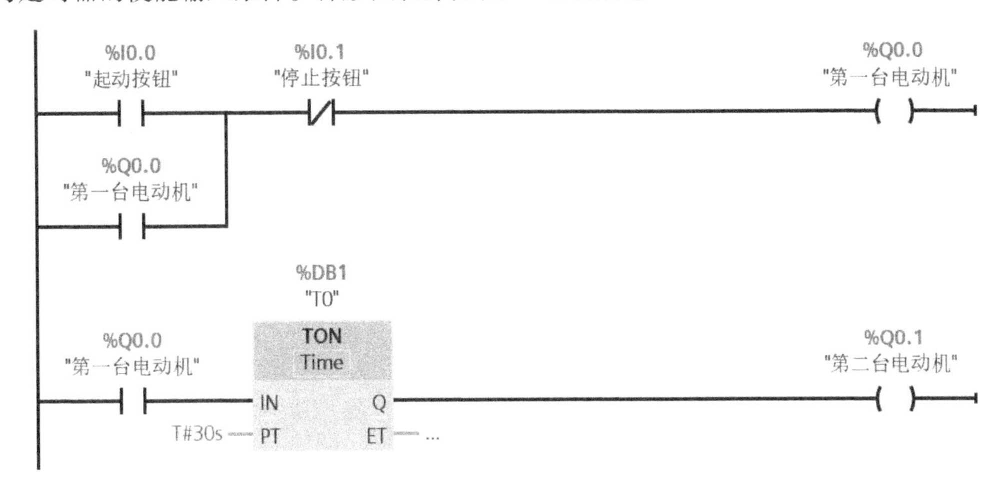

图 4-42　梯形图程序

2. 关断延时定时器指令

关断延时定时器指令（TOF）梯形图符号如图 4-43 所示，其中 IN 引脚（使能输入端）用于启动定时器，PT 引脚用于存储定时器的预设值，Q 引脚用于连接定时器的状态输出，ET 引脚用于存储定时器的当前值。

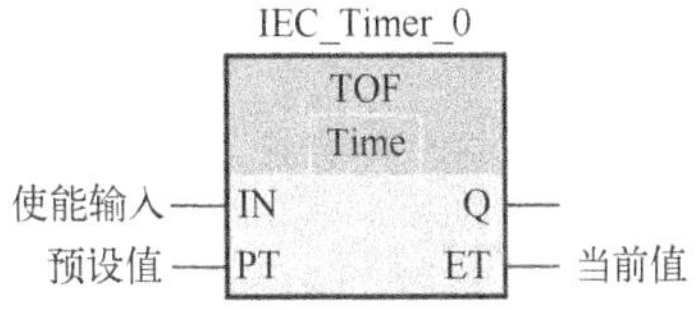

IEC_Timer_0
TOF
Time
使能输入 — IN　Q —
预设值 — PT　ET — 当前值

图 4-43　关断延时定时器指令梯形图符号

TOF 用于在延时 PT 预设时间后将输出 Q 设置为 OFF。其时序图如图 4-44 所示，当使能输入端 IN 由低电平转为高电平时，输出端 Q 的状态从“0”变为“1”；当使能输入端 IN 从高电平转为低电平后，TOF 定时器的当前值 ET 从“0”开始增加，当增加到预设值 PT 时，输出端 Q 的状态从“1”变为“0”，当前值 ET 保持不变，直到下一个高电平到来；如果使能输入端 IN 为低电平的持续时间 t_1 小于 PT 预设时间，则输出端 Q 的状态维持“1”不变。

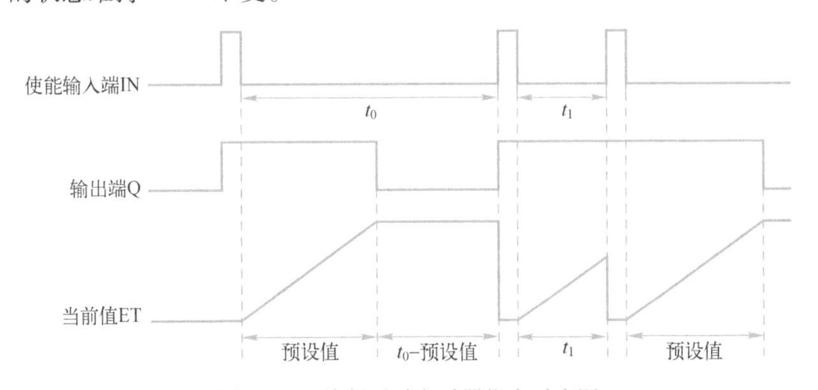

图 4-44　关断延时定时器指令时序图

【例 4-8】试编程实现对两台电动机的起停控制：按下起动按钮，第一台电动机运行 30 s 后第二台电动机开始起动；按下停止按钮，第二台电动机停止，20 s 后第一台电动机停止。

分析：设 I0.0 为起动按钮，I0.1 为停止按钮。第一台电动机（Q0.0）在按下起动按钮后立即起动，在按下停止按钮后需要延时 20 s 后停止，因此可用 TOF 定时器实现；第二台电动机（Q0.1）在按下起动按钮后延时 30 s 起动，在按下停止按钮后立即停止，因此可用 TON 定时器实现。两个定时器的使能输入端需要输入起动/停止状态，因此可采用中间触点来存储。梯形图程序如图 4-45 所示。

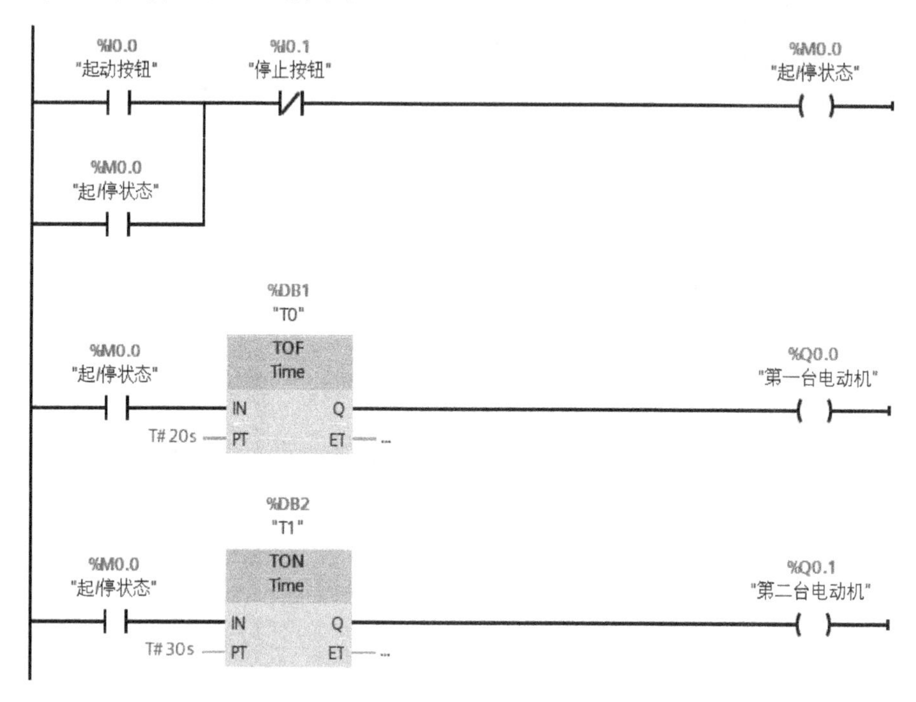

图 4-45 梯形图程序

3. 脉冲定时器指令

脉冲定时器指令（TP）梯形图符号如图 4-46 所示，其中 IN 引脚（使能输入端）用于启动定时器，PT 引脚用于存储定时器的预设值，Q 引脚用于连接定时器的状态输出，ET 引脚用于存储定时器的当前值。

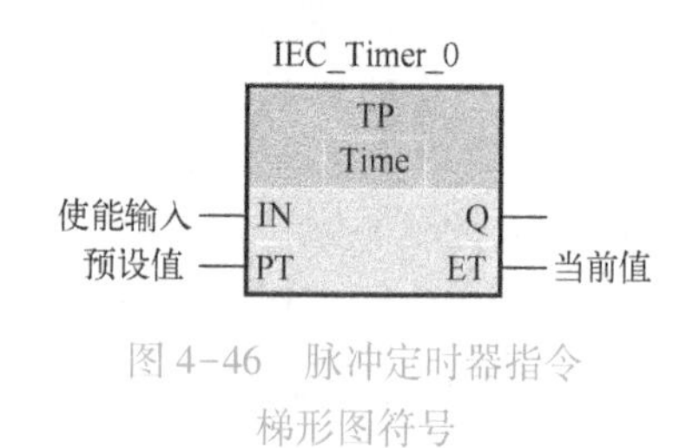

图 4-46 脉冲定时器指令梯形图符号

TP 定时器用于生成宽度为 PT 预设时间的脉冲。如图 4-47 所示，当使能输入端 IN 由低电平转为高电平时，脉冲定时器的输出端 Q 由低电平转为高电平，脉冲定时器开始定时，当前值 ET 开始增加，当增加到预设值 PT 时，定时结束，输出端 Q 由高电平转为低电平。若此时使能输入端 IN 仍然为高电平，则当前值 ET 保持不变，直至 IN 变为低电平时，ET 清零；若此时使能输入端 IN 为低电平，则当前值 ET 清零。

在输出端为高电平期间，即便使能输入端有脉冲信号输入，脉冲定时器也不会重新定时。

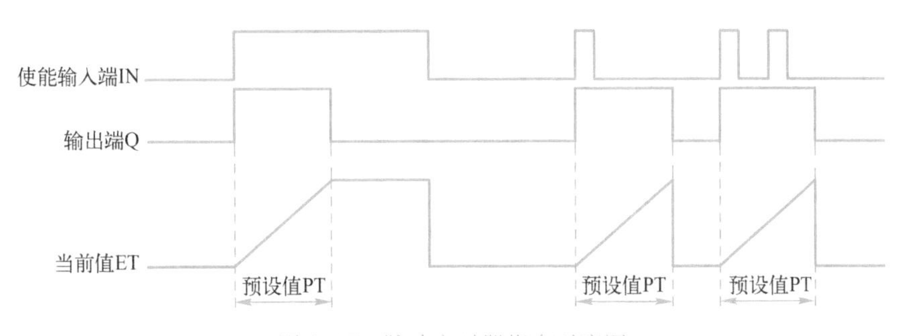

图 4-47　脉冲定时器指令时序图

【例 4-9】试编程实现报警蜂鸣器的定时驱动，当有报警信号产生时，蜂鸣器响 1 min，期间不受报警信号状态的影响。

分析：设 I0.0 为报警信号输入，输出 Q0.0 为蜂鸣器驱动，因为输出为固定宽度脉冲，且脉冲持续期间不受 I0.0 状态影响，可考虑采用脉冲定时器实现。梯形图程序如图 4-48 所示。

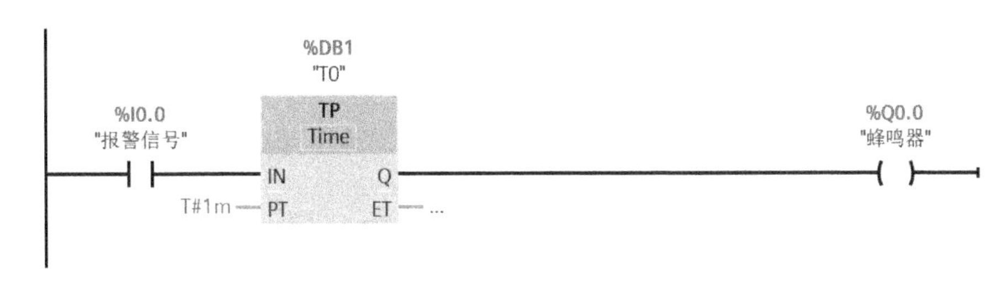

图 4-48　梯形图程序

当有报警信号输入时（I0.0 状态由“0”变为“1”），启动 TP 定时器，Q0.0 由“0”变为“1”，从而驱动蜂鸣工作，当定时 1 min 后，定时结束，Q0.0 变为“0”。

4. 时间累加器指令

时间累加器指令（TONR）梯形图符号如图 4-49 所示，其中 IN 引脚（使能输入端）用于启动定时器，R 引脚用于复位定时器，PT 引脚用于存储定时器的预设值，Q 引脚用于连接定时器的状态输出，ET 引脚用于存储定时器的当前值。

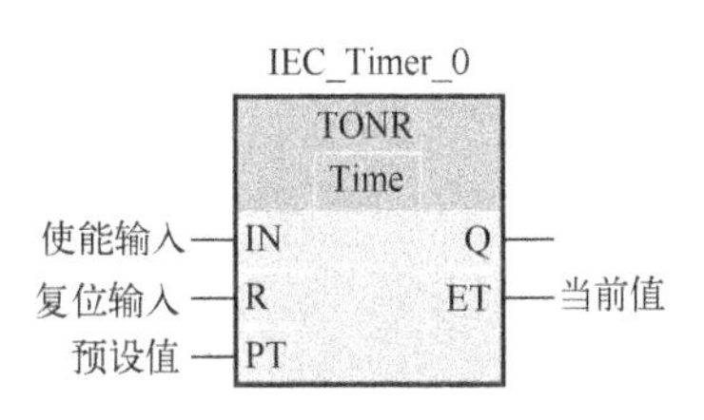

图 4-49　时间累加器指令梯形图符号

TONR 定时器与 TON 定时器类似，不同的是其可实现多定时时段的时间累积，其工作时序图如图 4-50 所示。在清零输入端 R 的输入状态为“0”的前提下，当使能输入端 IN 的输入状态由“0”变为“1”时，启动 TONR 定时器，其当前值 ET 从“0”开始增加，如果 IN 输入端高电平的持续时间大于预设值 PT，则当 ET 增加到时 PT 时，ET 保持不变，且输出端 Q 的状态从“0”变为“1”，此时，即使 IN 端状态变为低电平，ET 和 Q 的状态仍然维持不变。直到 R 端输入状态变为高电平，此时 ET 被清零，Q 端被复位；如果 IN 输入端高电平的持续时间小于预设值 PT，当 IN 输入端断开时，则 ET 保持不变，当使能输入端 IN 再次接通时，会在原 ET 值的基础上递增。TONR 必须用 R 端实现对 ET 值的清零和对 Q 输出状态的置 0。

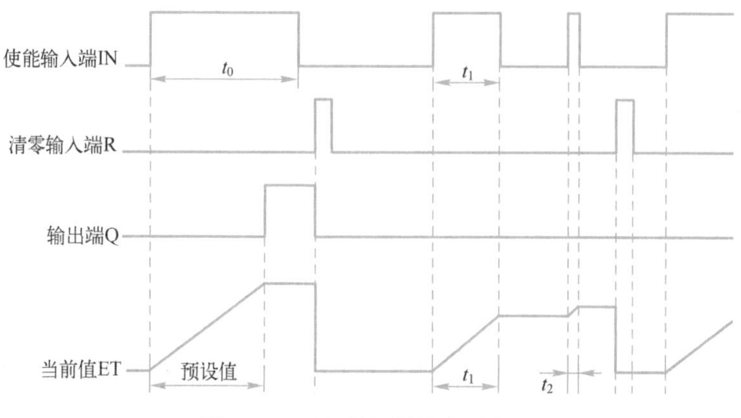

图 4-50 时间累加器指令时序图

【例 4-10】试设计跑步机跑步时间检测程序。控制要求为：按下启动按钮后，若检测到跑步机上有人（称重传感器有信号输出），则定时器开始进行定时，定时时长为 1 h；在此期间若人离开跑步机（称重传感器信号中断输出），定时器暂停定时但不清零；人再次回到跑步机上后，定时器继续定时，直至定时 1 h 后，指示灯闪烁 3 s 后熄灭。当按下停止按钮后，无论定时是否到 1 h，定时器停止定时并且定时时间清零。

分析：由题可知，该跑步机的跑步时间检测过程可分为以下几个阶段。

1）按下启动按钮（I0.0）后，跑步机开始工作。

2）若人在跑步机上，则称重传感器（I0.1）的状态为“1”，定时器 T0 开始定时。

3）若人离开跑步机，I0.1 的状态为“0”时，T0 暂停定时。

4）I0.1 的状态重新变为“1”时，T0 继续定时，定时 1 h 后，指示灯 Q0.0 闪烁 3 s。

其时序图如图 4-51 所示。

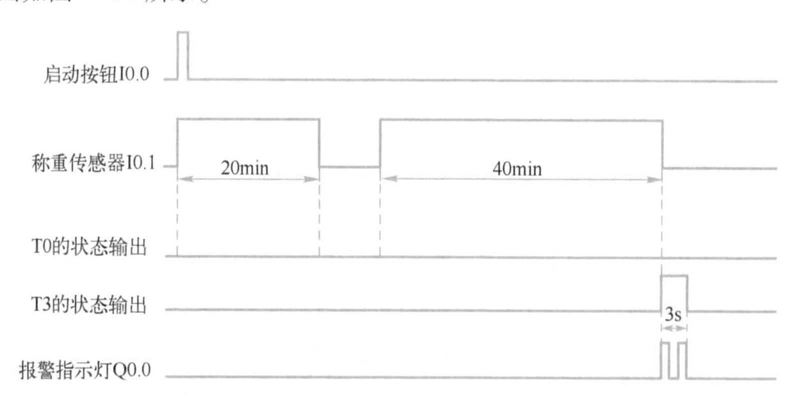

图 4-51 跑步时间检测时序图

可考虑用保持型接通延时定时器实现跑步 1 h 的定时，用断开延时定时器实现指示灯点亮 3 s 的定时，通过串联时钟存储器位实现指示灯闪烁。将时钟存储器字节地址设为 10，若指示灯闪烁频率为 2 Hz，则时钟存储位为 M10.3。跑步时间检测梯形图程序如图 4-52 所示。

5. 定时器指令小结

（1）LAD 线圈型定时器 以上介绍了 4 种 LAD 功能框定时器，与其相对应还有 LAD 线圈定时器，见表 4-11。

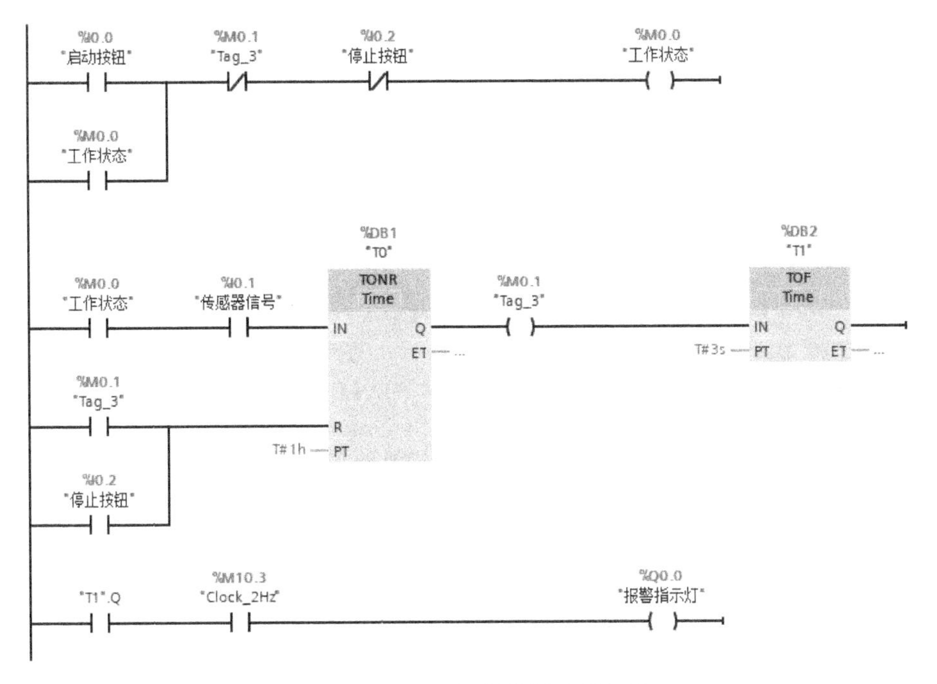

图 4-52　跑步时间检测梯形图程序

表 4-11　定时器指令

LAD 功能框	LAD 线圈	说明
IEC_Timer_0 TP Time IN Q PT ET	TP_DB —(TP)— "PRESET_Tag"	TP 定时器可生成具有预设宽度时间的脉冲
IEC_Timer_1 TON Time IN Q PT ET	TON_DB —(TON)— "PRESET_Tag"	TON 定时器在预设的延时过后将输出 Q 设置为 ON
IEC_Timer_2 TOF Time IN Q PT ET	TOF_DB —(TOF)— "PRESET_Tag"	TOF 定时器在预设的延时过后将输出 Q 重置为 OFF
IEC_Timer_3 TONR Time IN Q R ET PT	TONR_DB —(TONR)— "PRESET_Tag"	TONR 定时器在预设的延时过后将输出 Q 设置为 ON。在使用 R 输入重置经过的时间之前，会跨越多个定时时段一直累加经过的时间

LAD 功能框和 LAD 线圈的具体参数比较见表 4-12。对功能框而言，判断定时器是否启用的条件是其 IN 输入端是否为高低电平；对于线圈，启用定时器的是流入线圈的能流。

表 4-12　LAD 功能框和 LAD 线圈的具体参数比较

参　　数	数据类型	描　　述
功能框：IN 线圈：能流	Bool	TON、TP 和 TONR： 功能框：0=禁用定时器，1=启用定时器 线圈：无能流=禁用定时器，能流=启用定时器 TOF： 功能框：0=启用定时器，1=禁用定时器 线圈：无能流=启用定时器，能流=禁用定时器
R	Bool	仅 TONR 功能框：0=不重置，1=将经过的时间和 Q 位重置为 0
功能框：PT 线圈：PRESET_Tag	Time	定时器功能框或线圈：预设的时间输入
功能框：Q 线圈：DBdata. Q	Bool	定时器功能框：Q 功能框输出或定时器数据块数据中的 Q 位 定时器线圈：仅可寻址定时器数据块数据中的 Q 位
功能框：ET 线圈：DBdata. ET	Time	定时器功能框：ET（已计时的时间）功能框输出或定时器数据块数据中的 ET 时间值 定时器线圈：仅可寻址定时器数据块数据中的 ET 时间值

功能框和线圈型定时器指令在原理上是完全一样的，但也存在细微区别。首先，功能框定时器上可以定义 Q 点或 ET，在程序中可以不必出现背景数据块（或 IEC_TIMER 类型的变量）中的 Q 点或者 ET；而线圈型定时器必须使用背景数据块（或 IEC_TIMER 类型的变量）中的 Q 点或者 ET。其次，功能框定时器在使用时可以自动提示生成背景块，或者选择不生成；而线圈型定时器只能通过手动方式建立背景块。最后，线圈型定时器如果出现在网络段中间时不影响 RLO 的变化，如图 4-53 所示，Q0. 0 和 I0. 0 同步变化。

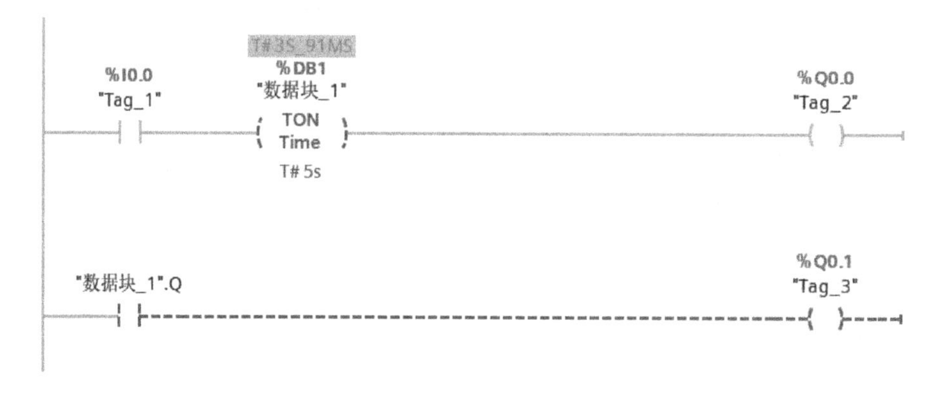

图 4-53　线圈型定时器示例

除了上述定时器指令外，与定时器相关的还有复位定时器（RT）和加载持续时间（PT）这两个线圈指令。这些线圈指令可与功能框或线圈定时器一起使用并可放置在中间位置。复位定时器指令前的运算结果为“1”时使得其指定定时器的 ET 立即停止计时并回到 0；加载持续时间指令前的运算结果为“1”时使得指定定时器的新设定值立即生效。需要注意的是，在定时器计时过程中，实时修改功能框定时器 PT 引脚的值在此次计时中是不会生效的。

（2）PT 和 IN 参数值变化对定时器的影响　对于 PT 定时器，定时器运行期间，更改 PT

和 IN 值对定时器没有任何影响；在 TON 定时器运行期间，更改定时器的 PT 对定时器没有任何影响，将 IN 更改为 False 会复位并停止定时器；在 TOF 定时器运行期间，更改定时器的 PT 对定时器没有任何影响，将 IN 更改为 True 会复位并停止定时器；在 TONR 定时器运行期间，更改定时器的 PT 对定时器没有任何影响，但对定时器中断后继续运行会有影响，将 IN 更改为 False 会停止定时器但不会复位定时器，将 IN 改回 True 将使定时器从累积的时间值开始定时。

6. 定时器指令使用注意事项

1）定时器的 IEC_TIMER 数据块不可重复使用。如果两个及以上定时器使用同一个 IEC_TIMER 数据块，则即使其中一个定时器被触发定时，定时器也不会计时。

2）只有在定时器功能框的 Q 点或 ET 连接变量，或者在程序中使用背景数据块（或 IEC_TIMER 类型的变量）中的 Q 点或者 ET，定时器才会开始计时。在图 4-54a 所示的程序中，TON 定时器功能框的 Q 或 ET 既没有连接变量，也没有使用其背景数据块的 Q 或者 ET，因此即使 I0.0 为高电平，定时器也不会计时；同理，在图 4-54b 中，TON 线圈定时器没有使用其背景数据块的 Q 或者 ET，因此即使 I0.0 为高电平，定时器也不会计时。图 4-55 则为定时器的正确用法。

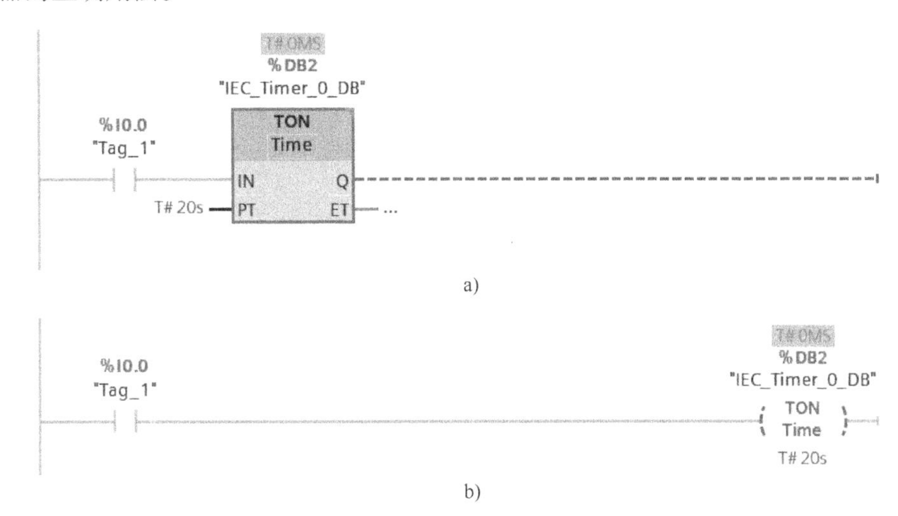

图 4-54　定时器的错误用法

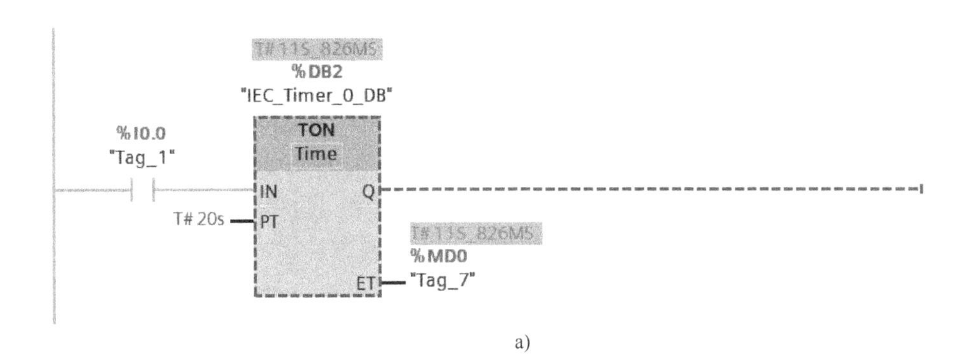

图 4-55　定时器的正确用法

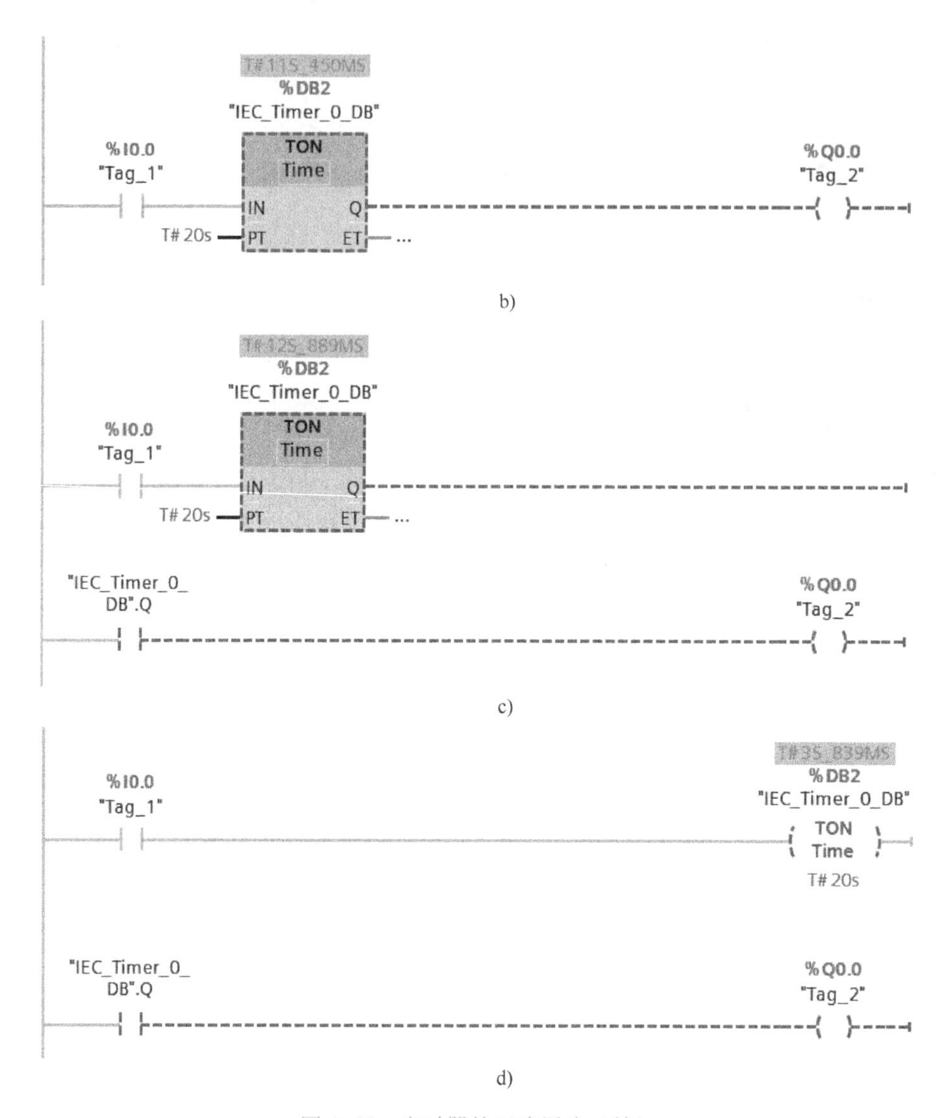

图 4-55 定时器的正确用法（续）

3）使用定时器无法实现精确定时。以接通延时定时器为例，当程序扫描到定时器功能框的 Q 点或 ET 时或者扫描到背景数据块（或 IEC_TIMER 类型的变量）中的 Q 点或者 ET 时，如果当前值恰好等于设定值，则定时器接通，Q 点输出高电平；如果当前值小于设定值，则定时器会继续定时，等下一个扫描周期再做比较。假设接通延时定时器的定时时间为 1 s，当程序扫描到定时器的 Q 点或 ET 时，定时器的当前值为 999 ms，则会继续定时等下一次扫描，而下一次扫描到这个定时器时可能就是 1006 ms，此时定时器接通，也就是说此次定时存在 6 ms 的误差。由于当程序扫描到定时器时，定时器当前值恰好为 1 s 的可能性很低，因此利用定时器无法做到精确定时，如果再配合计数器实现更长时间的定时，误差只会越来越大。可以使用循环中断（OB30）配合计数器来实现精确定时。

4）定时器在一个扫描周期内多次更新可能会产生不可预料的结果。S7-1200 的定时器的时间更新发生在定时器功能框的 Q 点或 ET 连接变量时，或者在程序中使用背景数据块（或 IEC_TIMER 类型的变量）中的 Q 点或者 ET 时。即如果程序中多次使用同一背景数据块的 Q 点，或者既使用定时器功能框的 Q 点或 ET 连接变量，又使用背景数据块的 Q 点，以上两种情况都有可能造成定时器在一个扫描周期的时间内多次更新，从而引起定时器不能正常使用的情况。

图 4-56 中的程序试图让 M0.0 每隔 5 s 产生一个持续时间为一个扫描周期的脉冲。然而在图 4-56a 中，如果在程序扫描到操作数为"T0".Q 的常闭触点之前定时时间到，则当程序扫描到"T0".Q 处定时器更新，更新后，"T0".Q=True，取反为 False，从而使定时器 TON 复位，则 TON 功能框的 Q 点输出仍为 False，即 M0.0 维持 False 不变；如果在程序扫描到 TON 之后定时时间到，则会在下一个扫描周期中当程序扫描到"T0".Q 处定时器更新，仍然会复位定时器，从而使 M0.0 维持 False 不变。在图 4-56b 中，如果在程序扫描到操作数为"T0".Q 的常闭触点之前定时时间到，则当程序扫描到"T0".Q 处定时器更新，更新后，"T".Q=True，取反为 False，从而使定时器 TON 复位，第二行的"T0".Q=False，M0.0 为 False；如果在程序扫描到操作数为"T0".Q 的常闭触点之后操作数为"T0".Q 的常开触点之前定时时间到，则在第二行的"T0".Q 处定时器更新，更新后，"T0".Q=True，M0.0 变为 True，在下一个扫描周期中，程序第一行的"T0".Q=True，取反为 False，定时器复位，第二行的"T0".Q=False，M0.0 变为 False，即 M0.0 产生了一个持续时间为一个扫描周期的脉冲；如果在程序扫描到操作数为"T0".Q 的常开触点之后定时时间到，则会在下一个扫描周期中当程序扫描到操作数为"T0".Q 的常闭触点处定时器更新，更新后，"T0".Q=True，仍然会复位定时器，从而使 M0.0 维持 False 不变。由此可见，图 4-56 的程序，定时器都会复位，但图 4-56a 的 M0.0 不会产生脉冲，图 4-56b 中只有在第二种情况 M0.0 产生了脉冲，这种情况出现的概率是很低的。

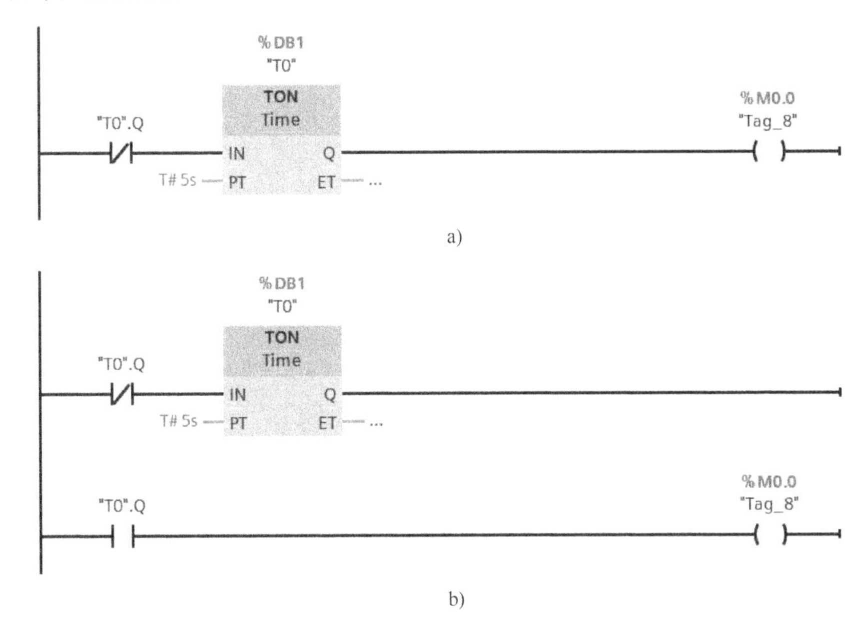

图 4-56　定时器的错误用法

在图 4-57 中，如果在程序扫描到操作数为 M0.0 的常闭触点之前定时时间到，则在 TON 处定时器更新，Q 输出 True，因此 M0.0 变为 True。在程序第二行，由于"T0".Q=True，Q0.0 被置位变为 True。在下一个扫描周期，由于 M0.0=True，取反为 False，从而使定时器 TON 复位，M0.0 变为 False，即 M0.0 产生了一个持续时间为一个扫描周期的脉冲；如果在程序扫描到操作数为 M0.0 的常闭触点之后操作数为"T0".Q 的常开触点之前定时时间到，则在第二行的"T0".Q 处定时器更新，更新后，"T0".Q=True，Q0.0 变为 True，在下一个扫描周期，因为 TON 的 Q=True，M0.0 变为 True，再下一个扫描周期，由于 M0.0=True，取反为 False，从而使定时器 TON 复位，M0.0 变为 False，即 M0.0 产生了一个持续时间为一个扫描周期的脉冲；如果在程序扫描到操作数为"T0".Q 的常开触点之后定时时间到，则会在下一个扫描周期中，程序扫描到 TON 处定时器更新，同第一种情况一样，M0.0 也会产生一个扫描周期的高电平。

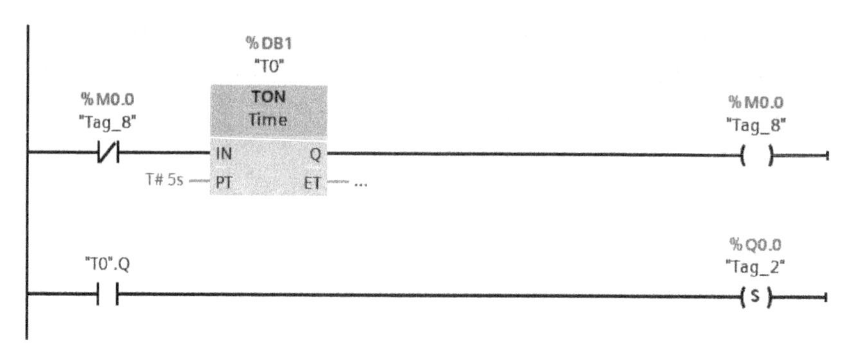

图 4-57 定时器的正确用法

4.2.2 计数器指令

计数器指令用来对内部程序事件和外部过程事件进行计数。S7-1200 的计数器为 IEC 计数器，用户程序中可以使用的计数器数量仅受 CPU 的存储器容量限制。因为计数器指令使用软件计数器，其最大计数速率受所在组织块执行速率的限制。因此对于高频脉冲，用普通计数器难以实现准确计数，可采用高速计数器。S7-1200 的计数器指令包括加计数器（CTU）指令、减计数器（CTD）指令和加减计数器（CTUD）指令 3 种。

视频
计数器指令使用注意事项

1. 加计数器指令

加计数器指令（CTU）梯形图符号如图 4-58 所示，其中 CU 引脚为计数器输入，用于检测输入脉冲；PV 引脚用于设定计数器的预设值；Q 引脚用于连接计数器的状态输出；R 引脚为复位信号输入，用于将计数器的当前值清零；CV 引脚用于计数器的当前值输出。

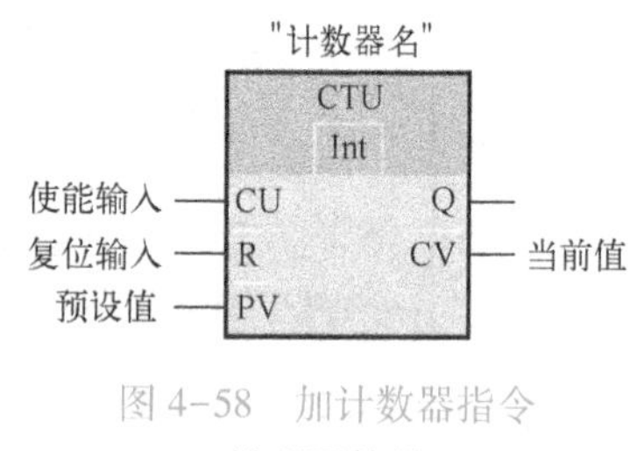

图 4-58 加计数器指令梯形图符号

在插入计数器指令时，STEP 7 会自动创建背景数据块以保存计数器数据，可以从指令名称下的下拉列表中选择计数值数据类型，不同的数据类型所对应计数值的范围不同。

CTU 指令用于对 CU 端输入的脉冲进行累加计数。设 PV=3，则加计数器指令时序图如图 4-59 所示。当 R 引脚输入状态为“0”时，CU 端每输入一个脉冲信号，在信号的上升沿计数器的当前值 CV 加 1，当当前值 CV 等于预设值 PV 时，输出端 Q 的状态由“0”变为“1”，此时 CU 端再有输入脉冲，输出端 Q 的状态维持“1”不变，当前值 CV 继续递增，直到达到指定数据类型的上限值（如 Int 类型为 32767）后，当前值不再发生变化；在计数器工作过程中，当 R 端输入信号变为“1”时，计数器当前值 CV 被清零，输出端 Q 的状态变为“0”。

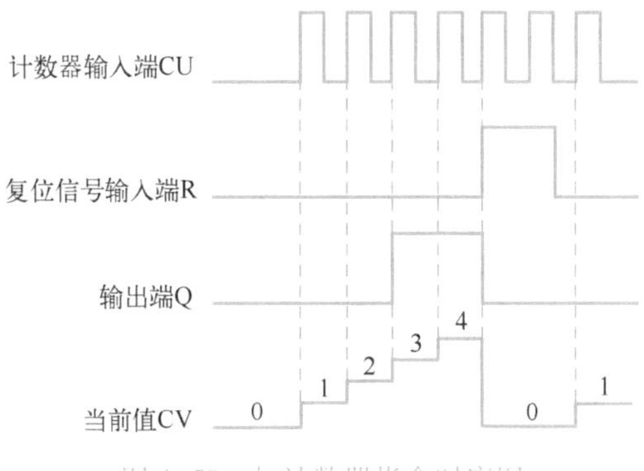

图 4-59　加计数器指令时序图

2. 减计数器指令

减计数器指令（CTD）梯形图符号如图 4-60 所示，其中 CD 引脚为计数器输入，用于检测输入脉冲；PV 引脚用于设定计数器的预设值；Q 引脚用于连接计数器的状态输出；CV 引脚用于计数器的当前值输出；LD 引脚为装载输入端，用于将预设值 PV 的值装载到当前值 CV 中。

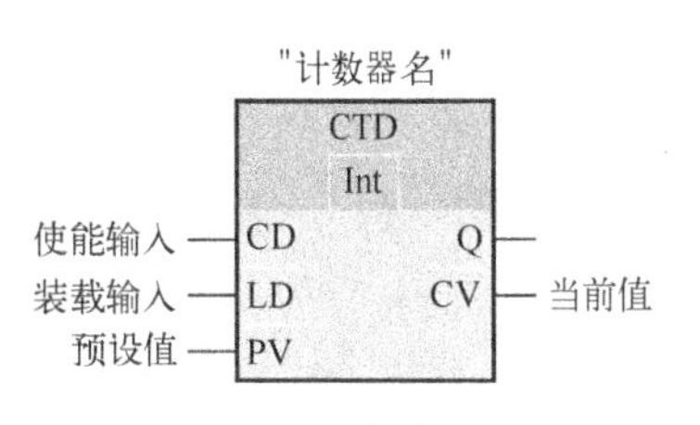

图 4-60　减计数器指令梯形图符号

CTD 指令用于对 CU 端输入的脉冲进行递减计数。设 PV = 3，则减计数器指令的工作时序图如图 4-61 所示。当 LD 引脚输入状态为“0”时，CD 端每输入一个脉冲信号，在信号的上升沿计数器的当前值 CV 减 1，当当前值 CV 小于或等于 0 时，输出端 Q 的状态由“0”变为“1”，此时，CD 端再有输入脉冲，输出端 Q 的状态维持“1”不变，当前值 CV 继续递减，直到达到指定数据类型的下限值（如 Int 类型为 -32768）后，当前值不再发生变化；在计数器工作过程中，当 LD 端输入信号变为“1”时，计数器当前值 CV 被装载为预设值 PV，输出端 Q 的状态变为“0”。

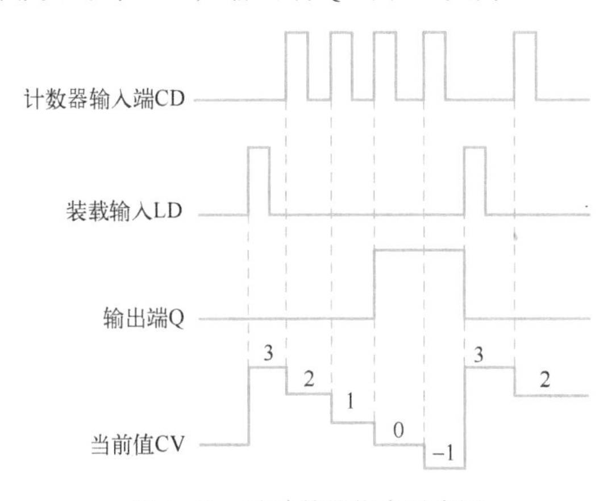

图 4-61　减计数器指令时序图

3. 加减计数器指令

加减计数器指令（CTUD）梯形图符号如图 4-62 所示，其中 CU 为加计数器输入，CD

为减计数器输入，R 为复位输入，LD 为装载输入，PV 用于设定计数器的预设值，CV 为计数器的当前值输出，QU 和 QD 为计数器的状态输出，上述引脚定义与加计数器指令和减计数器指令的引脚定义一致。

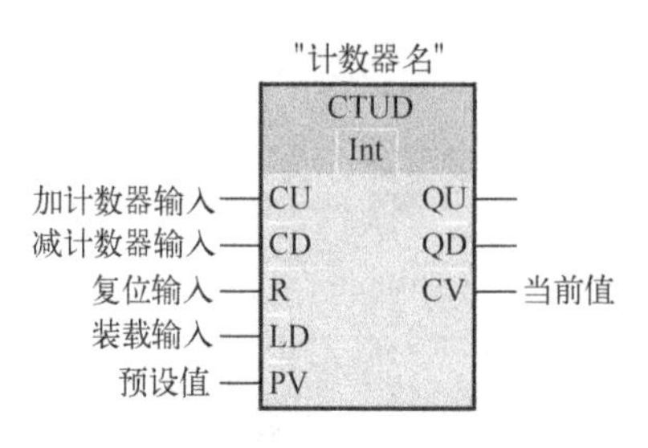

图 4-62　加减计数器指令梯形图符号

加减计数指令用于将当前值 CV 递增或递减。设 PV = 3，则加减计数器指令的工作时序图如图 4-63 所示。设 PV 值为 3，在 LD 和 R 端输入信号的值为 0 时，当加计数器输入端 CU 的状态从“0”变为“1”时，当前值 CV 加 1；当减计数器输入端 CD 的信号从“0”变为“1”，当前值 CV 减 1；如果参数 CV 的值大于或等于参数 PV 的值，则计数器输出参数 QU = 1；如果参数 CV 的值小于或等于零，则计数器输出参数 QD = 1；如果在一个程序周期内，CU 引脚和 CD 引脚都出现上升沿信号，则当前值 CV 保持不变。如果 LD 的值从 0 变为 1，则参数 PV 的值将作为新的 CV 装载到计数器。如果复位参数 R 的值从 0 变为 1，则当前计数值重置为 0。

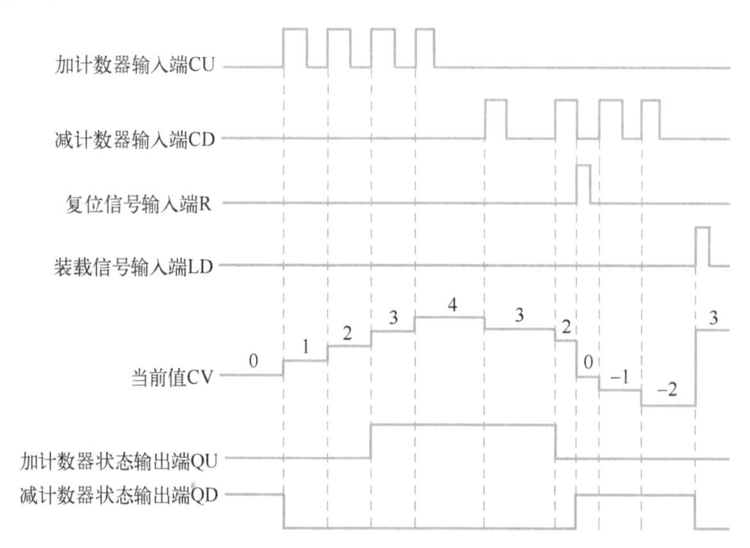

图 4-63　加减计数器指令时序图

【例 4-11】某停车场共有 100 个车位，在停车场入口和出口处各装一个传感器，实时检测进入和离开停车场的车辆，试编程统计该停车场的空车位数。

分析：可采用加减计数器记录停车场的空车位数。在车辆入口处，设置红外传感器 I0.0 用于检测入场的车辆，作为计数器 CD 端输入信号；在车辆出口处，设置红外传感器 I0.1 用于检测出场的车辆，作为计数器 CU 端输入信号；I0.2 为计数器的复位输入；I0.3 为计数器的装载信号输入；计数器的当前值通过 QW0 输出。PLC 工作时，需要先按下装载按钮装载空车位数，当车辆进入停车场时，I0.0 输出一个脉冲信号，计数器减 1，即减少 1 个空车位；当车辆驶出停车场时，I0.1 输出一个脉冲信号，计数器加 1，即增加 1 个空车位；当计数器的当前值为 100 时，Q2.0 被接通，表示车场没有车辆；当计数器的当前值为 0 时，Q2.1 被接通，表示车场已无剩余车位。梯形图程序如图 4-64 所示。

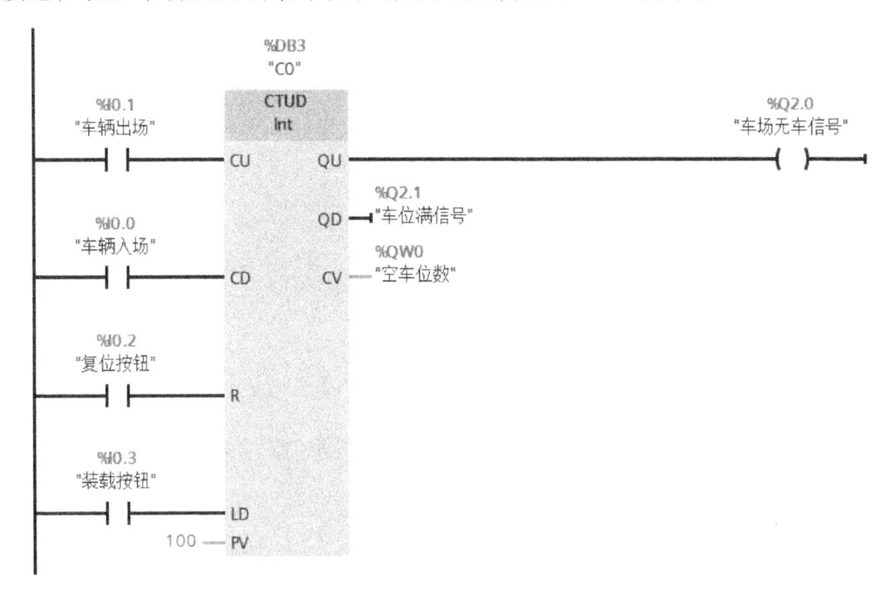

图 4-64　梯形图程序

4. 计数器指令使用注意事项

1）计数值的数值范围取决于所选的数据类型。如果计数值是无符号整型数，则可以减计数到零或加计数到范围限值。如果计数值是有符号整数，则可以减计数到负整数限值或加计数到正整数限值。

2）用户程序中允许的计数器数受 CPU 存储器容量限制。如果计数器所选数据类型为 SInt 或 USInt，则计数器指令占用 3 个字节的存储器空间；若数据类型为 Int 或 UInt，计数器指令占用 6 个字节；若数据类型为 DInt 或 UDInt，则占用 12 个字节。

3）这些指令使用软件计数器，软件计数器的最大计数速率受其所在的组织块的执行速率限制。只有指令所在的组织块的执行频率足够高，才有可能检测到 CU 或 CD 输入的所有跳变。

4）两个及以上计数器用相同的背景数据块会使计数器不能正常工作。在图 4-65 所示的程序中，两个 CTU 计数器使用了同一个背景数据块"IEC_Counter_0_DB"，因为背景数据块相同，对第一个计数器操作也会影响第二个计数器，从而使计数器不能正常工作。这种情况也可以认为是同一个计数器在程序中多次使用，这是不允许的。

5）计数器执行时先处理输入，再处理输出，在指令块执行过程中，内部变量（例如 QU、CV）可能出现多次变化。因此，在编程使计数器自复位并产生脉冲时，要注意计数器执行时的处理顺序。

图 4-66 中的程序试图对 I0.0 输入的脉冲进行计数并且在计满 5 个脉冲后复位计数器并使 M0.0 输出一个持续时间为一个扫描周期的脉冲信号。

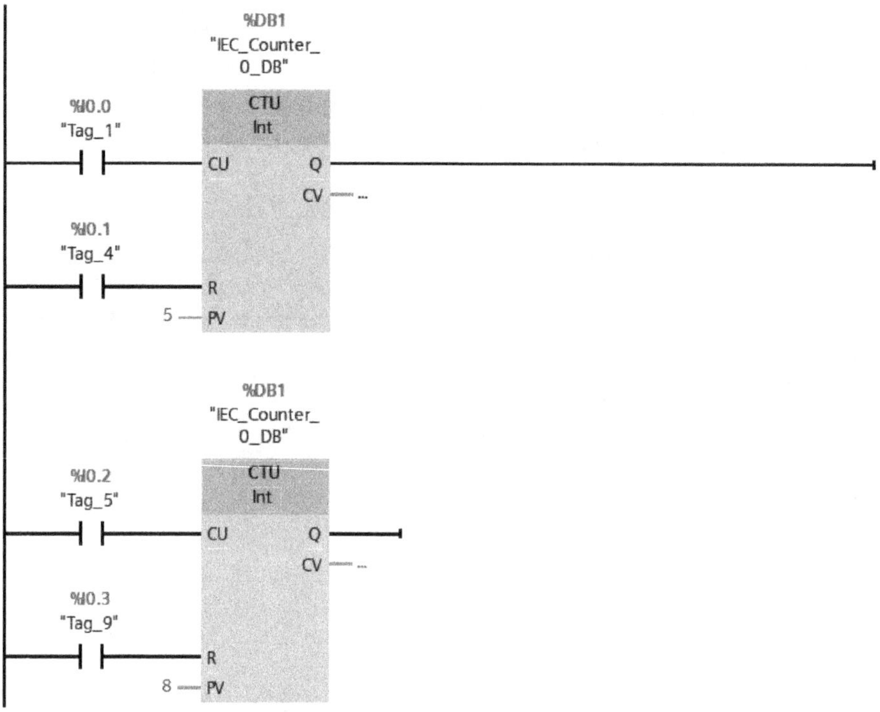

%DB1
"IEC_Counter_
0_DB"
CTU
Int
%I0.0
"Tag_1"
CU
Q
CV
%I0.1
"Tag_4"
R
5
PV
%DB1
"IEC_Counter_
0_DB"
CTU
Int
%I0.2
"Tag_5"
CU
Q
CV
%I0.3
"Tag_9"
R
8
PV

图 4-65 计数器的错误用法 1

%DB1
"IEC_Counter_
0_DB"
%I0.0
"Tag_1"
CTU
Int
CU
Q
CV
FALSE
"IEC_Counter_
0_DB".QU
R
5
PV
"IEC_Counter_
0_DB".QU
%M0.0
"Tag_8"

a)

%DB1
"IEC_Counter_
0_DB"
%I0.0
"Tag_1"
CTU
Int
CU
Q
CV
%M0.0
"Tag_8"
"IEC_Counter_
0_DB".QU
R
5
PV

b)

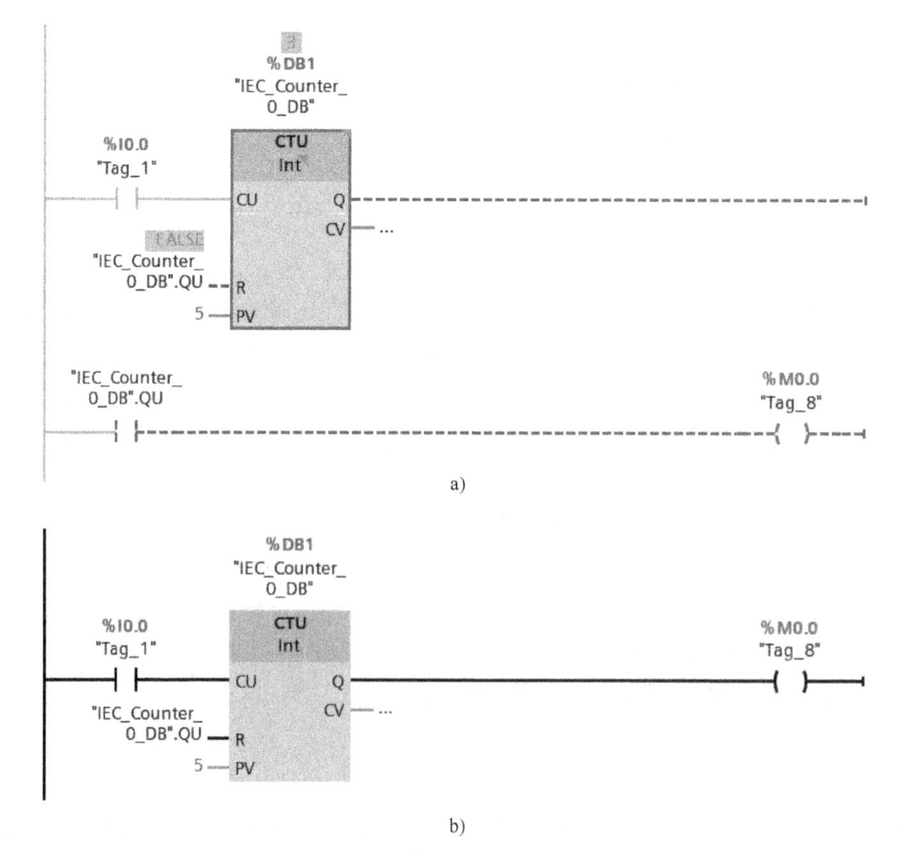

图 4-66 计数器的错误用法 2

在图 4-66 中，CTU 计数器对 CU 端输入的脉冲信号进行计数，计数器的相关信息存放在背景数据块"IEC_Counter_0_DB"中，如图 4-67 所示。图 4-66a 中，当程序中的 CTU 计数器的计数值达到 5 时，首先置位数据块"IEC_Counter_0_DB"中的 QU 位（即"IEC_Counter_0_DB ".QU），紧接着"IEC_Counter_0_DB".QU 作为计数器 R 的输入，使得计数值清零，同时复位"IEC_Counter_0_DB".QU，因此在下一行的 M0.0 依然是 False，无法实现脉冲。同理，图 4-66b 中的程序也无法实现脉冲。

IEC_Counter_0_DB

	名称	数据类型	启动值	监视值	保持性	可从 HMI...	在 HMI...	设置值	注释
1	▼ Static				☐	☐	☐	☐	
2	CU	Bool	false	TRUE	☑	☑	☑	☐	
3	CD	Bool	false	FALSE	☑	☑	☑	☐	
4	R	Bool	false	FALSE	☑	☑	☑	☐	
5	LD	Bool	false	FALSE	☑	☑	☑	☐	
6	QU	Bool	false	FALSE	☑	☑	☑	☐	
7	QD	Bool	false	FALSE	☑	☑	☑	☐	
8	PV	Int	0	5	☑	☑	☑	☐	
9	CV	Int	0	3	☑	☑	☑	☐	

图 4-67　背景数据块"IEC_Counter_0_DB"

若想通过计数器复位产生脉冲，可采用图 4-68 所示的程序。

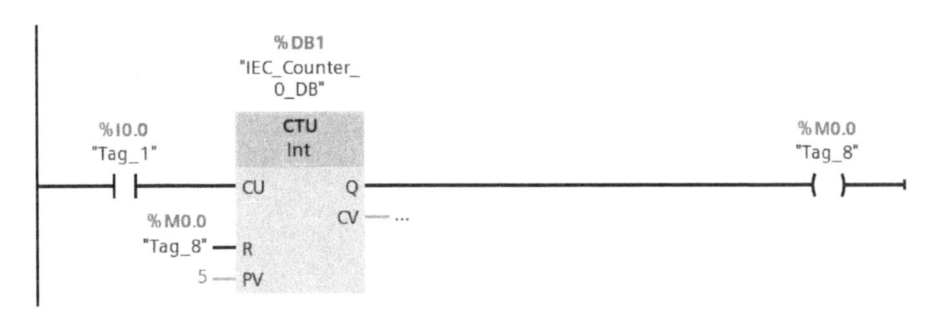

图 4-68　计数器的正确用法

在图 4-66 中，CTU 计数器对 CU 端输入的脉冲信号进行计数，当计数值达到 5 时，因为 R 输入端的 M0.0 为 False，所以计数器不会被复位，计数器的 Q 端输出变为 True，因此 M0.0 变为 True。在下一个扫描周期，由于 M0.0 为 True，计数器被复位，计数器的 Q 端输出变为 False，M0.0 变为 False，即 M0.0 产生了一个持续时间为一个扫描周期脉冲。

4.2.3　常用定时器计数器典型程序

1. 延长定时时间

一个定时器的定时时间最长为 24d_20h_31m_23s_647ms，若定时时间超过这个值，可采用定时器级联或“计数器+定时器”的方法延长定时时间，当然也可采用内部时钟加计数器的方式实现定时功能。定时器级联就是利用前一个定时器的触点作为后一个定时器的工作条件，前一个定时器输出为 ON 后，后一个定时器开始定时，定时时间成为两个定时器定时时间之和。利用多个定时器级联便可获得较长的定时时间。用内部时钟作为计数器的计数端，也可获得较长的定时时间。

图 4-69 所示为定时时间延长至 30 天的程序。其中，图 4-69a 采用了两个定时器级联延

长定时时间，总的定时时间为 T0 和 T1 定时时间之和。当 I0.0 为 1 时，T0 开始定时，当 T0 定时到 24 天后，"T0."Q 变为 1，接通定时器 T1，T1 开始定时，T1 定时时间为 6 天，定时时间到后接通线圈 Q0.0，输出高电平；当 I0.0 变为 0 时，"T0."Q 变为 0，从而使"T1."Q 也变为 0，同时两个定时的 ET 被复位。图 4-69b 采用了“计数器+定时器”的方法延长定时时间，总的定时时间为 T0 定时时间和 C0 计数预设值之积。当 I0.0 为 1 时，T0 开始定时，当 T0 定时到 10 天后，M0.0 变为 1，计数器当前值加 1，在下个扫描周期触点 M0.0 复位定时器，M0.0 变为 0，定时器重新开始定时。当计数器的当前值变为 3 时，30 天定时时间到，线圈 Q0.0 接通，在下个扫描周期，因为触点 Q0.0 为高电平，定时器 T0 使能输入端输入信号始终为低电平，T0 停止计时，Q0.0 始终维持高电平不变；当 I0.0 变为 0 时，定时器 T0 和计数器 C0 被复位，Q0.0 变为低电平。图 4-69c 采用“计数器+内部时钟”的方法实现了时长为 30 天的定时，I0.0 为等效 TON 的使能输入，M10.7 是频率为 0.5 Hz 的内部时钟，为加计数器 C1 提供周期为 2s 的时钟脉冲，当 I0.0 为 1 时，计数器 C1 的当前值每 2s 增加 1，在 2592000 s（30 天）后，"C1."Q 变为 1；当 I0.0 由 1 变为 0 时，C1 被复位，"C1."Q 变为 0。在图 4-69c 中，CTU 的数据类型为 UDInt，其最大计数值为 4294967295。

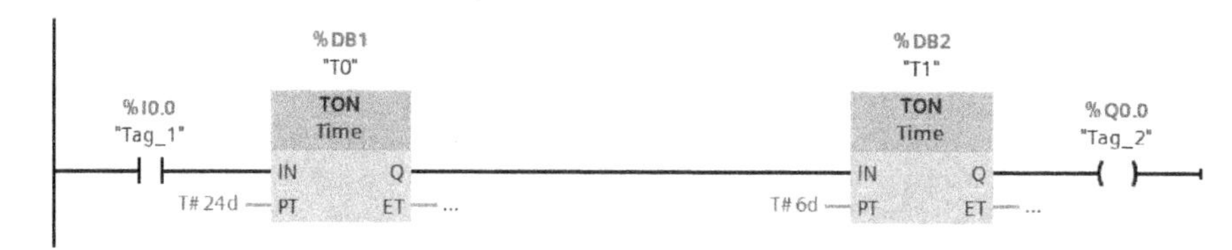

a) 定时器级联延长定时时间

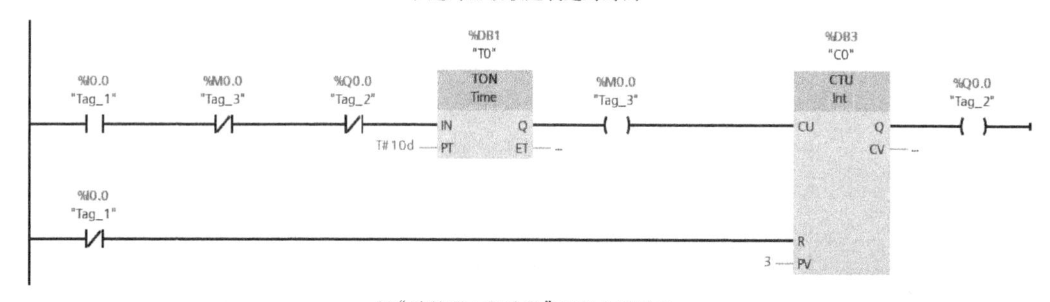

b)“计数器+定时器”延长定时时间

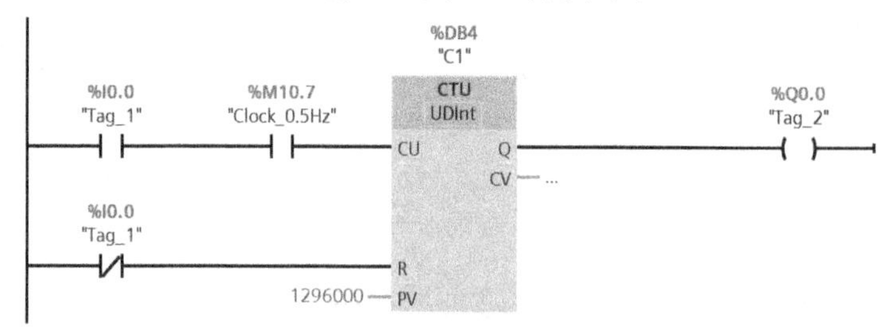

c)“计数器+内部时钟”实现定时器功能

图 4-69 延长定时时间梯形图程序

2. 增大计数值

计数器的最大计数值与计数器指令中数据的类型有关。若需要更大的计数值，可采用计数器级联的方式实现。计数器级联后，计数值为级联计数器的计数值之积。

图 4-70 所示为计数值增大到 1.6×10^{19} 的程序。在该程序中，I0.0 为计数信号，I0.3 为复位信号。I0.0 每来 4×10^{9} 个脉冲，M0.0 为 ON 一个扫描周期，C1 的当前值加 1，当 C1 的 PV = 4×10^{9} 时说明已计数 1.6×10^{19} 次，此时 Q0.0 变为 ON。若把 C0 和 C1 看成一个计数器，C0 的当前值用 PV1 表示，C1 的当前值用 PV2 表示，则该计数器的当前值 PV = PV1+PV2× 4×10^{9}。

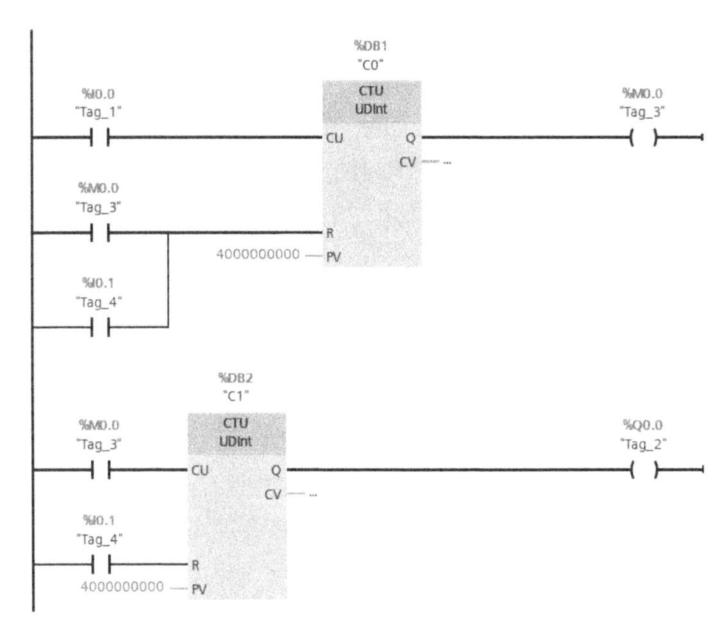

图 4-70　增大计数值梯形图程序

3. ON/OFF 延时

例如，在输入 I0.0 为 ON 5 s 后，Q0.0 为 ON；I0.0 为 OFF 10 s 后，Q0.0 为 OFF，可采用图 4-71 所示程序。其时序如图 4-72 所示。

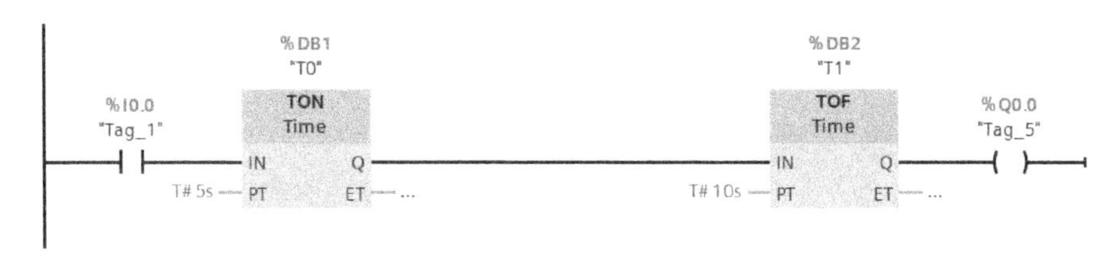

图 4-71　ON/OFF 延时梯形图程序

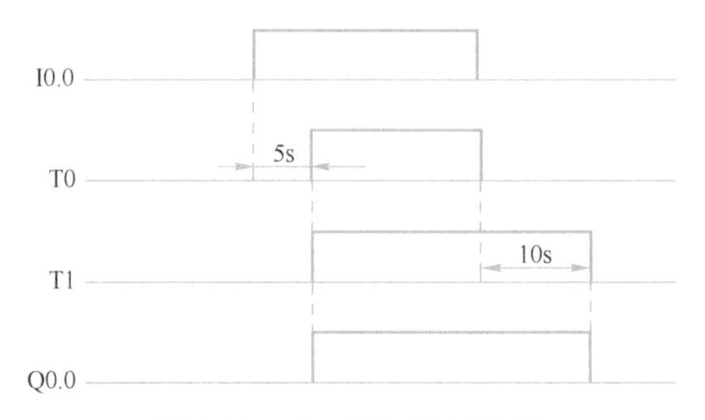

图 4-72　ON/OFF 延时时序图

I0.0 为 ON 5 s 后，T0 输出为 ON，接通 T1，T1 输出变为 ON，从而 Q0.0 变为 ON。I0.0 变为 OFF 后，T1 开始计时，10 s 后 T1 输出变为 OFF，Q0.0 变为 OFF。

4. 任意占空比时钟

利用两个定时器可构成任意占空比时钟，如图 4-73 所示，其时序如图 4-74 所示。初始状态下"T2".Q 和"T3".Q 均为 OFF，因为 T2 使能输入端的状态为 ON，所以 T2 开始计时。计时 2 s 后 Q0.1 变为 ON，此时因为"T2".Q 为 ON，T3 开始计时。1 s 后"T3".Q 为 ON，定时器 T2 使能输入端为 OFF，Q0.1 变为 OFF，因"T2".Q 为 OFF，"T3".Q 也变为 OFF。下一个扫描周期 T2 使能输入端的状态又变为 ON，T2 又开始计时。如此循环往复，形成了周期 3 s、占空比为 1∶3 的时钟。改变 T2 和 T3 的设定值即可改变时钟周期和占空比。若 T2 的设定值用 PT1 表示，T3 的设定值用 PT2 表示，则时钟周期 T=(PT1+PT2)s，占空比为 PT2/(PT1+PT2)。

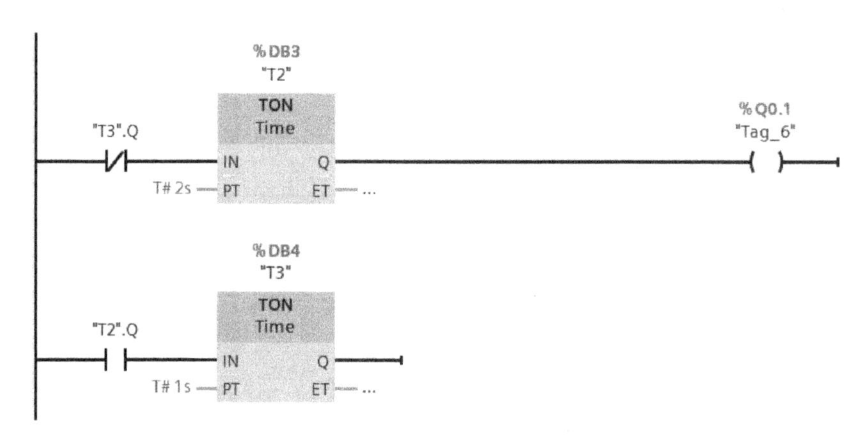

图 4-73 任意占空比时钟梯形图程序

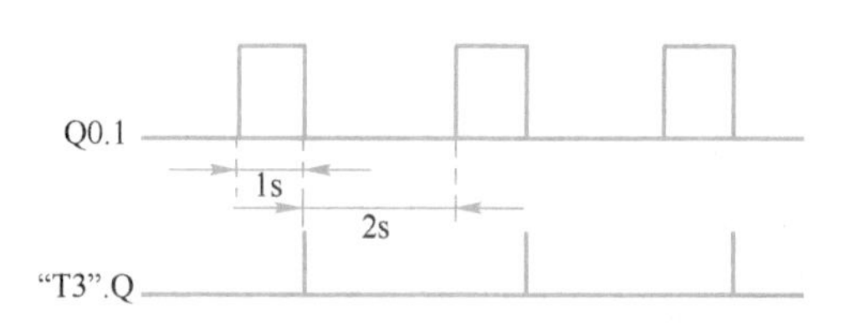

图 4-74 任意占空比时钟时序图

图 4-75 所示为用 TP 实现的任意占空比时钟的梯形图，具体实现过程不再赘述。

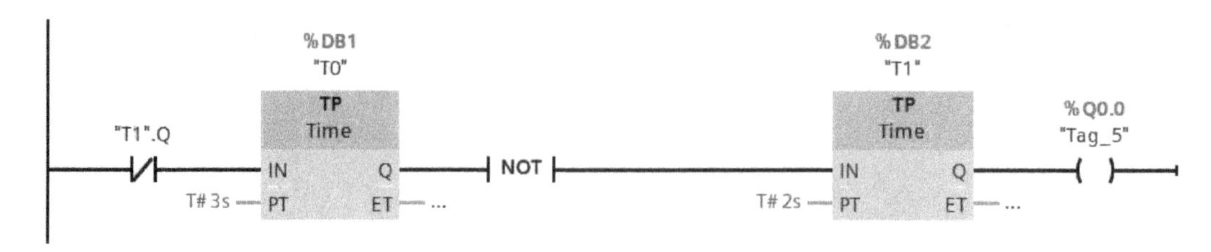

图 4-75 用 TP 实现任意占空比时钟

4.3 数据处理指令

4.3.1 比较运算

S7-1200 PLC 比较运算包括比较指令、值在范围内指令和值在范围外指令等。

1. 比较指令

比较指令是用来比较两个操作数大小关系的指令，包括等于（= =）、不等于（< >）、大于（>）、大于等于（>=）、小于（<）和小于等于（<=），见表 4-13。

表 4-13　比较指令

指令名称	等于	不等于	大于	大于等于	小于	小于等于
指令格式	IN1 == ??? IN2	IN1 <> ??? IN2	IN1 > ??? IN2	IN1 >= ??? IN2	IN1 < ??? IN2	IN1 <= ??? IN2

上述指令中，“IN1” 和 “IN2” 为待比较的操作数，“???” 为需要指定的数据类型，包括整型、浮点型、字符型等。指令在执行时，如果第一个比较值（IN1）与第二个比较值（IN2）的大小关系满足比较条件，则指令逻辑结果输出为“1”，否则输出为“0”。

在图 4-76 的指令行中，操作数 IW0 和 MW0 的数据类型为整型，若满足 IW0 >= MW0，则 Q0. 0 接通，否则 Q0. 0 断开。

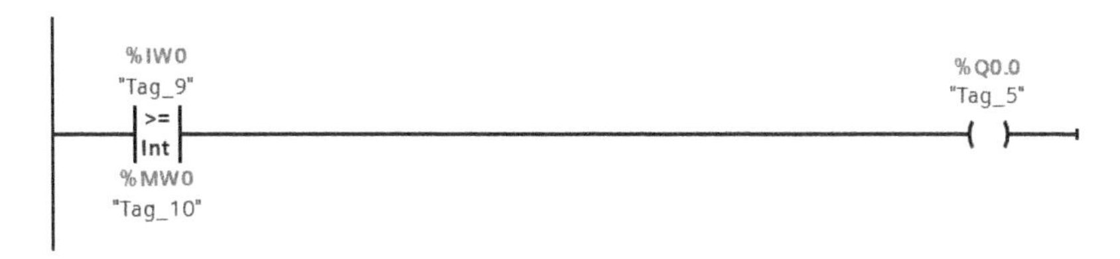

图 4-76　比较指令

【例 4-12】试编制一个程序，要求如下：按下启动按钮后，灯 1 亮，1 s 后灯 2 亮，2 s 后灯 3 亮，3 s 后灯 1 灭，4 s 后灯 2 灭，5 s 后灯 3 灭，6 s 后灯 1 亮……；按下暂停按钮，各灯状态保持不变，再按启动按钮后各灯继续工作；按下停止按钮，各灯立即熄灭，再按“启动”按钮后，重新开始工作。

分析：① 执行机构与动作过程。在该任务中，执行机构为 3 只灯，故需要 3 个输出。3 只灯的工作为循环方式，循环周期为 6 s，每秒一个状态。在一个周期中，对每只灯而言，其动作如下：灯 1，按下启动按钮后，3 s 前亮；灯 2，1 s 后、4 s 前亮；灯 3，2 s 后、5 s 前亮。故可考虑采用定时器指令和比较指令相结合来实现上述功能。

② 输入、输出信号与内存分配。该任务中有 3 个输入信号、3 个输出信号。循环周期为 6 s，每秒一个状态，可用设定值为 6 s 的定时器。输入、输出分配如下：

输入信号：启动 I0. 0，停止 I0. 1，暂停 I0. 2。

输出信号：灯 1 Q0. 0，灯 2 Q0. 1，灯 3 Q0. 2。

③ 程序设计。对于“按下暂停按钮，各灯状态保持不变，再按启动后各灯继续工作”的功能，可考虑采用 TONR 定时器来实现。把启动状态和暂停状态作为 TONR 的使能输入，当按下启动按钮时，TONR 的使能输入为 1；当按下暂停按钮时，TONR 的使能输入为 0。属于利用两个不同的输入位控制同一个输出位的情况，故可考虑用 SR 触发器实现，可选中间触点 M0. 0 做 TONR 的使能输入。因为 3 只灯的工作为循环方式，循环周期为 6 s，所以可用 TONR 自身的输出触点作为自复位的条件，以形成 6 s 的循环计时。当按下停止按钮时，计数器使能输入端应该输入为 0，并且计数器应复位，故 I0. 1 应同时作为 SR 触发器和 TONR 定时器的复位输入。在一个周期中，对每只灯而言，其动作如下：灯 1，按下启动按钮后，3 s 前亮；灯 2，1 s 后、4 s 前亮；灯 3，2 s 后、5 s 前亮。故可用比较指令结合 TONR 定时器的当前值实现对 3 个灯亮灭的控制。在控制灯 1 的指令行中串入 M0. 0 触点，可以解决当按下停止按钮后灯 1 会常亮的问题。程序如图 4-77 所示。

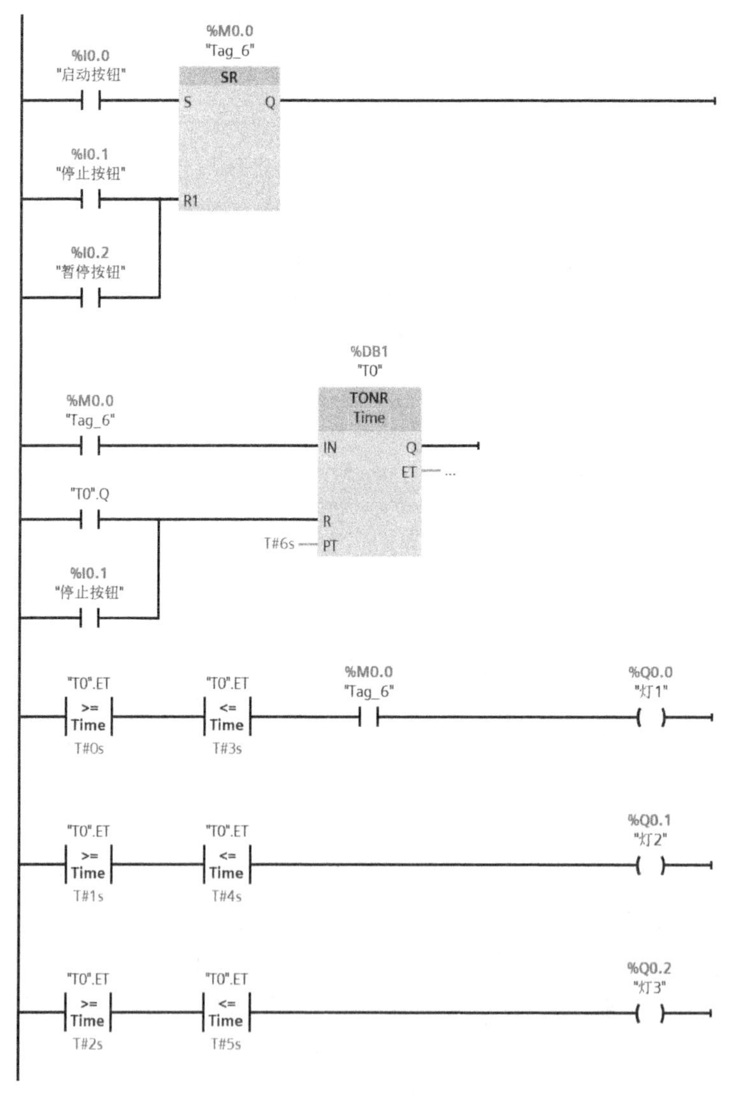

图 4-77 灯泡轮流点亮程序

【例 4-13】某十字路口，东西方向车流量较小，南北方向车流量较大。东西方向上绿灯亮 30 s，南北方向上绿灯亮 40 s，绿灯向红灯转换中间黄灯亮 5 s 且闪烁，红灯在最后 5 s 闪烁。十字路口交通信号灯示意图如图 4-78 所示。试利用 PLC 进行控制，并编写梯形图程序。

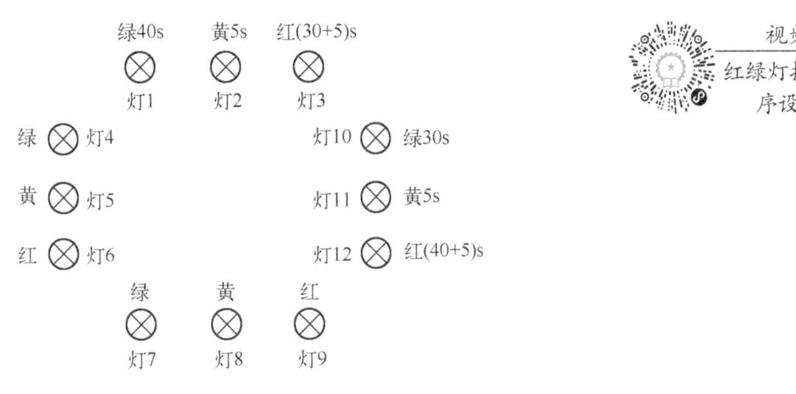

图 4-78　十字路口交通信号灯示意图

分析：① 执行机构与动作过程。虽然十字路口有 12 只交通信号灯，但同一个方向上的同色灯（如灯 1 与灯 7）同时动作，应作为一个输出，所以共有 6 个输出。由于一个方向上亮绿灯或黄灯时，另一个方向上肯定亮红灯，所以亮红灯可不作为一个单独的时间状态。十字路口红绿灯工作为循环方式，其亮灯时长和点亮顺序如下：30 s（东西绿灯）→5 s（东西黄灯）→40 s（南北绿灯）→5 s（南北黄灯），故其循环周期为 80 s。

② 输入、输出信号与内存分配。该任务中无输入信号，只有 6 个输出信号，利用 S7-1200 PLC 即可实现。输入、输出及内存分配如下：

输入信号：启动按钮　I0. 0
　　　　　停止按钮　I0. 1
输出信号：东西绿灯　Q0. 0
　　　　　东西黄灯　Q0. 1
　　　　　南北红灯　Q0. 2
　　　　　南北绿灯　Q0. 3
　　　　　南北黄灯　Q0. 4
　　　　　东西红灯　Q0. 5
定时器：T0

③ 程序设计。该任务中采用 TON 定时器，设定值为 80 s，循环定时可用"T0". Q 的常闭触点作为定时器的工作条件构成循环。对于红绿灯的启停控制，可通过用 M0. 0 常开触点作为定时器的使能输入以控制定时器的启动和复位来实现。根据红绿灯的点亮时长和点亮顺序，TON 的当前值小于或等于 30 s 时东西绿灯亮，大于 30 s、小于或等于 35 s 时东西黄灯亮，大于 35 s、小于或等于 75 s 时南北绿灯亮，大于 75 s、小于或等于 80 s 时南北黄灯亮，可采用比较指令对定时器的当前值做比较的方式实现对上述灯的亮灭控制。因为定时器复位时，其当前值为 0，故在控制东西绿灯的指令行中串入 M0. 0 常开触点可解决按下停止按钮后绿灯仍然常亮的问题。在控制黄灯的指令行中串入频率为 2 Hz 的 PLC 内部时钟可形成闪

烁。一个方向上绿灯或黄灯亮时另一个方向上红灯亮，故可利用这个条件实现对红灯的控制。用 M0.1 和 M0.2 作为红灯亮的条件可防止红灯闪烁。此外，两个方向上的绿、红灯间应加上互锁。图 4-79 所示为十字路口交通信号灯程序。

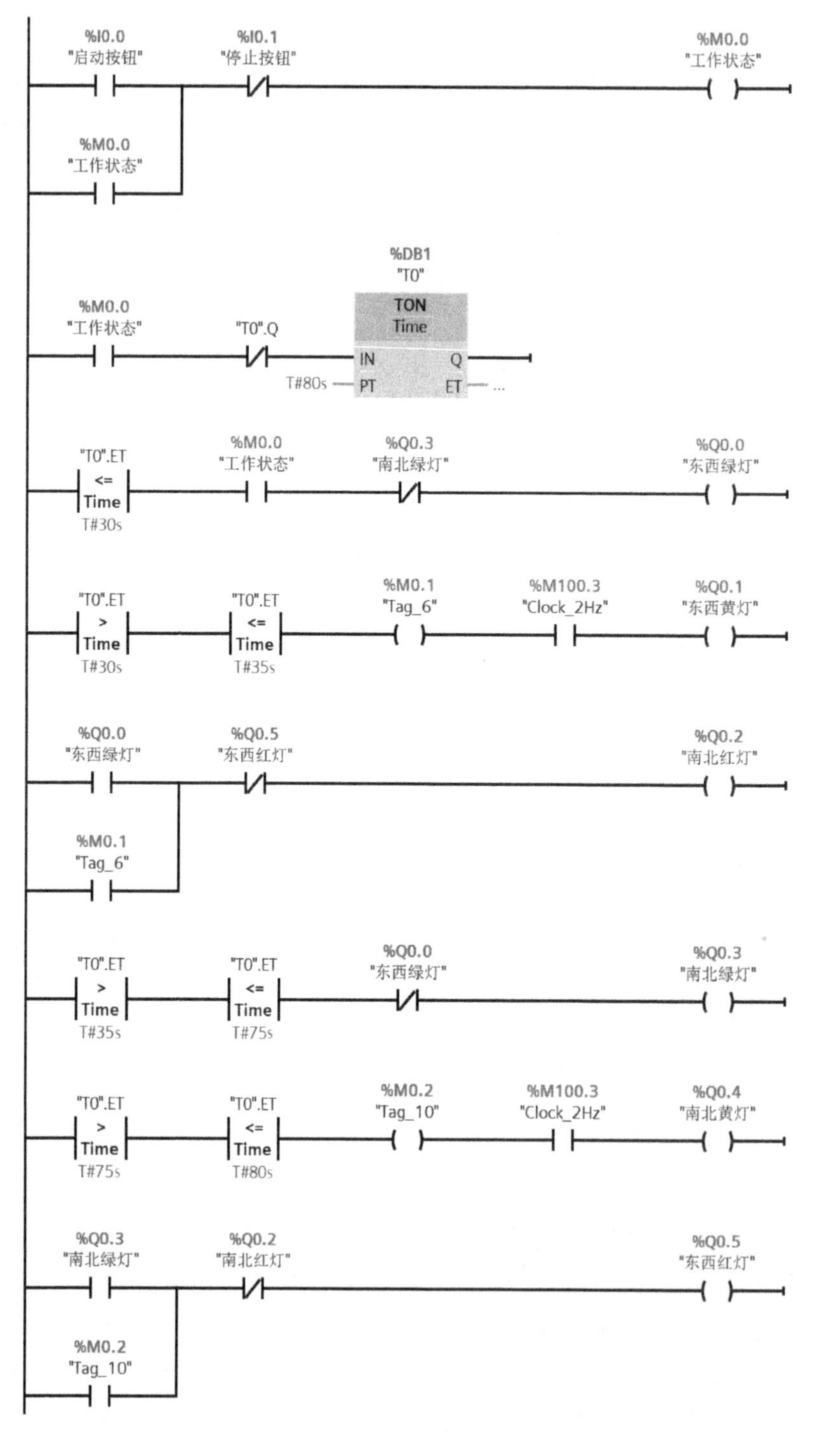

图 4-79 十字路口交通信号灯程序

2. 值在范围内指令

值在范围内指令（IN_RANGE）主要用来查询输入数据是否在指定的取值范围内。其梯形图符号如图 4-80 所示，其中，MIN 和 MAX 引脚用于设定取值范围的限值，VAL 引脚用于输入待比较值。

执行指令时，如果满足 MIN≤IN≤MAX 的比较条件，则输出信号的状态为“1”，否则输出信号的状态为“0”。

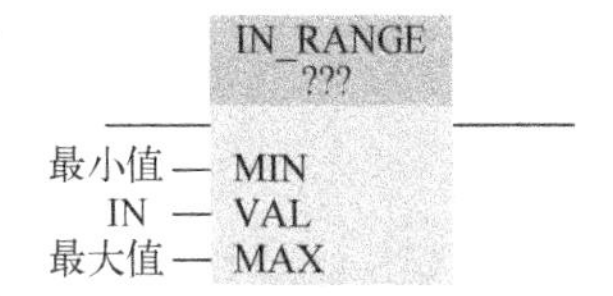

图 4-80　值在范围内指令梯形图符号

【例 4-14】某停车场共有 100 个车位，在停车场入口和出口处各装一个传感器，实时监测进入和离开停车场的车辆，试编程实现如下功能：空车位数>10 时，绿灯亮；5≤空车位数≤10 时，黄灯亮；空车位数≤4 时，红灯亮。

分析：例 4-11 已实现对停车场空车位数进行统计的功能。在此基础上，可采用基本比较指令和值在范围内指令控制指示灯的亮灭。其余输出点分配：绿灯 Q2. 2，黄灯 Q2. 3，红灯 Q2. 4。具体程序如图 4-81 所示。

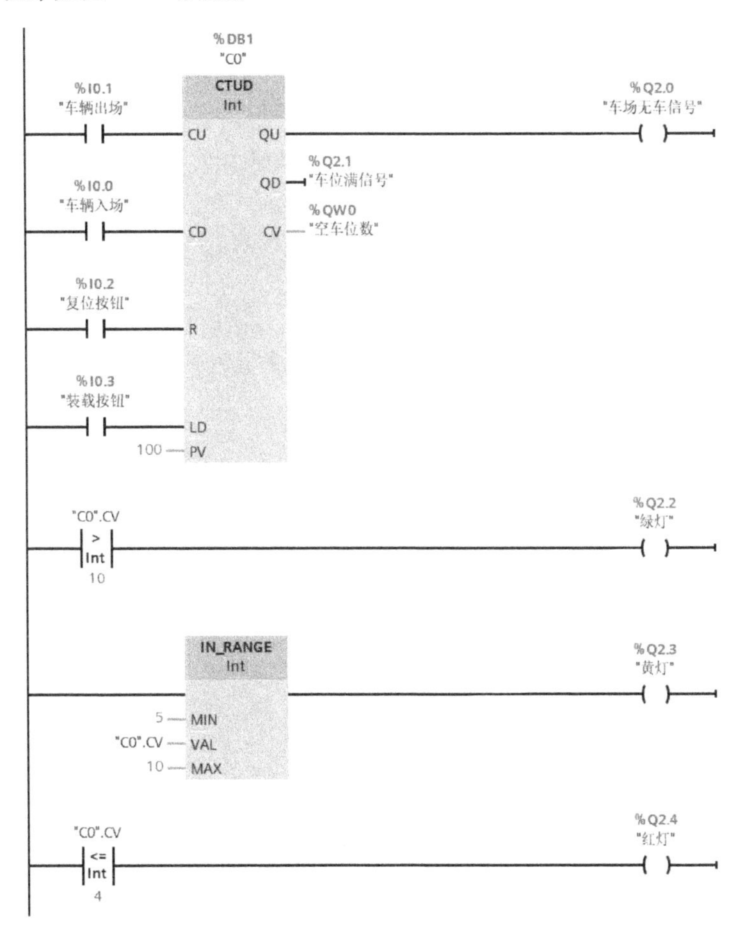

图 4-81　停车位监测指令

3. 值在范围外指令

值在范围外指令（OUT_RANGE）主要用来查询输入数据是否超出了指定的取值范围。

其梯形图符号如图 4-82 所示，其中，MIN 和 MAX 引脚用于设定取值范围的限值，VAL 引脚用于输入待比较值。

执行指令时，如果满足 IN<MIN 或 IN>MAX 的比较条件，则输出信号的状态为“1”，否则输出信号的状态为“0”。

OUT_RANGE
???
最小值 — MIN
IN — VAL
最大值 — MAX

图 4-82 值在范围外指令梯形图符号

4.3.2 移动操作指令

S7-1200 PLC 的移动操作指令主要包括移动值指令、块移动指令、块填充指令和交换字节指令等。

1. 移动值指令

移动值指令（MOVE）将输入端 IN 的源数据传送至输出端 OUT1 的目的地址，并转换为 OUT1 允许的数据类型。IN 和 OUT1 的数据类型可以是整数、浮点数、定时器、日期时间、字符等。其梯形图符号如图 4-83 所示，其中 EN（Enable Input）为使能输入，ENO（Enable Output）为使能输出。在梯形图中，用方框表示的某些指令、函数（FC）和函数块（FB）均有使能输入和使能输出端。梯形图中有一条提供“能流”的左侧垂直母线，在程序执行过程中，会有假象的“能流”从母线流向指令行，只有当能流流到方框指令的使能输入端 EN 时，方框指令才能执行。“使能”有允许的意思。如果方框指令的 EN 端有能流流入，而且执行时无错误，则使能输出 ENO 端将能流传递给下一个元件。如果执行过程中有错误，能流在出现错误的方框指令终止。MOVE 指令运行有多个输出。

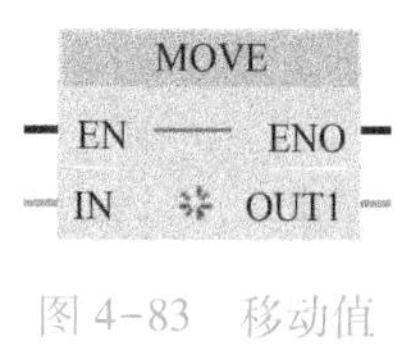

图 4-83 移动值指令梯形图符号

【例 4-15】某工厂生产车间中有一自动输送小车，小车有 4 个停车位置，每个位置上有一要车按钮，如图 4-84 所示。当按下某一位置的要车按钮后，小车自动运行到该位置停车。

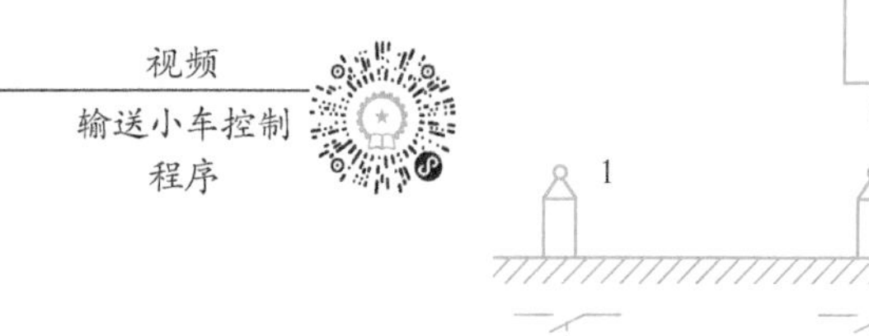

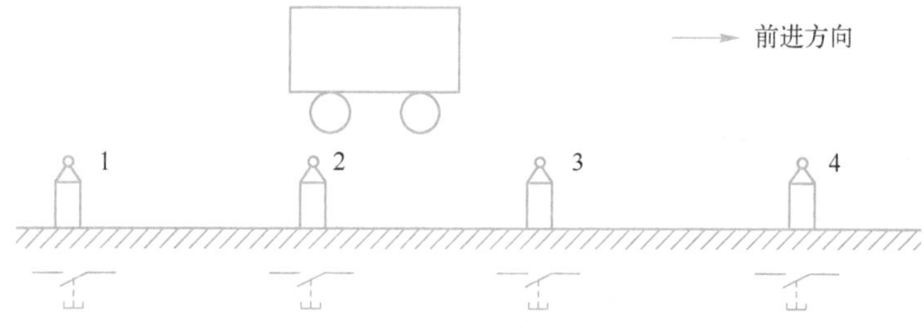

图 4-84 自动输送小车

分析：① 执行机构与动作过程。该任务中只有一个执行机构，即小车运行电动机。因小车需前进、后退，所以小车运行电动机需正、反转。可见，该任务中共有两个输出信号。当按下的要车按钮在小车前方时，小车前进；当按下的要车按钮在小车后方时，小车后退。当小车运行至要车位置时停止。

② 输入、输出信号与内存分配。该任务中，小车停车位置较少，故可以采用绝对认址方式，即在每个停车位置设置一个行程开关，如图 4-84 所示。4 个行程开关和 4 个要车按钮为输入信号。该任务中共有 8 个输入信号、2 个输出信号。其输入、输出信号及内存分配如下：

输入信号：1#要车按钮　I0.0
　　　　　2#要车按钮　I0.1
　　　　　3#要车按钮　I0.2
　　　　　4#要车按钮　I0.3
　　　　　1#位置　I0.4
　　　　　2#位置　I0.5
　　　　　3#位置　I0.6
　　　　　4#位置　I0.7
输出信号：前进　Q0.0
　　　　　后退　Q0.1
内部信号：要车状态　M0.0
　　　　　小车当前位置　MW2
　　　　　小车目的位置　MW4

③ 程序设计。在该任务中，可利用要车按钮传送小车目的位置，利用行程开关传送小车当前位置，对小车的当前位置和目的位置进行比较，若当前位置小于目的位置则小车前进，若当前位置大于目的位置则小车后退，若当前位置与目的位置相等则小车停止运动。

例如，当小车在 2 号位置时，4 号位置按下要车按钮，此时小车的当前位置为 2，目的位置为 4，小车前进。当小车前进至 3 号和 4 号位置中间时，若 3 号位置按下要车按钮，因为此时小车当前位置和目的位置均为 3，所以小车立即停在 3 号和 4 号位置中间。若小车到达 4 号位置后，3 号位置再按下要车按钮，则不会出现上述问题。为保证小车每次都能停在要车位置，应在按下一个要车按钮后进行要车状态保持，在小车未到达目的位置之前，再按其他要车按钮无效。

小车当前位置：小车碰到行程开关后，传送小车当前位置。

小车目的位置：在要车状态为 OFF 时，按下要车按钮，传送小车目的位置。

要车状态：按下任一要车按钮，要车状态保持。小车到达要车位置时，小车停止，要车状态清除。

小车前进：在当前位置小于目的位置时，小车前进。

小车后退：在当前位置大于目的位置时，小车后退。

自动输送小车程序如图 4-85 所示。

2. 块移动指令

块移动指令用于将源存储区域的数据移动到目标存储区域，有 MOVE_BLK、UMOVE_BLK 和 MOVE_BLK_VARIANT 三种。MOVE_BLK 和 UMOVE_BLK 指令中 IN 和 OUT 所用数据类型为数组，COUNT 指定要复制的数据元素个数。每个被复制元素的字节数取决于 PLC 变量表中分配给 IN 和 OUT 参数变量名称的数据类型。MOVE_BLK 指令梯形图如图 4-86 所示。

图 4-86 中，IN 为源起始地址，OUT 为标起始地址，COUNT 为要复制的数据元素数。当 I0.0 为 1 时，会把数据块 a 中从数组元素 a[0]开始的数组 a 中的 10 个元素的值传送到数据块 a 中从数组元素 b[0]开始的数组 b 的 10 个元素中。

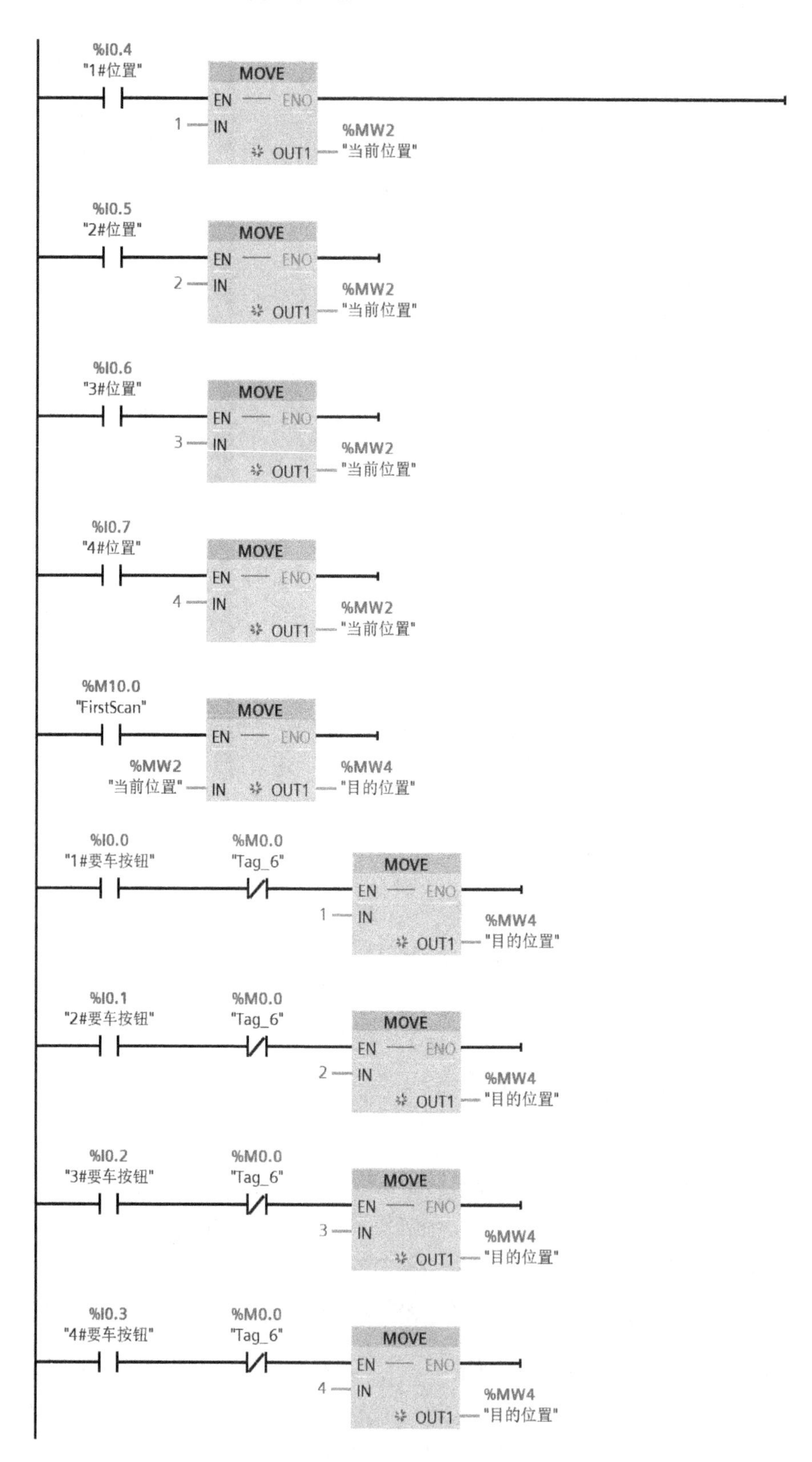

图 4-85 自动输送小车程序

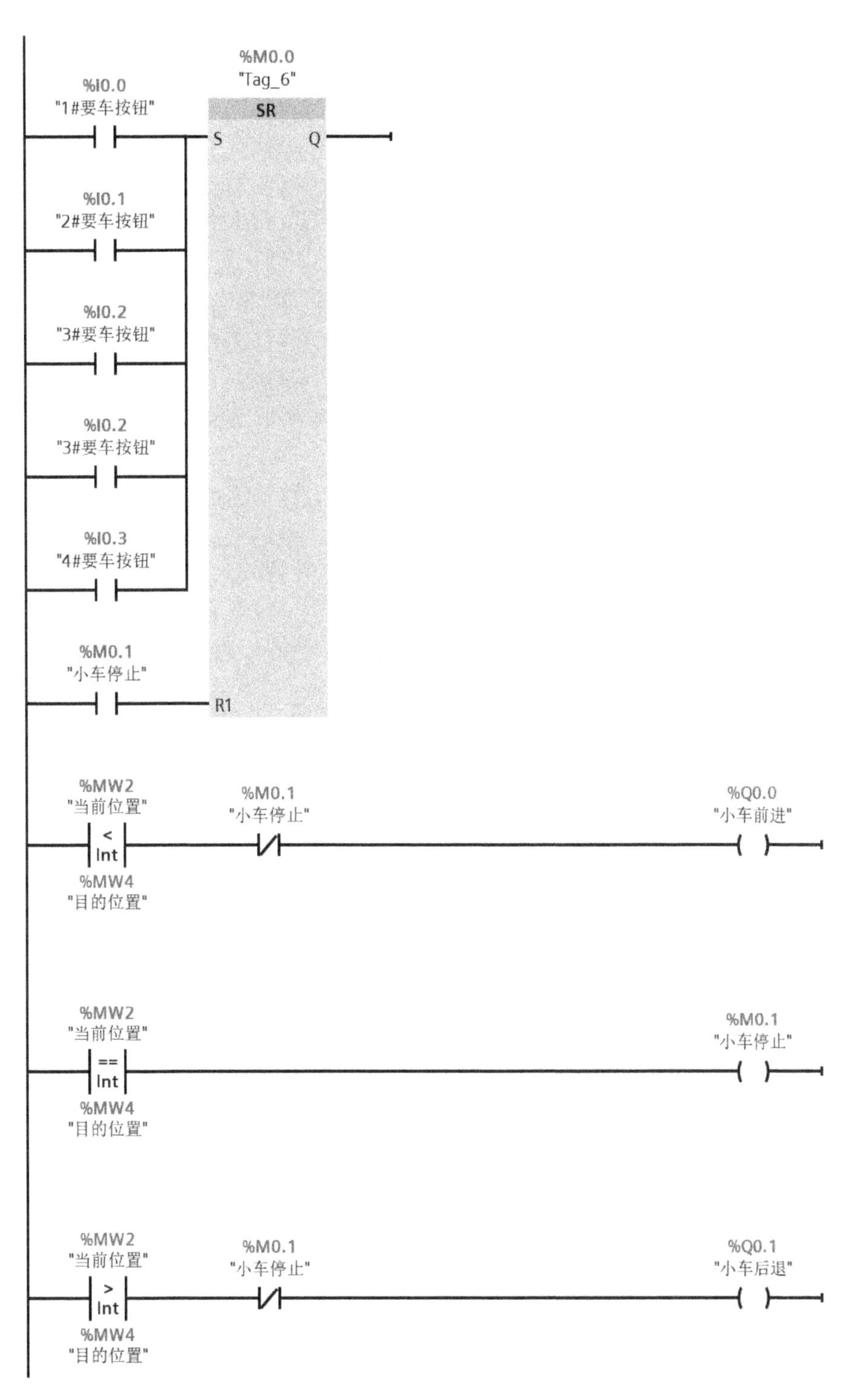

图 4-85　自动输送小车程序（续）

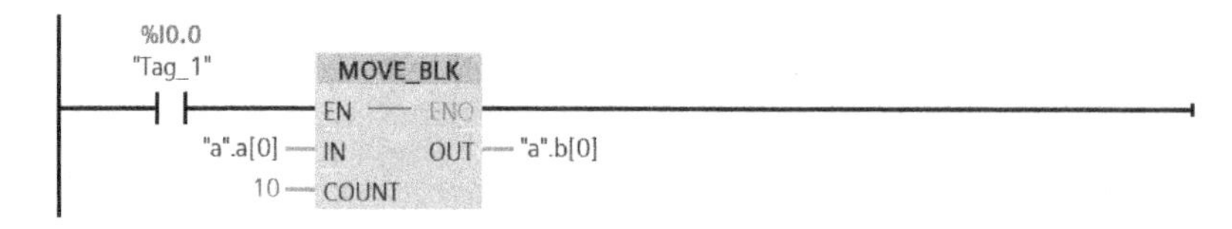

图 4-86　MOVE_BLK 指令梯形图

MOVE_BLK 和 UMOVE_BLK 指令都用于复制基本数据类型数组，两者的不同之处在于处理中断的方式上。在 MOVE_BLK 执行期间排队并处理中断事件。在中断 OB 子程序中未使用移动目标地址的数据时，或者虽然使用了该数据，但目标数据不必一致时，使用 MOVE_BLK 指令。如果 MOVE_BLK 操作被中断，则最后移动的一个数据元素在目标地址中是完整并且一致的。MOVE_BLK 操作会在中断 OB 执行完成后继续执行。在 UMOVE_BLK 完成执行前排队但不处理中断事件。如果在执行中断 OB 子程序前移动操作必须完成且目标数据必须一致，则使用 UMOVE_BLK 指令。

MOVE_BLK_VARIANT 指令用于将源存储区域的内容移动到目标存储区域。可以将一个完整的数组或数组中的元素复制到另一个具有相同数据类型的数组中。源数组和目标数组的大小（元素数量）可以不同。可以复制数组中的多个或单个元素。

3. 填充块指令

在使用基本数据类型填充数组时用到填充块指令，有 FILL_BLK（填充块）和 UFILL_BLK（无中断填充块）两种。此指令用于将输入参数 IN 设置的值填充到输出参数 OUT 指定的起始地址的目标数据区中，COUNT 为填充的数组元素的个数。在图 4-87 所示的程序中，当 I0.0 为 1 时，FILL_BLK 指令会将数据块 a 中数组元素 a[0]开始的 10 个数组 a 元素填充为 0，MOVE_BLK 指令会将这 10 个元素的值传送到数组 b 中 b[0]开始的 10 个元素中。

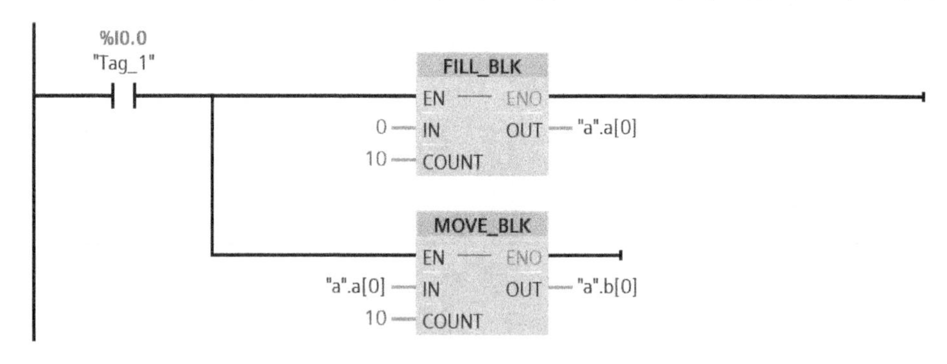

图 4-87　指令例程

FILL_BLK 和 UFILL_BLK 指令都可以将 IN 端输入的源数据元素复制到通过参数 OUT 指定初始地址的目标中。复制过程不断重复并填充相邻的一组地址，直到副本数等于 COUNT 参数。两者的不同之处在处理中断的方式上：在 FILL_BLK 执行期间排队并处理中断事件，在中断 OB 子程序中未使用移动目标地址的数据时，或者虽然使用了该数据，但目标数据不必一致时，使用 FILL_BLK 指令；在 UFILL_BLK 完成执行前排队但不处理中断事件，如果在执行中断 OB 子程序前移动操作必须完成且目标数据必须一致，则使用 UFILL_BLK 指令。

4. 交换字节指令

交换字节（SWAP）用于反转二字节（Word）和四字节（DWord）数据元素的字节顺序，交换中不改变每个字节中的位顺序。如图 4-88 所示，IN 和 OUT 数据类型为 DWord，当 I0.0 为 1 时，MD0 中的数据会以字节为单位反序存放到 MD4 中（MB4=MB3，MB5=MB2，MB6=MB1，MB7=MB0）。如果数据类型为 Word，SWAP 指令执行时，会将输入 IN 的高、低字节交换后存入 OUT 所指定的存储区中。

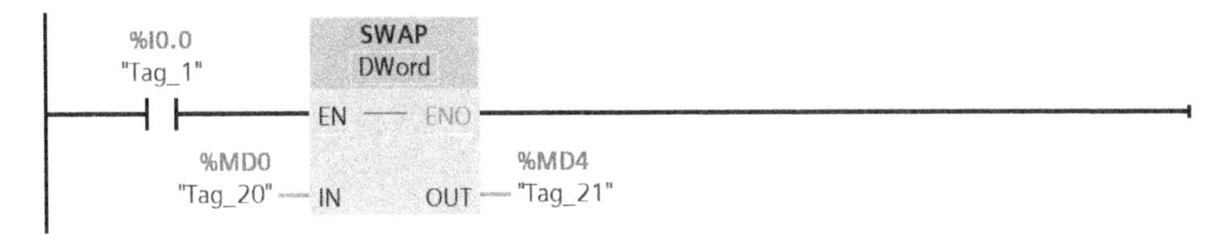

图 4-88　交换字节指令

4.3.3　移位与循环移位指令

1. 移位指令

S7-1200 PLC 的移位指令用于将输入参数 IN 指定的位序列向左或向右移动输入参数 N 指定的位数，并将移位后的数值送至输出参数 OUT 指定的地址中。移位指令包括左移指令和右移指令两种类型，其指令格式和功能见表 4-14。

表 4-14　移位指令格式和功能

指令名称	指令格式	指令功能
左移指令	SHL ??? EN ENO IN—IN OUT—OUT N—N	当使能输入有效（EN=1）时，执行左移指令，N 为移位数。左移后空出的位补 0，移出的位丢失
右移指令	SHR ??? EN ENO IN—IN OUT—OUT N—N	当使能输入有效（EN=1）时，执行右移指令，N 为移位数。对于无符号数，移位后空出的位补 0；对于有符号数，右移后空出位补符号位（正数补 0，负数补 1），移出的位丢失

在上述梯形图符号中，输入参数 IN 为要移位的位序列，其数据类型为整数；输入参数 N 为要移位的位数，其数据类型为无符号整数；输出参数 OUT 为移位操作后的位序列，其数据类型为整数。移位位数 N 为 0 时不会移位，直接将 IN 指定的输入值复制给 OUT 指定的地址；无符号数移位和有符号数左移后，空出的位会用 0 填充，如果要移位的位数（N）超过目标值中的位数（Byte 为 8 位、Word 为 16 位、DWord 为 32 位），则所有原始位值将被移出并用 0 代替；有符号数右移后空出的位用这个数的符号位填充（正数的符号位为 0，负数的符号位为 1），如果要移位的位数超过目标值中的位数，则所有原始位值将被移出并用符号位代替。

在图 4-89 所示的程序中，在 I0.0 为高电平期间，二进制数“1001100”通过 MOVE 指令存放到 MB0 中。在 I0.1 为高电平期间，第一个 SHR 指令以 SInt 的格式把 MB0 中的数右移 3 位后存入 MB1 中，Sint 为短整型，属于有符号数；第二个 SHR 指令以 Byte 的格式把 MB0 中的数右移 3 位后存入 MB2 中，Byte 为字节类型，属于无符号数。其时序图如图 4-90 所示。

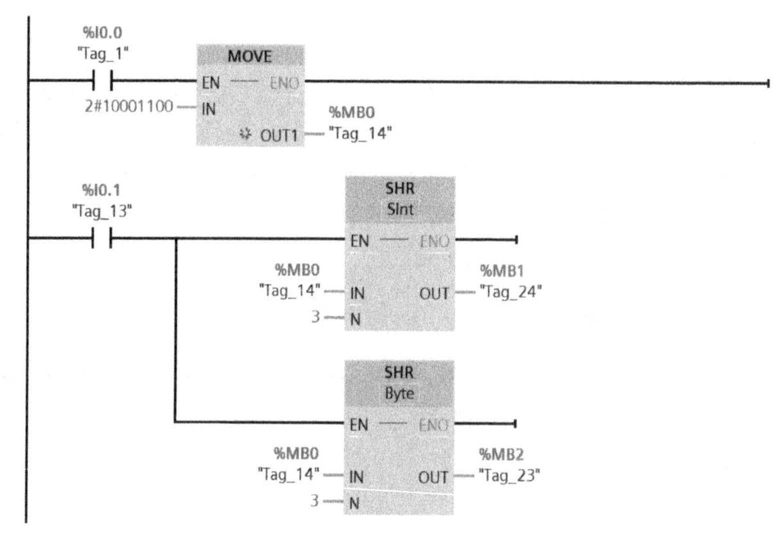

图 4-89　移位指令例程

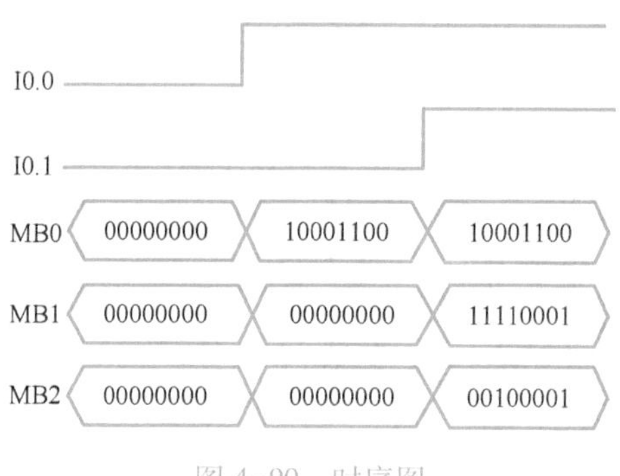

图 4-90　时序图

2. 循环移位指令

S7-1200 PLC 的循环移位指令包括循环左移指令和循环右移指令两种类型，用于将 IN 端输入的位序列逐位循环左移或右移 N 位，并将结果送至 OUT 指定的地址中，其指令格式和功能见表 4-15。

表 4-15　循环移位指令格式和功能

指令名称	指令格式	指令功能
循环左移指令	ROL ??? EN ENO IN—IN OUT—OUT N—N	当使能输入有效（EN=1）时，执行循环左移指令，N 为循环移位数。将移出的位填补到移位后空出的位中
循环右移指令	ROR ??? EN ENO IN—IN OUT—OUT N—N	当使能输入有效（EN=1）时，执行循环右移指令，N 为循环移位数。将移出的位填补到移位后空出的位中

在上述梯形图符号中，输入参数 IN 为要移位的位序列，其数据类型为整数；输入参数 N 为要移位的位数，其数据类型为无符号整数；输出参数 OUT 为移位操作后的位序列，其

数据类型为整数。移位位数 N 为 0 时不会移位，直接将 IN 指定的输入值复制给 OUT 指定的地址；移位过程中，从目标值一侧循环移出的位数据将循环移位到目标值的另一侧，因此原始位值不会丢失；如果要移位的位数（N）超过目标值中的位数（Byte 为 8 位、Word 为 16 位、DWord 为 32 位），循环移位仍然执行。

【例 4-16】请设计彩灯循环系统，控制要求如下：共 8 盏彩灯，要求以时间间隔为 1 s 的速度循环向左或向右轮流点亮。当按下启动按钮 I0.0 时，彩灯 L1 点亮；按下右移按钮 I0.1 时，彩灯右向轮流点亮并循环；按下左移按钮 I0.2 后，彩灯左向轮流点亮并循环；按下停止按钮 I0.3 时，彩灯熄灭。

分析：设 PLC 的输出 Q0.0～Q0.7 分别对应彩灯 L1～L8。按下启动按钮 I0.0 时，用 MOVE 指令将 1 送至 QB0，则彩灯 L1 被点亮；用触点 M0.0 表示系统当前的工作状态，即只要按下移位按钮启动移位，M0.0 的状态则变为 1。用触点 M0.1 表示移位方向，当 M0.1 为 1 时，执行循环右移，当 M0.1 为 0 时，执行循环左移；因为移位指令在其使能输入为高电平期间每个扫描周期都要执行一次，故采用 1 Hz 的系统时钟（M10.5），结合上升检测指令可在每秒产生一个宽度为 1 个扫描周期的脉冲，实现循环移位指令每秒执行一次的功能；按下停止按钮 I0.3 时，用复位指令复位 M0.0，用区域复位指令复位 Q0.0～Q0.7。梯形图程序如图 4-91 所示。

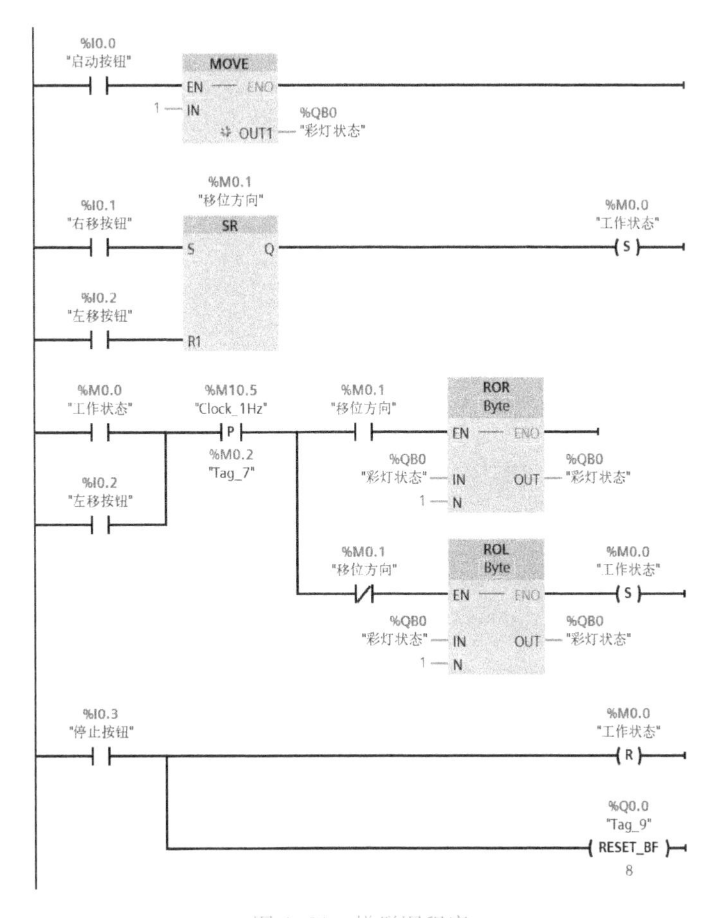

图 4-91　梯形图程序

4.3.4 转换操作指令

一般情况下，指令的操作数的数据类型是确定的，例如位逻辑指令使用位（bit）数据，MOVE 指令使用字节、字和双字数据，这种确定性也适用于块调用时的参数设置。如果操作数的数据类型与指令要求不一致，应对它们进行转换。数据类型转换有隐式转换和显式转换两种，隐式转换是指在指令执行过程中对数据类型不兼容的操作数自动进行类型转换；显式转换是指需要使用转换指令对数据类型不兼容操作数进行转换。显式转换的优点是可以检查出所有不符合标准的问题，并用 ENO 的状态指示出来。这些指令主要包括转换值指令、实数转换为整数指令、缩放和标准化指令等，见表 4-16。

表 4-16 转换操作指令

指令名称	指令格式	指令说明
转换值指令	CONV ??? to ??? EN — ENO <???> — IN OUT — <???>	将数据元素从一种数据类型转换为另一种数据类型
取整指令	ROUND Real to ??? EN — ENO <???> — IN OUT — <???>	将实数（Real 或 LReal）转换为整数。实数的小数部分舍入为最接近的整数值。如果该数值刚好是两个连续整数的一半，则将其取整为偶数
截尾取整指令	TRUNC Real to ??? EN — ENO <???> — IN OUT — <???>	将实数（Real 或 LReal）转换为整数。实数的小数部分被截成零
浮点数向上取整指令	CEIL Real to ??? EN — ENO <???> — IN OUT — <???>	将实数（Real 或 LReal）转换为整数。将实数转换为大于或等于所选实数的最小整数，即向正无穷取整
浮点数向下取整指令	FLOOR Real to ??? EN — ENO <???> — IN OUT — <???>	将实数（Real 或 LReal）转换为整数。将实数转换为小于或等于所选实数的最大整数，即向负无穷取整
缩放（标定）指令	SCALE_X ??? to ??? EN — ENO <???> — MIN OUT — <???> <???> — VALUE <???> — MAX	按参数 MIN 和 MAX 所指定的数据类型和值范围对标准化的实参数 VALUE（其中，$0.0 \leqslant VALUE \leqslant 1.0$）进行标定 $OUT = VALUE \times (MAX - MIN) + MIN$
标准化指令	NORM_X ??? to ??? EN — ENO <???> — MIN OUT — <???> <???> — VALUE <???> — MAX	标准化通过参数 MIN 和 MAX 指定的值范围内的参数 VALUE： $OUT = (VALUE - MIN)/(MAX - MIN)$，其中 $0.0 \leqslant OUT \leqslant 1.0$

1. 转换值指令

转换值指令中的参数 IN 为转换源，转换目标存于 OUT 所指定的存储空间中。可以通过单击指令中的“???”并从下拉菜单中选择数据类型，在选择（转换源）数据类型之后，（转换目标）下拉列表中将显示可能的转换项列表。

当使能输入有效（EN=1）时，执行转换值指令，读取参数 IN 的内容，并根据指令框中选取的数据类型对其进行转换，转换值存储在 OUT 中。

2. 实数转换为整数指令

实数转换为整数指令包括 ROUND、TRUNC、CEIL 和 FLOOR，其用法说明如图 4-92 所示。

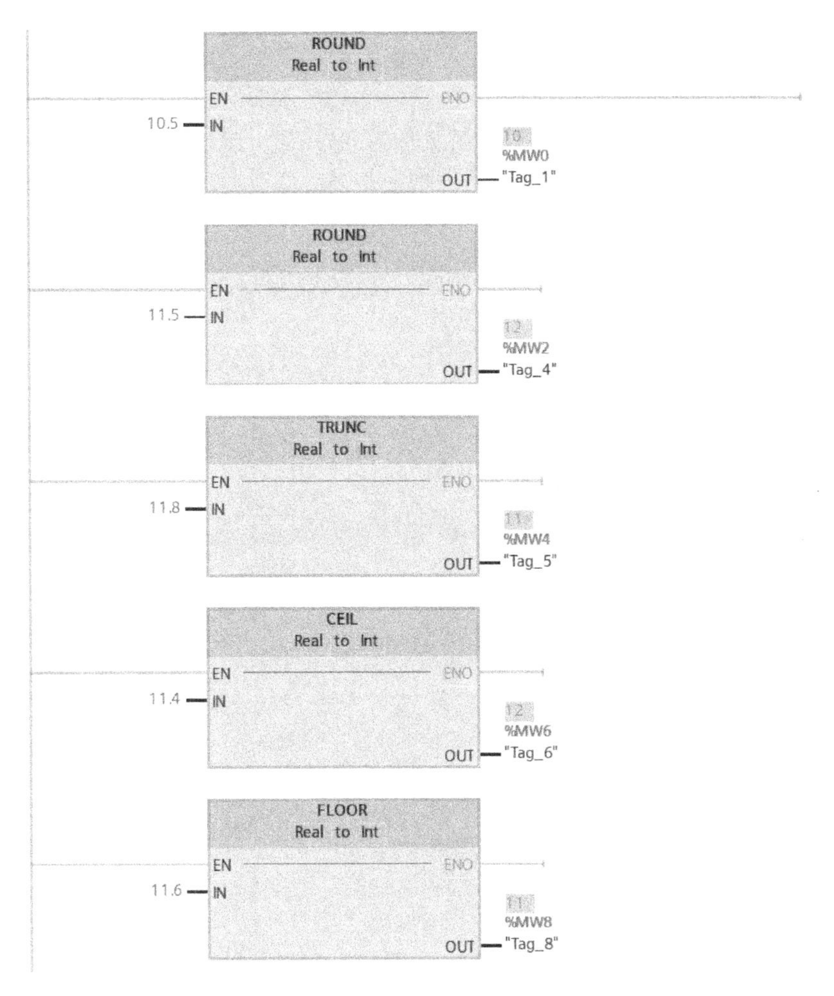

图 4-92 转换指令示例

图 4-92 中，ROUND、TRUNC、CEIL 和 FLOOR 指令都是取整指令，但它们的取整方式存在差别。ROUND 指令是取整结果为和被转换数最接近的整数，如果被转换数值刚好是两个连续整数的一半，则将其取整为偶数。因此在程序的第 1 行和第 2 行中，实数 10.5 被 ROUND 指令转换为整数 10，而实数 11.5 被转换为整数 12。TRUNC 指令为截尾取整，即不管小数点后的数为多少，全都会舍去。因此在程序的第 3 行中，实数 11.8 被 TRUNC 指令转换为整数 11。CEIL 指令为向正无穷取整指令，即转换结果为在数轴上与被转换数右邻的整数。因此在程序的第 4 行中，实数 11.4 被 CEIL 指令转换为整数 12。FLOOR 指令为向负无穷取整取整指令，即转换结果为在数轴上与被转换数左邻的整数。因此在程序的第 5 行中，实数 11.6 被 FLOOR 指令转换为整数 11。

3. 缩放和标准化指令

缩放（标定）指令 SCALE_X 将浮点数输入值 VALUE（0.0≤VALUE≤1.0）线性转换为参数 MIN（下限）和 MAX（上限）定义的范围之间的数值，其中 VALUE 的 0.0 和 1.0 分别与参数 MIN 和 MAX 值相对应。转换结果用 OUT 指定的地址保存。输入、输出之间的线性关系如图 4-93 所示。

标准化指令 NORM_X 将输入值 VALUE（MIN≤VALUE≤MAX）线性转换为 0.0~1.0 之间的浮点数，其中 OUT 的 0.0 和 1.0 分别与参数 MIN 和 MAX 值相对应。转换结果用 OUT 指定的地址保存。输入、输出之间的线性关系如图 4-94 所示。其用法说明如图 4-95 所示。

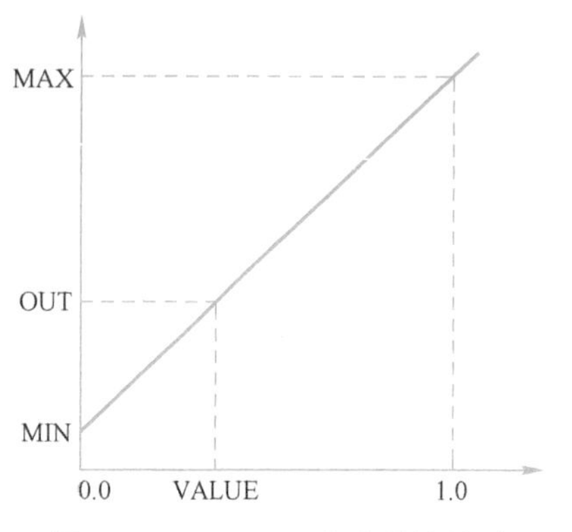

图 4-93 SCALE_X 指令线性关系

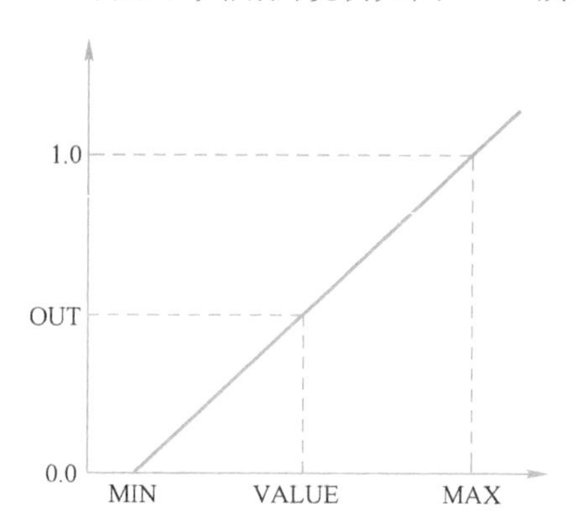

图 4-94 NORM_X 指令线性关系

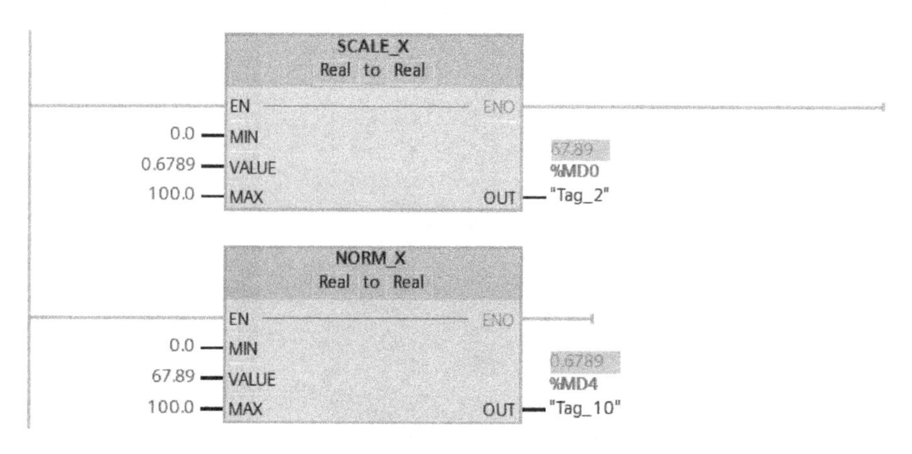

图 4-95 转换指令用法说明

【例 4-17】某温度变送器的量程为-200~600℃，输出信号为 4~20 mA，温度变送器输出接模拟量输入模块，地址为 IW82，模拟量输入模块将 0~20 mA 的电流信号转换为数字0~27648，试根据输入的电流值求对应的温度值。

分析：4 mA 对应的模拟量模块转换值为 5530，模拟量输入模块将-200~600℃的温度转换为模拟值 5530~27648。故可以用标准化指令 NORM_X 将模拟量输入模块转换后的值（在 5530~27648 之间）归一化为 0.0~1.0 之间的浮点数，然后用缩放指令 SCALE_X 将归一后的数字转换为-200~600℃之间的浮点数温度值，用变量“温度值”保存。梯形图如图 4-96 所示。

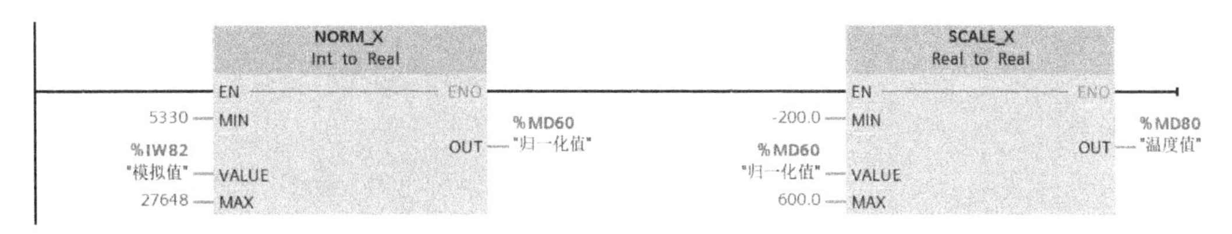

图 4-96　转换程序梯形图

4.4 运算指令

运算指令包括数学运算指令和逻辑运算指令。

4.4.1 数学运算指令

数学运算指令主要包括四则运算指令、计算指令、指数对数指令、三角函数指令等，具体见表 4-17。

表 4-17　数学运算指令

指令	描　　述	数学运算表达式	指令	描　　述	数学运算表达式
ADD	加	OUT=IN1+IN2+…	SQR	计算平方	$OUT=IN^2$
SUB	减	OUT=IN1-IN2	SQRT	计算平方根	OUT=SQRT(IN)
MUL	乘	OUT=IN1×IN2×…	LN	计算自然对数	OUT=LN(IN)
DIV	除	OUT=IN1/IN2	EXP	计算指数值	$OUT=e^{IN}$
MOD	取余	OUT=IN1 MOD IN2	SIN	计算正弦值	OUT=sin(IN)
NEG	取反	OUT=-IN	COS	计算余弦值	OUT=cos(IN)
INC	递增	IN/OUT=IN/OUT+1	TAN	计算正切值	OUT=tan(IN)
DEC	递减	IN/OUT=IN/OUT-1	ASIN	计算反正弦值	OUT=arcsin(IN)
ABS	计算绝对值	OUT=ABS(IN)	ACOS	计算反余弦值	OUT=arccos(IN)
MIN	取最小值	OUT=MIN(IN1,IN2,…)	ATAN	计算反正切值	OUT=arctan(IN)
MAX	取最大值	OUT=MAX(IN1,IN2,…)	EXPT	取幂	$OUT=IN^{IN2}$
LIMIT	设置限值	OUT=输入值限定在指定范围内	FRAC	提取小数	OUT=浮点数 IN 的小数部分

1. 四则运算指令

数学函数中的 ADD、SUB、MUL 和 DIV 指令分别是加、减、乘、除指令，其中 ADD 和 MUL 指令允许有多个输入，梯形图符号如图 4-97 所示。

图 4-97　四则运算指令

上述指令操作数可以是整数和浮点数，输入参数和输出参数的数据类型应相同，整数除法指令将得到的商截尾取整后，作为整数格式的输出。单击方框的“???”可从下拉菜单中选择数据类型。

例如求计算式[(12+34+56)-78]×9÷6.2 的值，结果存放在 MD10 中，可通过图 4-98 所示程序实现。

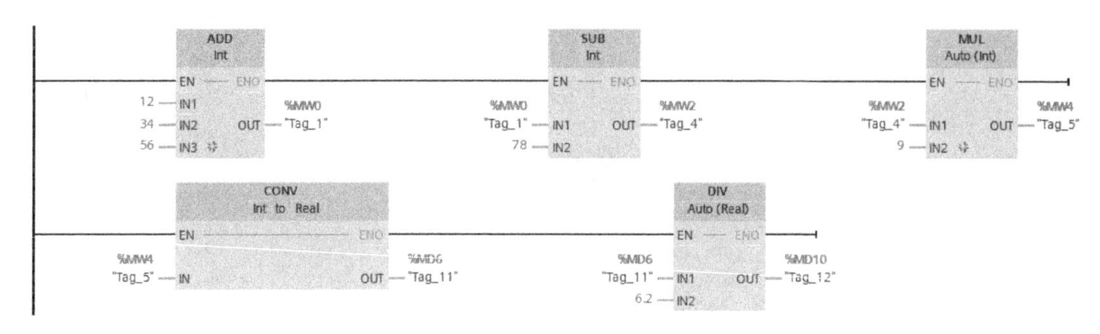

图 4-98 计算例程

2. 计算指令

计算指令 CALCULATE 可用于创建作用于多个输入上的数学函数（IN1,IN2,…,INn），并根据定义的等式在 OUT 处生成结果，梯形图符号如图 4-99 所示。

CALCULATE 指令的 IN 和 OUT 参数必须具有相同的数据类型，可以通过单击指令框中 CALCULATE 下面的“???”，在弹出的下拉列表中选择相应的数据类型。如果是多个输入，可以通过单击最后一个输入处的图标来添加其他输入。通过单击指令框右上角的计算器图标，或者双击指令框中间的数学表达式方框，可以在弹出的对话框中输入待计算的表达式，对话框的下方会给出示例以及表达式中可用的指令，如图 4-100 所示。例如，对于图 4-98 所示梯形图所实现的功能可通过 CALCULATE 指令实现，如图 4-101 所示。

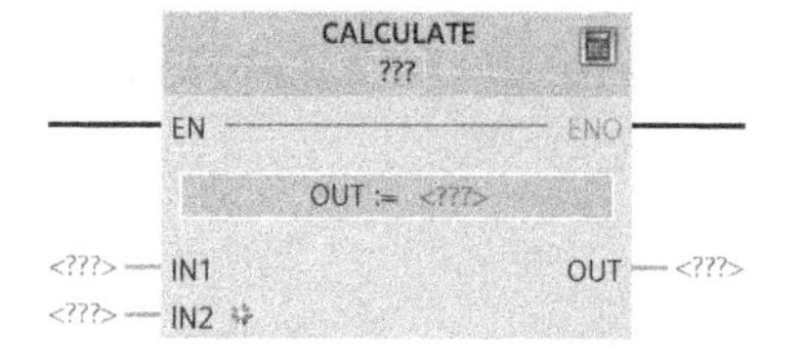

图 4-99 计算指令梯形图符号

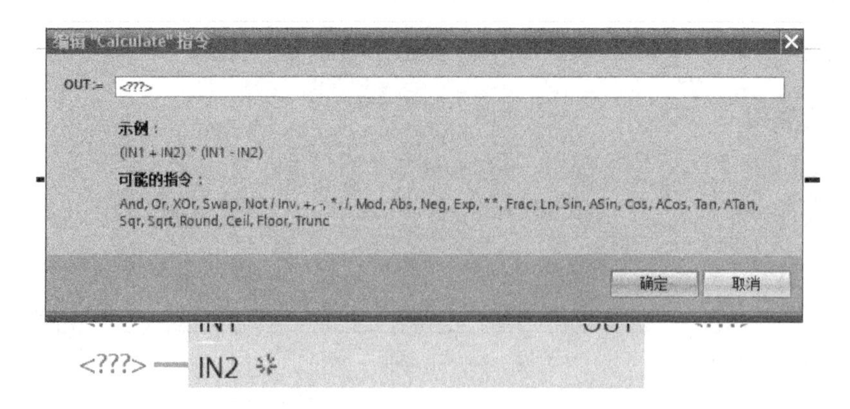

图 4-100 CALCULATE 指令对话框

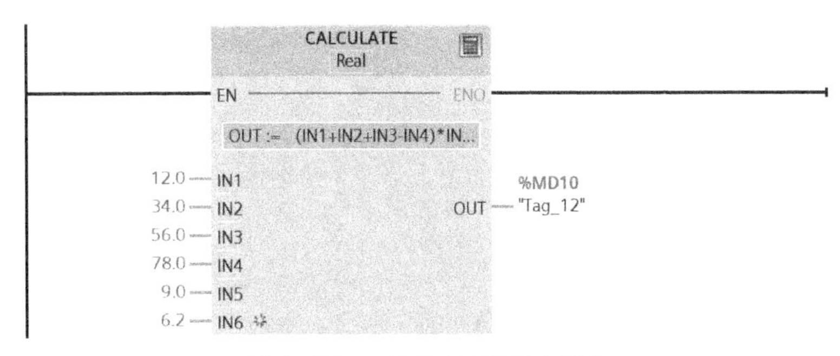

图 4-101　CALCULATE 指令例程

4.4.2　字逻辑指令

字逻辑指令包括与、或、异或、取反、解码、编码、选择、多路复用和多路分用指令等，具体见表 4-18。

表 4-18　字逻辑指令

指令	描　　述	运算表达式	指令	描　　述	功　　能
AND	与	OUT=IN1 AND IN2 AND…	DECO	解码	将数值解码成位序列
OR	或	OUT= IN1 OR IN2 OR…	ENCO	编码	将位序列编码成数值
XOR	异或	OUT= IN1 XOR IN2 XOR…	SEL	选择	二选一
INV	取反	OUT=NOT IN	MUX	多路复用	多选一
			DEMUX	多路分用	一选多

1. 逻辑运算指令

与（AND）、或（OR）、异或（XOR）逻辑运算指令用于对两个（或多个）输入进行相应的逻辑运算，并将运算结果存放在输出 OUT 指定的地址中，如图 4-102 所示。取反（INV）指令用于将 IN 输入的二进制数逐位取反后，将结果存放在输出 OUT 指定的地址中。

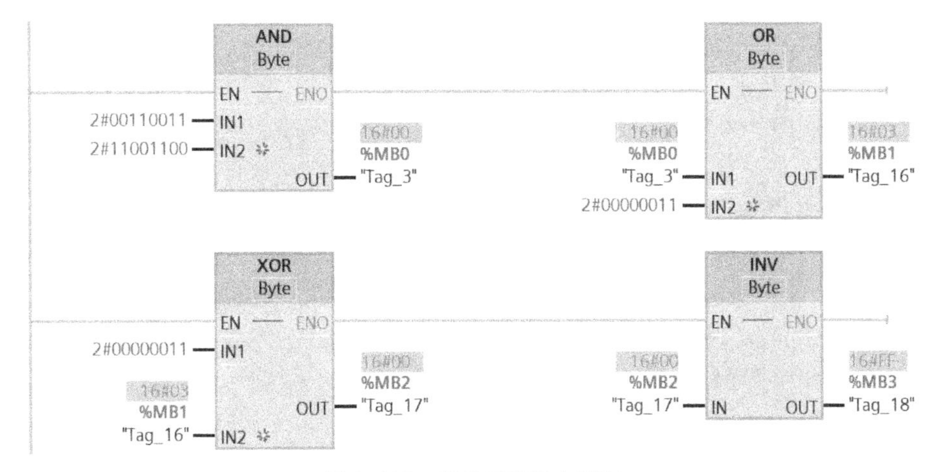

图 4-102　逻辑运算指令例程

2. 解码和编码指令

解码指令（DECO）输入参数 IN 的数据类型为 UInt，输出参数 OUT 的数据类型为 Byte、

Word 和 DWord。假设输入参数 IN 的值为 n，解码指令将输出参数 OUT 的第 n 位置 1，其余各位置 0。

1）输出 OUT 的数据类型为 Byte。当输入 IN 的值为 0~7 时，输出 OUT 的 8 位二进制数的与 IN 值对应的位分别置 1；当输入 IN 的值大于 7 时，则需要对输入值除以 8 以后，用余数进行解码操作。例如 IN 的值为 7 时，OUT 输出为 2#10000000(16#80)，仅第 7 位为 1。IN 和 OUT 的对应关系见表 4-19。

表 4-19 IN 和 OUT 的对应关系

IN (UInt)	OUT(Byte)							
	第 7 位	第 6 位	第 5 位	第 4 位	第 3 位	第 2 位	第 1 位	第 0 位
0	0	0	0	0	0	0	0	1
1	0	0	0	0	0	0	1	0
2	0	0	0	0	0	1	0	0
3	0	0	0	0	1	0	0	0
4	0	0	0	1	0	0	0	0
5	0	0	1	0	0	0	0	0
6	0	1	0	0	0	0	0	0
7	1	0	0	0	0	0	0	0
8	0	0	0	0	0	0	0	1

2）输出 OUT 的数据类型为 Word。当输入 IN 的值为 0~15 时，输出 OUT 的 16 位二进制数的与 IN 值对应的位分别置 1；当输入 IN 的值大于 15 时，则需要对输入值除以 16 以后，用余数进行解码操作。

3）输出 OUT 的数据类型为 DWord。当输入 IN 的值为 0~31 时，输出 OUT 的 32 位二进制数的与 IN 值对应的位分别置 1；当输入 IN 的值大于 31 时，则需要对输入值除以 32 以后，用余数进行解码操作。

编码指令（ENCO）与解码指令相反，将 IN 中为 1 的最低位的位数送给输出参数 OUT 指定的地址。IN 的数据类型可选 Byte、Word 和 DWord，OUT 的数据类型为 UInt。比如 2#01001000 和 2#01011000 为 1 的最低位位数均为 3，故其编码结果均为 3。在图 4-103 中，第一条指令行解码指令输入是 2，解码后 MB0 中的第 2 位的值为 1，即 00000100，其十六进制值为 04；第二条指令行中第一个解码指令的输出数据类型为 Byte，输入为 10，除以 8 后的余数为 2，故其 MB1 和 MB0 中的数相同。第二条指令行中第二个解码指令的输出数据类型为 Word，输入为 10，故 MW2 中的第 10 位为 1，即 0000010000000000，其十六进制值为 0400；第三条指令行为编码指令，因输出为 UInt 数据类型，故不管输入是 Byte、Word 还是 DWord，其输出均为字存储方式，其输出值为 1 的最低位的位数。

3. 选择、多路复用和多路分用指令

选择指令（SEL）有 3 个输入 G、IN0 和 IN1，1 个输出 OUT。其功能是根据输入参数 G 的值将两个输入值之一分配给参数 OUT。当 G=0 时，选 IN0；当 G=1 时，选 IN1。

多路复用指令（MUX）默认有 4 个输入参数和 1 个输出参数 OUT。输入参数分别为 K、IN0、IN1、ELSE，通过单击指令左下角的添加输入图标可增加 IN 的数目。其功能是根据参

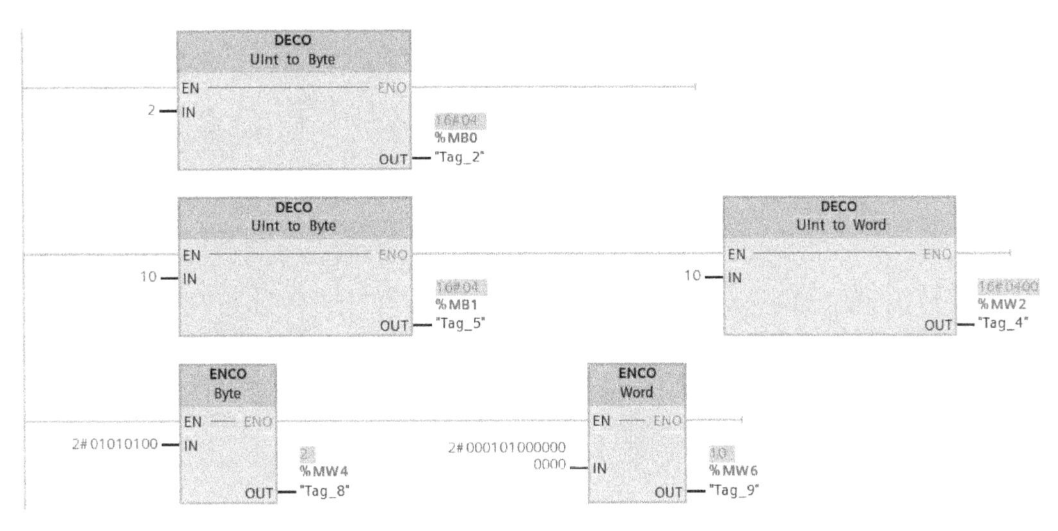

图 4-103　解码和编码指令例程

数 K 的值将多个输入值之一传送到参数 OUT 指定的地址中。比如当 K 的值为 m 且使能输入为 1 时，会把指令中 INm 的值通过 OUT 输出；如果指令中 IN 后面的标号值都小于 m，则会将参数 ELSE 的值复制到参数 OUT，同时使能输出为 0。

多路分用指令（DEMUX）有 K 和 IN 2 个输入参数，3 个默认输出，分别为 OUT0、OUT1 和 ELSE，通过单击指令右下角的添加输出图标可增加 OUT 的数目。其功能是将根据输入参数 K 的值将 IN 输入的内容传送到选定的输出地址中。例如，当 K 的值为 m 且使能输入为 1 时，会把指令中 IN 输入的内容传送到输出 OUTm 中。如果指令中 OUT 后面的标号值都小于 m，则会将 IN 值分配给 ELSE 参数的位置，同时使能输出为 0。

指令应用示例如图 4-104 所示。在图 4-104a 中，I0.0 为 0，故 SEL 指令把 IN0 的值分配给 OUT，在 MUX 指令中，K=2，故选中 IN2 的值传送到 MW4 中，在 DEMUX 指令中，因为 K 的值为 4，大于 2，故把 325 放到 MW14 中，同时 ENO 状态为 0；当 I0.0 状态为 1 时（见图 4-104b），SEL 指令中 IN1 分配给 MW0，在 MUX 指令中，K 的值为 4，大于 2，故会把 ELSE 的值复制到 MW4，同时其 ENO 状态为 0，故 DEMUX 指令不执行。

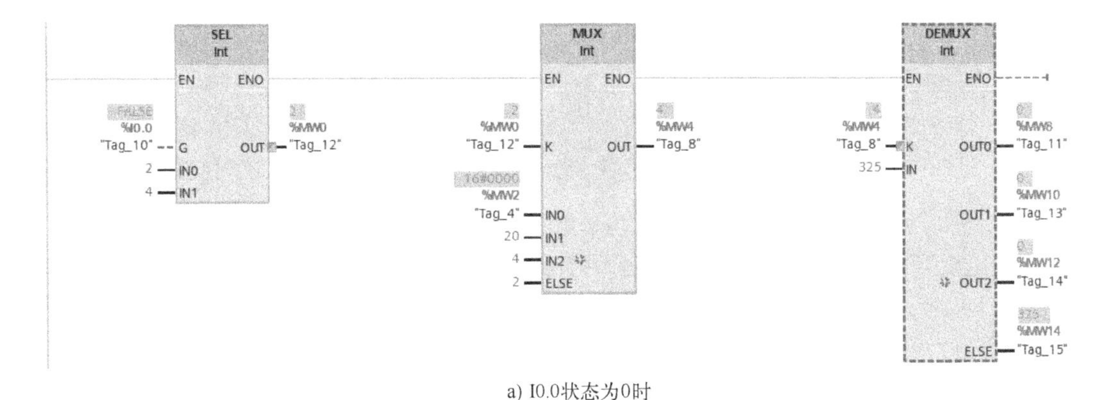

a) I0.0状态为0时

图 4-104　指令应用例程

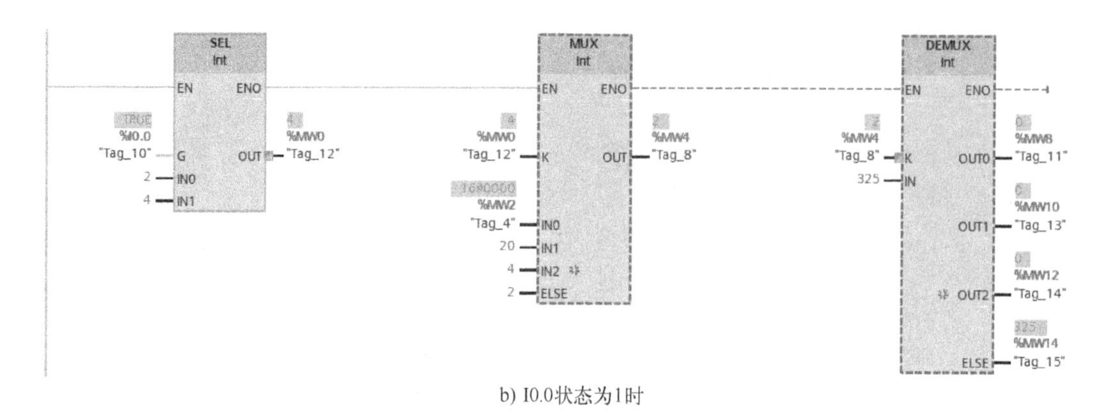

b) I0.0状态为1时

图4-104 指令应用例程（续）

4.5 程序控制指令

1. 跳转与标签指令

在程序中设置跳转指令可提高程序的执行效率。在没有跳转和循环指令时，用户程序按从上到下的先后顺序执行，这种执行方式称为线性扫描。跳转指令中止程序的线性扫描，跳转到目标标签所在的目的地址。当跳转条件满足时发生跳转，不执行跳转指令与目标标签之间的程序，跳转到目的地址后，程序继续按线性扫描的方式顺序执行。跳转指令可以往前跳，也可以往后跳。跳转指令和标签必须配合使用，只能在同一个代码块内跳转，即跳转指令与对应的跳转目的地址应在同一个代码块内。在一个块内，各标签不能重复出现，可以从代码块的多个位置跳转到同一个标签处。

跳转指令有JMP和JMPN两种，前者当其使能输入端的RLO为1，即有能流流过JMP线圈时，将跳转到由指定跳转标签标识的程序段，如果RLO为0，则程序将继续执行下一程序段；后者当其使能端的RLO为0，即没有能流流过JMP线圈时产生跳转。JMP（JMPN）线圈必须是程序段中的最后一个元素。标签指令（Label）为跳转指令的目标标签，标签位于程序段的开始处，标签的第一个字符必须是字母，其余的可以是字母、数字和下划线。在图4-105中，当I0.0为0时，程序顺序执行，当I0.0为1时，会跳过程序段2，并从由跳转标签a标识的程序段3处继续执行。此时，程序段2中的程序虽然没有被执行，但是定时器仍然会继续计时，当定时时间到后，因为程序段2中的程序没有被执行，所以定时器Q端不会有输出。当I0.0变为0时，程序恢复顺序执行，在I0.1仍然为1的前提下，Q0.0会立刻变为1。

2. 定义跳转列表与跳转分配器指令

定义跳转列表指令（JMP_LIST）用作程序跳转分配器，与Label指令配合使用。根据K值跳转到相应的程序标签，程序从目标跳转标签后面的程序指令继续执行。跳转标签用指令框的输出DESTn指定，可在指令框中增加输出的数量（默认输出只有两个），输出编号n从“0”开始，每增加一个新输出，都会按升序连续递增。在指令的输出中只能指定跳转标签，而不能指定指令或操作数。用指定的跳转标签定义跳转，K值为0则对应跳转到DEST0所指定的跳转标签，K值为1则对应跳转到DEST1所指定的跳转标签，以此类推，如果K值

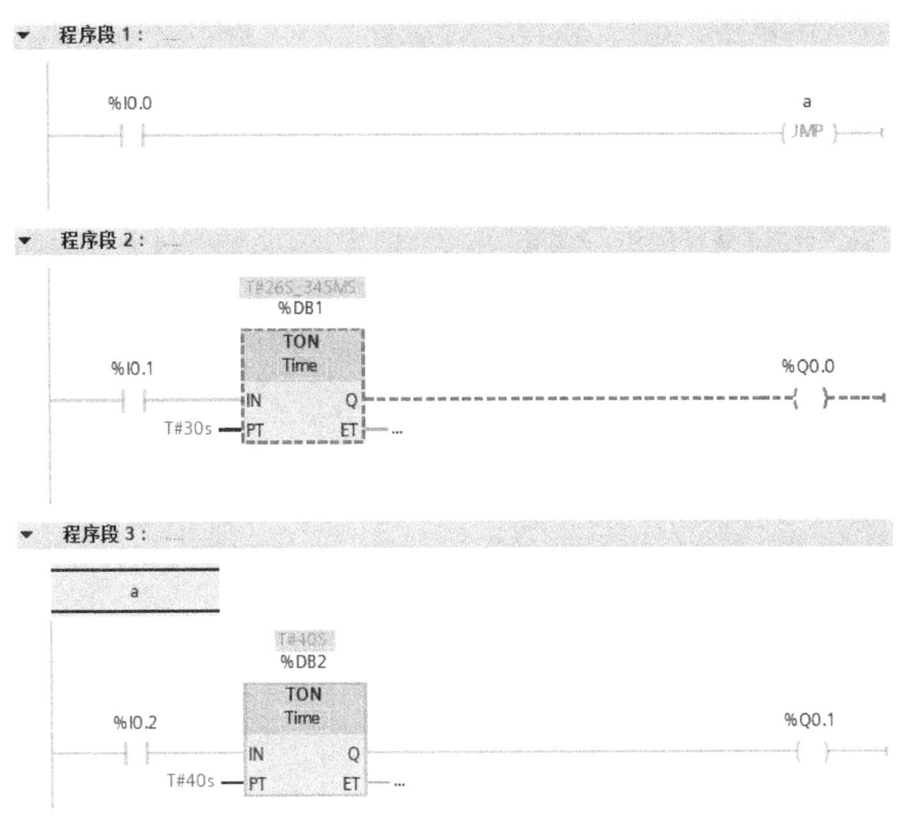

图 4-105　跳转指令应用例程

超过最大标签数 n-1，则不进行跳转，继续顺序执行程序。指令框内单击空图标，可增加标签个数。图 4-106a 中，操作数 I0.0 的信号状态为 1 时，执行定义跳转列表指令，因为 MW0 的值为 1，所以会发生跳转，并从输出 DEST1 指定的标签 b 标识的程序段处继续执行。

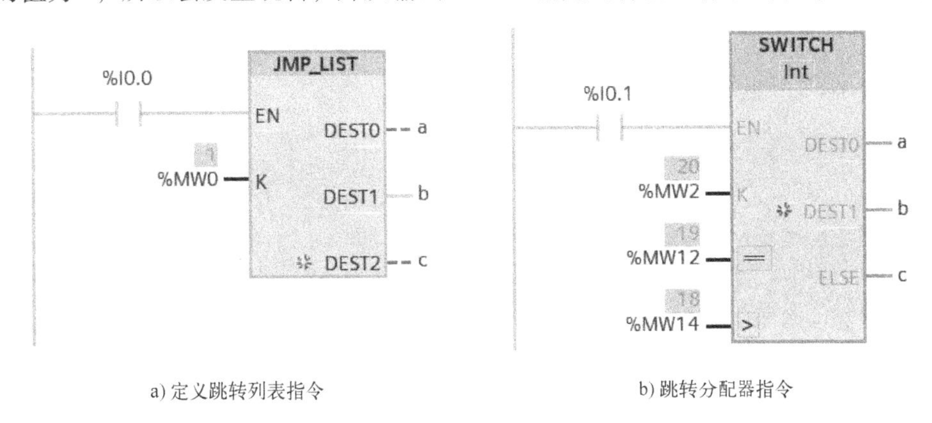

a) 定义跳转列表指令　　　　b) 跳转分配器指令

图 4-106　定义跳转列表与跳转分配器指令

跳转分配器指令（SWITCH）也可用作程序跳转分配器，与 Label 指令配合使用。跳转标签用指令框的输出 DESTn 指定，可在指令框中同时增加输入和输出的数量（默认 3 个输入和 3 个输出），输出编号 n 从“0”开始，每增加一个新输出，都会按升序连续递增。输入个数和 DESTn 的个数始终相等，且一一对应。在参数 K 中输入要比较的值，将该值与 K

下面的第一个输入相比较，如果 K 值与该输入的比较结果为“真”，则跳转到分配给 DEST0 的标签所标识的程序段处执行后续程序；如果比较结果为“假”，则继续按顺序依次比较。当所有比较结果都为“假”，则跳转到分配给 ELSE 的标签。如果输出 ELSE 中未定义程序跳转，则程序从下一个程序段继续执行。图 4-106b 中，当 I0.1 为 1 时，K 首先和第一个输入为相比较，因为 20≠19，比较结果为“假”；然后再和第二个输入比较，20>18，比较结果为“真”，因此会跳转到 DEST1 所指定的标签“b”所标示的程序段处执行后续程序。

3. 返回指令

返回指令（RET）一般用于被调用的块中。当返回指令线圈通电时，执行返回操作，不再执行指令后面的程序，返回调用它的块，执行调用指令后的程序。RET 线圈上面的参数是返回值，数据类型为 Bool。如果当前的块是 OB，则返回值被忽略。如果当前块是 FC 或 FB，则返回值将作为 FC 或 FB 的 ENO 值传送给调用它的块。

RET 指令用来有条件地结束块，一个块可以使用多条 RET 指令。一般情况下并不需要在块结束时使用 RET 指令，因为在块结束时会自动返回到调用块的位置。

此外，程序控制指令还有运行时控制指令，包括限制和启用密码合法性指令（ENDIS PW）、重置周期监视时间指令（RE_TRIGR）、退出程序指令（STP）、获取本地错误信息指令（GET_ERROR）、获取本地错误 ID 指令（GET_ERR_ID）以及测量程序运行时间指令（RUNTIME）等。

4.6 日期和时间指令

日期和时间指令属于 S7-1200 PLC 的扩展指令，扩展指令主要包括日期和时间指令、字符串和字符指令、分布式 I/O 指令、中断指令、诊断指令、脉冲指令、配方和数据记录指令、数据块控制指令以及寻址指令等。

在 CPU 断电时，S7-1200 系列采用免维护超级电容可维持系统时钟正常运行约 20 天，在 40℃的环境中最少为 12 天。通过“在线和诊断”中的“设置时间”选项可以设置实时时钟的时间值，如图 4-107 所示，也可以通过日期和时间指令读写实时时钟。

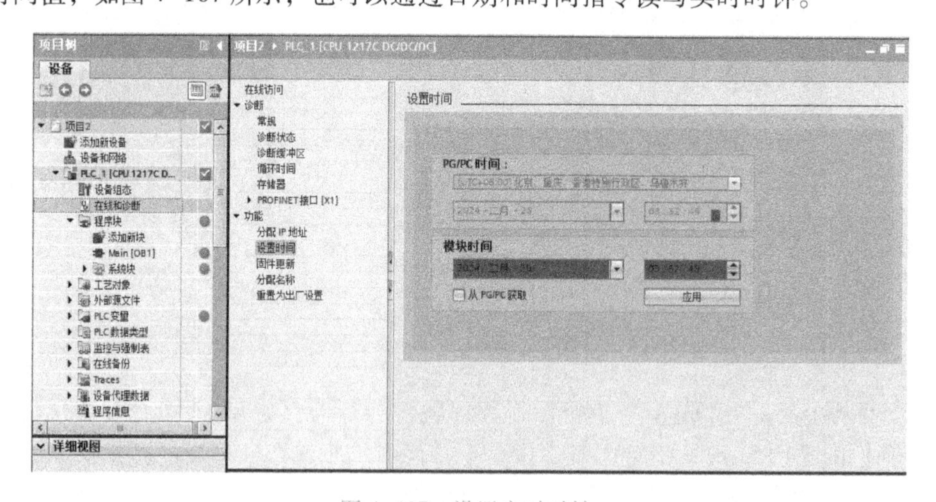

图 4-107 设置实时时钟

4.6.1　日期和时间数据类型

1. DATE

DATE 数据类型将日期作为无符号整数保存，其操作数为十六进制形式，为添加到基础日期 1990 年 1 月 1 日的天数，用以获取指定日期。编辑器格式必须指定年、月和日。DATE 数据类型的属性见表 4-20。

表 4-20　DATE 数据类型的属性

长度（字节）	格　式	取值范围	输入值示例
2	年-月-日	D#1990-01-01~D#2168-12-31	D#2009-12-31,DATE#2009-12-31,2009-12-31

2. TIME

TIME 数据作为有符号双整数存储，被解释为毫秒。编辑器格式可以使用日期（d）、时（h）、分（m）、秒（s）和毫秒（ms）信息。在使用时不需要指定全部时间单位，例如 T#5h10s 和 500h 均有效。所有指定单位值的组合值不能超过以毫秒表示的时间日期类型的上限或下限（-2147483648~2147483647 ms）。TIME 数据类型的属性见表 4-21。

表 4-21　TIME 数据类型的属性

长度（字节）	格　式	取值范围	输入值示例
4	天_时_分_秒_毫秒	T#-24d_20h_31m_23s_648ms~T#24d_20h_31m_23s_647ms 存储形式：-2147483648~2147483647ms	T#5m_30s T#1d_2h_15m_30s_45ms TIME#10d20h30m20s630ms 500h10000ms 10d20h30m20s630ms

3. Time_of_Day(TOD)

TOD 数据作为无符号双整数值存储，被解释为自指定日期的凌晨算起的毫秒数（凌晨=0 ms）。必须指定时、分和秒，毫秒可选。TOD 数据类型的属性见表 4-22。

表 4-22　TOD 数据类型的属性

长度（字节）	格　式	取值范围	输入值示例
4	小时:分钟:秒. 毫秒	TOD#0:0:0. 0~TOD#23:59:59. 999	TOD#10:20:30. 400 TIME_OF_DAY#10:20:30. 400 23:10:1

4. DTL

DTL（长格式日期和时间）数据类型使用 12 个字节的结构保存日期和时间信息。可以在块的临时存储器或者 DB 中定义 DTL 数据。必须在 DB 编辑器的“起始值”（Start value）列为所有组件输入一个值。DTL 数据类型的属性见表 4-23。

表 4-23 DTL 数据类型的属性

长度（字节）	格 式	取 值 范 围	输入值示例
12	年-月-日-时：分：秒．纳秒	最小：DTL#1970-01-01-00：00：00.0 最大：DTL#2554-12-31-23:59:59.999999999	DTL#2008-12-16-20:30:20.250

DTL 数据类型的结构由几个部分组成，每一部分都包含不同的数据类型和取值范围。指定值的数据类型必须与相应元素的数据类型相匹配。表 4-24 列出了 DTL 数据类型的结构组成及其属性。在表 4-24 中，年占 2 个字节，纳秒占 4 个字节，其余均占 1 个字节。

表 4-24 DTL 数据类型的结构组成及属性

字 节	组 件	数 据 类 型	取 值 范 围
0~1	年	UInt	1970~2554
2	月	USInt	1~12
3	日	USInt	1~31
4	星期	USInt	1（星期日）~7（星期六）
5	小时	USInt	0~23
6	分钟	USInt	0~59
7	秒	USInt	0~59
8~11	纳秒	UDInt	0~999999999

4.6.2 相关指令

与日期、时间和时钟功能相关的指令主要包括用于日历和时间计算的日期和时钟指令（如 T_CONV、T_ADD、T_SUB、T_DIFF、T_COMBINE 等）、用于设置和读取 CPU 系统时钟的时钟功能指令（如 WR_SYS_T、RD_SYS_T、RD_LOC_T、WR_LOC_T 等）、用于将 CPU 系统时间转换为本地时间的设置时区指令（SET_TIMEZONE）以及用于对 CPU 中的运行时间计时器执行设置、启动、停止和读取等操作的运行时间计时器指令（RTM）等。上述指令具体说明见表 4-25。

表 4-25 日期和时间指令具体说明

指令名称	指令格式	指令说明
转换时间指令	T_CONV ??? TO ??? EN ENO IN OUT	T_CONV 将值在日期、时间数据类型和字节、字、双字大小数据类型之间进行转换
时间相加指令	T_ADD ??? PLUS Time EN ENO IN1 OUT IN2	T_ADD 将输入 IN1 的值（DTL 或 TIME 数据类型）与输入 IN2 的 TIME 值相加。参数 OUT 提供 DTL 或 TIME 值结果
时间相减指令	T_SUB ??? MINUS Time EN ENO IN1 OUT IN2	T_SUB 从 IN1（DTL 或 Time 值）中减去 IN2 的 TIME 值。参数 OUT 以 DTL 或 TIME 数据类型提供差值

（续）

指令名称	指令格式	指令说明
时差指令	T_DIFF ??? TO ??? EN ENO IN1 OUT IN2	T_DIFF 从 DTL 值（IN1）中减去 DTL 值（IN2）。参数 OUT 以 TIME 数据类型提供差值
组合时间指令	T_COMBINE Time_Of_Day TO DTL EN ENO IN1 OUT IN2	T_COMBINE 将 DATE 值和 Time_of_Day 值组合在一起生成 DTL 值
设置时钟指令	WR_SYS_T DTL EN ENO IN RET_VAL	WR_SYS_T 使用参数 IN 中的 DTL 值设置 CPU 时钟。该时间值不包括本地时区或夏令时偏移量
读取时间指令	RD_SYS_T DTL EN ENO RET_VAL OUT	RD_SYS_T 从 CPU 中读取当前系统时间。该时间值不包括本地时区或夏令时偏移量
读取本地时间指令	RD_LOC_T DTL EN ENO RET_VAL OUT	RD_LOC_T 以 DTL 数据类型提供 CPU 的当前本地时间。该时间值反映了就夏令时（如果已经组态）进行过适当调整的本地时区
写入本地时间指令	WR_LOC_T DTL EN ENO LOCTIME Ret_Val DST	WR_LOC_T 设置 CPU 时钟的日期与时间
设置时区指令	"SET_TIMEZONE_DB" SET_TIMEZONE EN ENO REQ DONE TimeZone BUSY ERROR STATUS	SET_TIMEZONE 设置本地时区和夏令时参数，以用于将 CPU 系统时间转换为本地时间
运行时间计时器指令	RTM EN ENO NR RET_VAL MODE CQ PV CV	RTM 指令可以设置、启动、停止和读取 CPU 中的运行时间小时计时器

4.7 字符串与字符指令

字符串与字符指令属于 S7-1200 PLC 的扩展指令，分为字符串转换指令和字符串操作指令两类。

4.7.1 String 数据类型

数据类型为 String 的操作数可存储多达 254 个字符。字符串在存储上类似于字符数组，它的每一个元素都是可以提取的字符，如“abcdefg”叫字符串，而其中的每个元素叫字符。

执行字符串指令之前，首先应定义字符串。不能在变量表中定义字符串，只能在代码块的接口区或全局数据块中定义它。例如，在 PLC 中创建一个符号名为“数据块_2”的全局数据块 DB1，在数据块的“属性”选项卡中取消它的“优化的块访问”属性，这样在数据块中编辑完各个数据后，单击编译，就会自动生成偏移量。这里的偏移量是指地址偏移量，其格式为“字节．位”。通过偏移量可以看到每个字符串数据所占的字节数，如图 4-108 所示。在图中共定义了 4 个字符串变量 string1～string4，它们所占字节数分别为 256、12、22 和 17。其中，string2、string3 的数据类型中均含方括号，方括号中的数字代表字符串的最大字符数。如 String[10]中的[10]表示字符串最多能存放 10 个字符，每个字符占用一个字节，即其中有 10 个字节用来存放字符，再加上 2 个头部字节，所以 string2 共有 12 个字节。在字符串的这两个头部字节中，第一个字节用来存放总计字符数，第二个字节用来存放有效字符数。string2 的存放格式见表 4-26。如果字符串的数据类型为 String（没有方括号），则字符串变量将占用 256 字节，最多可存放 254 个字符。图 4-108 中的启动值是定义字符串变量时赋的初值。

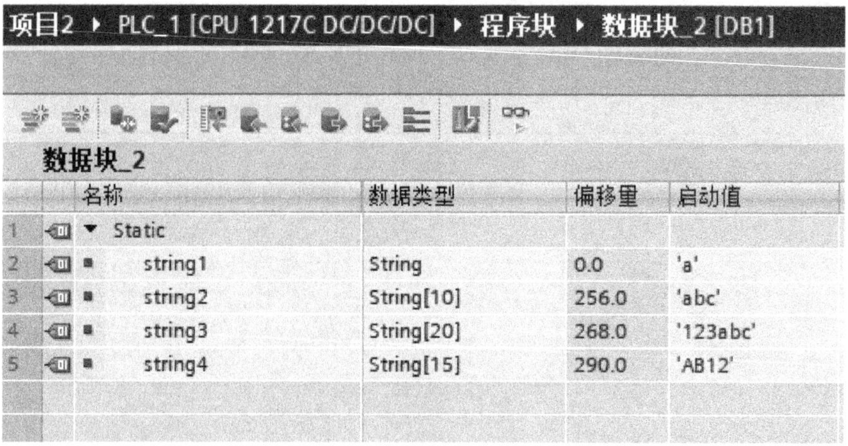

项目2 ▸ PLC_1 [CPU 1217C DC/DC/DC] ▸ 程序块 ▸ 数据块_2 [DB1]

数据块_2

	名称	数据类型	偏移量	启动值
1	▼ Static			
2	string1	String	0.0	'a'
3	string2	String[10]	256.0	'abc'
4	string3	String[20]	268.0	'123abc'
5	string4	String[15]	290.0	'AB12'

图 4-108　设置实时时钟

表 4-26　string2 的数据格式

字节 0	字节 1	字节 2	字节 3	字节 4	…	字节 11
总计字符数	有效字符数	字符 1	字符 2	字符 3	…	字符 10
10	3	'a'(16#61)	'b'(16#62)	'c'(16#63)	…	—

下载到 PLC 中后，可以通过项目视图左侧的项目树中“添加新监控表”项添加需要监控的变量。如图 4-109 所示，在监控表 1 中添加上述字符串变量，可查看各变量的每个字节中的值。在图中，对于数据类型为 String 的字符串变量 string1，其地址从 DB1. DBB0 开始，通过查看数据块偏移地址可见该字符串共占用 256 个字节，字符串的第一个字节显示其最多存储字符总数量为 254，字符串的第二个字节显示其目前存储的有效字符数量是 1。在地址为 DB1. DBB3 的字节中存放字符 a，从 DB1. DBB3 开始的字节中存放的都是'$00'（空字符）；对于数据类型为 String[10]的字符串变量 string2，其地址从 DB1. DBB256 开始，通过查看数据块偏移地址可见该字符串共占用 12 个字节，字符串的第一个字节显示其最多存储字符总数量为 10，字符串的第二个字节显示其目前存储的有效字符数量是 3，即字符 a、b、c。

S7-1200 系列的 CPU 支持使用 String 数据类型存储一串单字节字符。String 数据类型包含总字符数（1 个字节），当前字符数（1 个字节）和最大 254 个字节。String 数据类型中的每个字节都可以是 16#00～16#FF 的任意值。可以使用方括号定义 String 数据类型的最大长

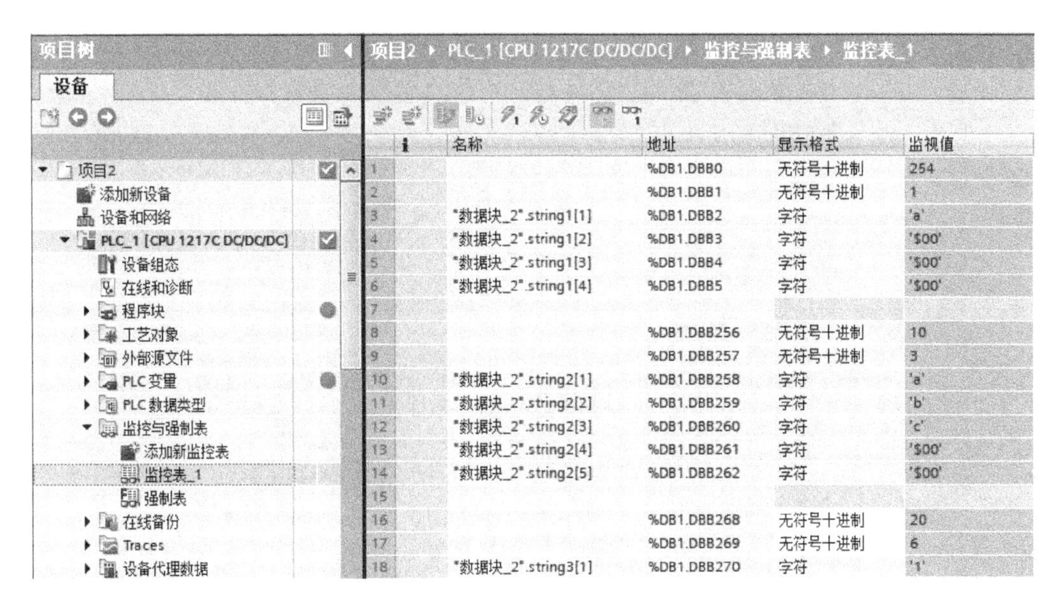

图 4-109　监控字符串变量

度（例如：String[10]），如果不定义最大长度，则默认最大长度为 254 个字符。

WString 数据类型支持单字（双字节）值的较长字符串。第一个字包含最大总字符数，下一个字包含总字符数，WString 数据类型中的每个字可以是 16#0000~16#FFFF 之间的任意值。可以使用方括号定义 WString 数据类型的长度（例如：WString[10]），如果不定义最大长度，则在默认情况下，将 WString 的长度设为 254 个字符。可以定义最多 16382 个字符的长度（例如：WString[16382]）。

4.7.2　字符串转换指令

字符串转换指令将数字字符串转换为数值或将数值转换为数字字符串，主要包括用于将数字字符串转换成数值或将数值转换成数字字符串的 S_CONV 指令，使用格式选项将数字字符串转换成数值的 STRG_VAL 指令，使用格式选项将数值转换成数字字符串的 VAL_STRG 指令，将 ASCII 字符串复制到字符字节数组中的 Strg_TO_Chars 指令，将 ASCII 字符字节数组复制到字符串中的 Chars_TO_Strg 指令，将 ASCII 字符字节转换为 4 位十六进制半字节的 ATH 指令，将 4 位十六进制半字节转换为 ASCII 字符字节的 HTA 指令等。上述指令具体说明见表 4-27。

表 4-27　字符串转换指令具体说明

指令名称	指令格式	指令说明
转换字符串指令	S_CONV ??? TO ??? EN　ENO IN　OUT	将字符串转换成相应的数值，或将数值转换成相应的字符串。S_CONV 指令没有输出格式选项。因此，S_CONV 指令比 STRG_VAL 指令和 VAL_STRG 指令更简单，但灵活性更差
将字符串转换为数值指令	STRG_VAL ??? TO ??? EN　ENO IN　OUT FORMAT P	将数字字符串转换为相应的整型或浮点型表示法

（续）

指令名称	指令格式	指令说明
将数值转换为字符串指令	VAL_STRG ??? TO ??? EN ENO IN OUT SIZE PREC FORMAT P	将整数值、无符号整数值或浮点值转换为相应的字符串表示法
将字符串复制到字符数组指令	Strg_TO_Chars ??? EN ENO Strg Cnt pChars Chars	将整个输入字符串Strg复制到IN_OUT参数Chars的字符数组中。该操作会从pChars参数指定的数组元素编号开始覆盖字节
将字符数组复制到字符串指令	Chars_TO_Strg ??? EN ENO Chars Strg pChars Cnt	将字符数组的全部或一部分复制到字符串。执行Chars_TO_Strg之前必须声明输出字符串。之后，该操作会覆盖该字符串。Chars_TO_Strg操作不会更改字符串的最大长度值。达到最大字符串长度后，将停止从数组复制到字符串
将ASCII字符串转换为十六进制值指令	ATH EN ENO IN RET_VAL N OUT	将ASCII字符转换为压缩的十六进制数字。转换从参数IN指定的位置开始，并持续N个字节。结果放在OUT指定的位置。只能转换有效的ASCII字符0~9、a~f和A~F。任何其他字符都将被转换为零
将十六进制数转换为ASCII字符串指令	HTA EN ENO IN RET_VAL N OUT	将压缩的十六进制数字转换为相应的ASCII字符字节。转换从参数IN指定的位置开始，并持续N个字节。每个4位半字节都会转换为单个8位ASCII字符，并会生成$2N$个ASCII字符输出字节。全部$2N$个输出字节都会被写为ASCII字符0~9以及A~F

4.7.3 字符串操作指令

字符串操作指令包括用于获取字符串长度的MAX_LEN和LEN指令，用于连接字符串的CONCAT指令，用于从字符串中读取子串的LEFT、RIGHT和MID指令，用于从字符串中删除字符的DELETE指令，向字符串中插入字符的INSERT指令，替换字符串中字符的REPLACE指令以及在字符串中查找字符的FIND指令等。上述指令具体说明见表4-28。

表4-28 字符串操作指令具体说明

指令名称	指令格式	指令说明
获取字符串最大长度指令	MAX_LEN String EN ENO IN OUT	String和WString数据类型的变量包含两个长度：最大长度和当前长度（即当前有效字符的数量）。使用指令MAX_LEN，可以确定输入参数IN中指定字符串的最大长度，并将其作为数字值输出到输出参数OUT中
获取字符串当前长度指令	LEN ??? EN ENO IN OUT	用于查询输入参数IN中指定字符串的当前长度，并将其作为数字值输出到输出参数OUT中
合并字符串指令	CONCAT ??? EN ENO IN1 OUT IN2	CONCAT指令可以将输入参数IN1中的字符串和IN2中的字符串合并在一起，结果以String或WString格式输出到输出参数中

（续）

指令名称	指令格式	指令说明
读取左侧子串指令	LEFT ??? EN ENO IN OUT L	使用指令LEFT提取以输入参数IN中字符串的第一个字符开头的部分字符串，在参数L中指定要提取的字符数，提取的字符以String或WString格式通过输出参数OUT输出
读取右侧子串指令	RIGHT ??? EN ENO IN OUT L	使用指令RIGHT提取输入参数IN中字符串的最后几个字符，在参数L中指定要提取的字符数，提取的字符以String或WString格式通过输出参数OUT输出
读取中间子串指令	MID ??? EN ENO IN OUT L P	使用指令MID提取输入参数IN中字符串的一部分，使用参数P指定要提取的第一个字符的位置，使用参数L定义要提取的字符串的长度，输出参数OUT中输出提取的部分字符串
删除字符指令	DELETE ??? EN ENO IN OUT L P	使用指令DELETE删除输入参数IN中字符串的一部分，使用参数P指定要删除的第一个字符的位置，在参数L中指定要删除的字符数，剩余的部分字符串以String或WString格式通过输出参数OUT输出
插入字符指令	INSERT ??? EN ENO IN1 OUT IN2 P	使用指令INSERT将IN2输入参数中的字符串插入到IN1输入参数中的字符串中，使用P参数指定开始插入字符的位置，结果以String或WString格式通过OUT输出参数输出
替换字符指令	REPLACE ??? EN ENO IN1 OUT IN2 L P	使用指令REPLACE，可将输入参数IN1中字符串的一部分替换为输入参数IN2中的字符串，使用参数P指定要替换的第一个字符的位置，使用参数L指定要替换的字符数，结果以String或WString格式通过输出参数OUT输出
查找字符指令	FIND ??? EN ENO IN1 OUT IN2	使用指令FIND，可在输入参数IN1中的字符串内搜索输入参数IN2中的字符串，开始搜索字符串的字符位置通过输出参数OUT输出

4.8 高速脉冲输出与高速计数器

4.8.1 高速脉冲输出

1. 高速脉冲输出

S7 1200 CPU或信号板有两种输出高速脉冲的方式，一种是脉冲串输出（Pulse Train Output，PTO），另一种是脉冲宽度调制（Pulse Width Modulation，PWM）。脉冲宽度与脉冲周期之比称为占空比，脉冲串输出功能提供占空比为50%的方波脉冲列输出。脉冲宽度调制功能提供脉冲宽度可以用程序控制的脉冲列输出。

每个S7-1200 CPU有4个PTO/PWM脉冲发生器，分别通过CPU集成的Q0.0～Q0.7

（CPU 1211C 没有 Q0.4~Q0.7，CPU 1212C 没有 Q0.6 和 Q0.7）或信号板上的 Q4.0~Q4.3 输出 PTO 或 PWM 脉冲，见表 4-29。具体可根据所选 CPU 型号及硬件组态确定。

表 4-29 脉冲发生器的默认输出分配

输 出 点	输 出 形 式
Q0.0 或 Q4.0	PTO1 脉冲、PWM1 脉冲
Q0.1 或 Q4.1	PTO1 方向
Q0.2 或 Q4.2	PTO2 脉冲、PWM2 脉冲
Q0.3 或 Q4.3	PTO2 方向
Q0.4 或 Q4.0	PTO3 脉冲、PWM3 脉冲
Q0.5 或 Q4.1	PTO3 方向
Q0.6 或 Q4.2	PTO4 脉冲、PWM4 脉冲
Q0.7 或 Q4.3	PTO4 方向

2. PWM 组态

PWM 功能提供占空比可调的脉冲输出，时间基准可以设置为毫秒或微秒。当脉冲宽度为 0 时占空比为 0，没有脉冲输出，输出一直为“0”状态。当脉冲宽度等于脉冲周期时，占空比 100%，也没有脉冲输出，但输出一直为“1”状态。因此，PWM 输出可以用来控制电机的转速或阀门的开度等物理量。控制电机的速度范围可以是从停止到全速，控制阀的位置范围可以是从闭合到完全打开。

使用 PWM 之前，需要对脉冲发生器进行组态，具体步骤如下：

1）打开 PLC 的设备视图，选中 CPU。

2）打开 CPU 的“属性”面板，在“常规”选项卡中的“脉冲发生器（PTO/PWM）”项下，选中“PTO1/PWM1”中的“常规”参数组，勾选“启用该脉冲发生器”，激活该脉冲发生器，如图 4-110 所示。

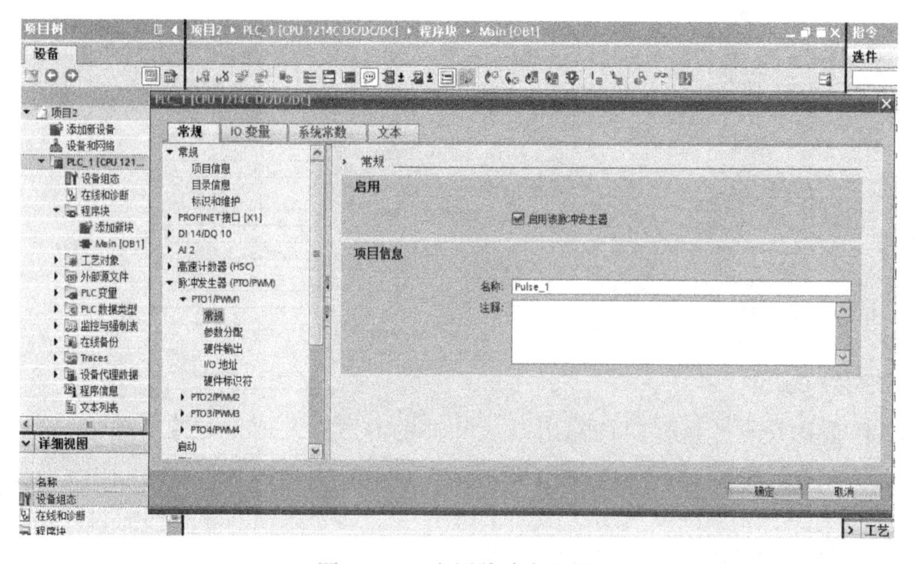

图 4-110 启用脉冲发生器

3）选中左边“PTO1/PWM1”中的“参数分配”，可进行参数设置，如图4-111所示。在“信号类型”下拉列表中，可选择脉冲发生器为PWM或PTO；在“时基”下拉列表中，可选择时间基准为毫秒或微秒；在“脉宽格式”下拉列表中，可选择百分之一（脉冲宽度范围为0~100）、千分之一（脉冲宽度范围为0~1000）、万分之一（脉冲宽度范围为0~10000）和模拟量格式（脉冲宽度范围为0~27648）等脉冲宽度格式；在“循环时间”输入域中可以设置脉冲的周期值，范围为1~16777215，单位与“时基”参数一致；在“初始脉冲宽度”输入域中可以设置脉冲的占空比，脉冲宽度的设置单位与“脉宽格式”参数一致。在图4-111中，所设PWM脉冲周期为100 ms，占空比为50%，则脉宽为50 ms。上述的时基、脉宽格式、循环时间和初始脉冲宽度只有使用PWM时才能设置。需要注意的是，脉宽不能为小数值，如果生成的脉宽是一个小数值，则应调整“初始脉冲宽度”或更改时基，从而生成一个整数值。例如，如果设置时基为毫秒，脉宽格式为百分之一，循环时间为3 ms，初始脉冲宽度为75，则生成的“脉宽”=0.75×3 ms=2.25 ms，此脉冲宽度值为小数值时，会造成操作CTRL_PWM指令时出错；在设置PWM信号的脉宽时，如果时基为“毫秒（微秒）”，实际脉宽必须大于或等于1 ms（μs），如果脉宽小于1倍“时基”，输出将关断。例如，周期时间为10 μs时，百分之五的脉冲持续时间可得到0.5 μs的脉宽。因为该值小于1 μs，PWM信号关闭。

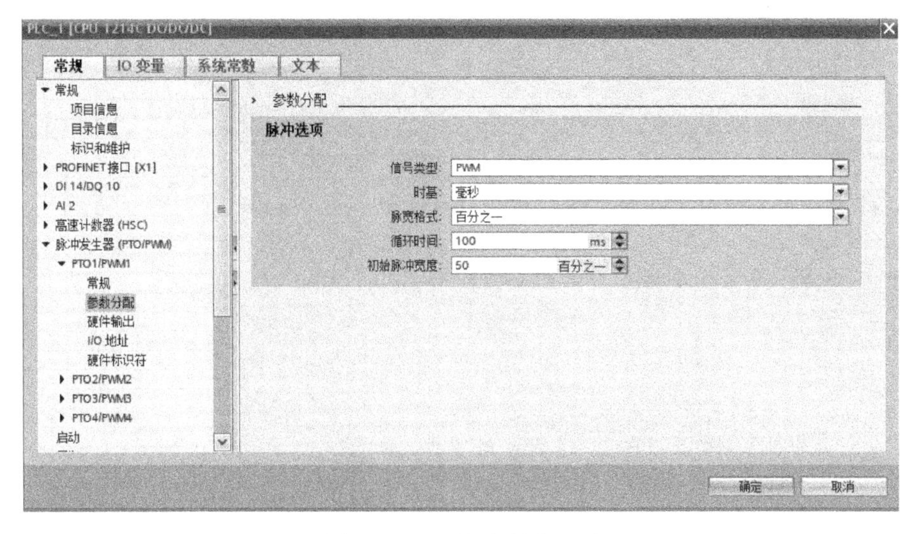

图4-111　监控字符串变量

4）如图4-112所示，选中“硬件输出”参数组，可在右侧选择PWM脉冲的输出点。如果将CPU或信号板的输出组态为脉冲发生器时（与PWM、PTO或运动控制指令配合使用），会从Q存储器中移除相应的输出地址，且这些地址在程序中不能用于其他用途。即用户程序中的其他指令无法使用脉冲发生器输出，例如，程序向用作脉冲发生器的输出写入某个值，则CPU不会将该值写入到物理输出。

5）选中图4-113所示的“I/O地址”参数组，在右侧可以看到PWM输出地址项下的起始地址和结束地址，它是为PWM分配的Q存储器的两个字节的地址，用于存放脉冲宽度值，可以在系统运行时用这个地址来修改脉冲宽度。在默认情况下，PWM1地址为QW1000，PWM2地址为QW1002，PWM3地址为QW1006，PWM4地址为OW1008。也可以修改其起始地址。

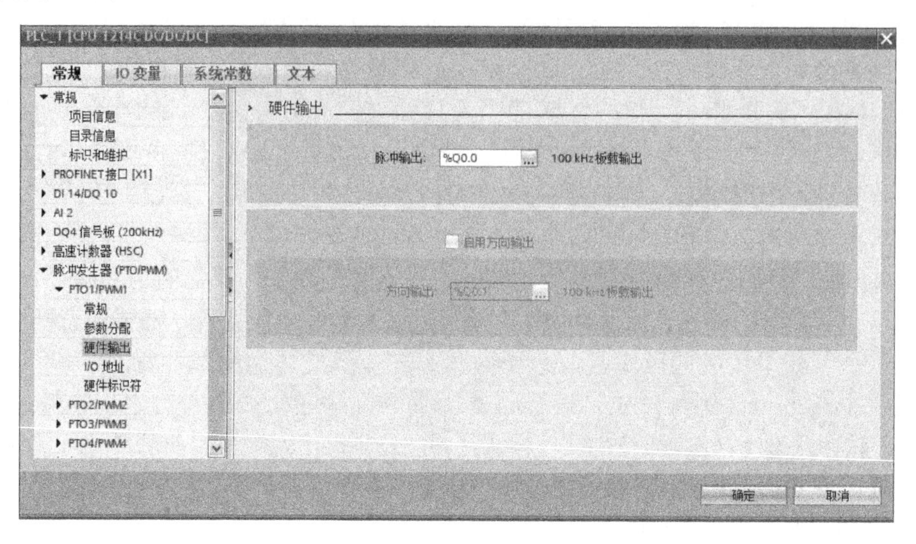

图 4-112 设置脉冲输出点

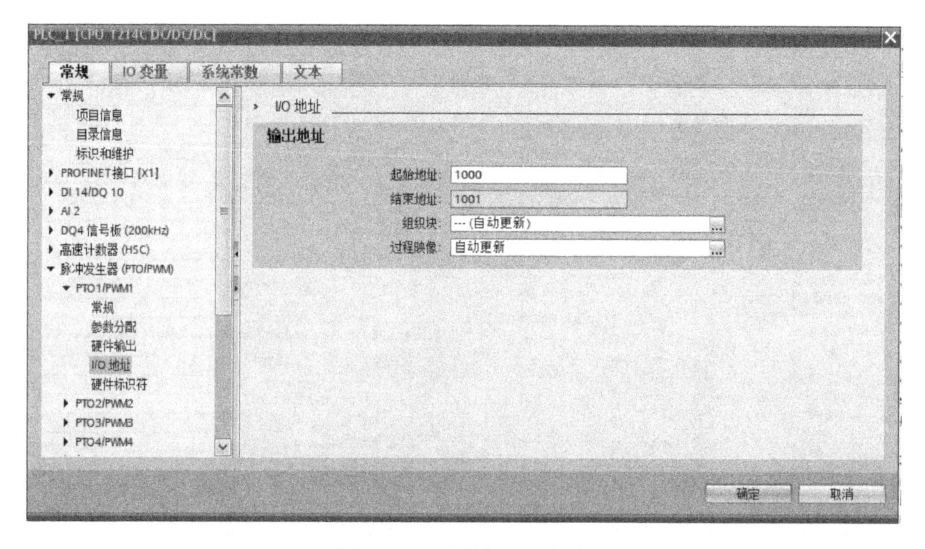

图 4-113 设置 I/O 地址

3. 高速脉冲指令

高速脉冲指令包括脉宽调制指令（CTRL_PWM）和脉冲串输出指令（CTRL_PTO）。指令说明见表 4-30。

表 4-30 高速脉冲指令说明

指令名称	指令格式	指令说明
脉宽调制指令	%DB1 "CTRL_PWM_DB" CTRL_PWM EN ENO PWM BUSY ENABLE STATUS	提供占空比可变的固定循环时间输出。PWM 输出以指定频率（循环时间）启动之后将连续运行。脉冲宽度会根据需要进行变化以影响所需的控制 CTRL_PWM 指令将参数信息存储在 DB 中。DB 参数不是由用户单独更改的，而是由 CTRL_PWM 指令进行控制

（续）

指令名称	指令格式	指令说明
脉冲串输出指令	%DB13 "CTRL_PTO_DB" CTRL_PTO EN　ENO DONE REQ　BUSY ERROR PTO　STATUS FREQUENCY	PTO 指令以指定频率提供占空比为 50%的方波输出。CTRL_PTO 指令将参数信息存储在 DB 中。DB 参数不是由用户单独更改的，而是由 CTRL_PTO 指令进行控制。必须在硬件配置中激活脉冲发生器并选中信号类型，此指令才能有效

4.8.2　高速计数器

PLC 普通计数器的计数过程与扫描工作方式有关，CPU 通过每个扫描周期读取一次被测信号的方法来捕捉被测信号的上升沿，但当被测信号的高电平持续时间小于扫描周期时，会丢失计数脉冲，因此普通计数器的最大计数速率受其所在 OB 的执行速率限制，一般仅有几十赫兹，而高速计数器（High Speed Counter，HSC）能对频率为千赫兹级的脉冲进行计数。

S7-1200 PLC 最多提供 6 个高速计数器，其独立于 CPU 的扫描周期进行计数，其中 CPU 1217C 可测量的脉冲频率最高为 1 MHz（差分信号），其他型号的 S7-1200 CPU 可测量到的单相脉冲频率最高为 100 kHz，A/B 相最高为 80 kHz。如果使用信号板还可以测量单相脉冲频率高达 200 kHz 的信号，A/B 相最高为 160 kHz。可用高速计数器连接增量式旋转编码器，通过对硬件组态和调用相关指令实现对高频脉冲的计数功能。

1. 高速计数器工作模式

高速计数器共有 5 种工作模式，分别为具有外部方向控制的单向计数、具有内部方向控制的单向计数、具有两路时钟输入的双相计数、A/B 相正交计数和监控 PTO 输出。每种高速计数器有外部复位和内部复位两种工作状态，所有的计数器无须启动条件设置，在硬件向导中设置完成后下载到 CPU 中即可启动高速计数器，目前高速计数功能所能支持的输入电压为 DC 24 V，表 4-31 列出了高速计数器的硬件输入定义和工作模式。高速计数器的最高测量频率和 CPU 型号、输入点、计数器工作模式等有关系。

表 4-31　高速计数器的硬件输入定义与工作模式

描述			输入点定义			功能
HSC	HSC1	使用 CPU 集成 I/O 或信号板或监控 PTO0	I0.0	I0.1	I0.3	
			I4.0	I4.1		
			PTO0	PTO0 方向		
	HSC2	使用 CPU 集成 I/O 或监控 PTO0	I0.2	I0.3	I0.1	
			PTO1	PTO1 方向		
	HSC3	使用 CPU 集成 I/O	I0.4	I0.5	I0.7	
	HSC4	使用 CPU 集成 I/O	I0.6	I0.7	I0.5	
	HSC5	使用 CPU 集成 I/O 或信号板	I1.0	I1.1	I1.2	
			I4.0	I4.1		
	HSC6	使用 CPU 集成 I/O	I1.3	I1.4	I1.5	

（续）

<table>
<tr><th colspan="2">描　述</th><th colspan="3">输入点定义</th><th>功　能</th></tr>
<tr><td rowspan="9">模式</td><td rowspan="2">单相计数，内部方向控制</td><td rowspan="2">时钟</td><td rowspan="2"></td><td></td><td>计数或频率</td></tr>
<tr><td>复位</td><td>计数</td></tr>
<tr><td rowspan="2">单相计数，外部方向控制</td><td rowspan="2">时钟</td><td rowspan="2">方向</td><td></td><td>计数或频率</td></tr>
<tr><td>复位</td><td>计数</td></tr>
<tr><td rowspan="2">双相计数，两路时钟输入</td><td rowspan="2">增时钟</td><td rowspan="2">减时钟</td><td></td><td>计数或频率</td></tr>
<tr><td>复位</td><td>计数</td></tr>
<tr><td rowspan="2">A/B 相正交计数</td><td rowspan="2">A 相</td><td rowspan="2">B 相</td><td></td><td>计数或频率</td></tr>
<tr><td>Z 相</td><td>计数</td></tr>
<tr><td>监控 PTO 输出</td><td>时钟</td><td>方向</td><td></td><td>计数</td></tr>
</table>

由于不同计数器在不同的模式下，同一个物理点会有不同的定义，在使用多个计数器时需要注意不是所有计数器可以同时定义为任意工作模式。高速计数器的输入使用与普通数字量输入相同的地址，当某个输入点已定义为高速计数器的输入点时，就不能再应用于其他功能，但在某个模式下，没有用到的输入点还可以用于其他功能的输入。

监控 PTO 输出的工作模式只有 HSC1 和 HSC2 支持，使用此模式时，不需要外部接线，CPU 在内部已做了硬件连接，可直接检测通过 PTO 功能所发的高速脉冲个数。

S7-1200 CPU 除了提供计数功能外，还提供了频率测量功能，有 3 种不同的频率测量周期：1.0 s、0.1 s 和 0.01 s。频率测量周期是这样定义的：计算并返回新的频率值的时间间隔。返回的频率值为上一个测量周期中所有测量值的平均，无论测量周期如何选择，测量出的频率值总是以 Hz 为单位。

2. 高速计数器组态

在 S7-1200 的硬件组态中，可以配置高速计数器的参数。打开 CPU 的“属性”面板，在“常规”选项卡中的“高速计数器（HSC）”项下，选中“HSC1”中的“常规”参数组，勾选“启用该高速计数器”，激活该高速计数器，如图 4-114 所示。

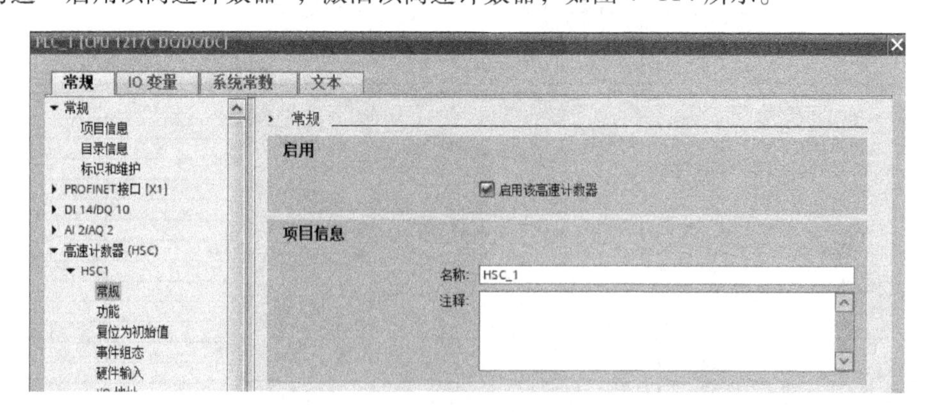

图 4-114　启用高速计数器

选中“HSC1”中的“功能”，如图 4-115 所示，在右侧可进行如下设置：

1）计数类型：在下拉列表中，可选计数、时间段、频率、运动控制等模式。

2）工作模式：在下拉列表中，可选单相、两相位、A/B 计数器、A/B 计数器四倍频。组态为 A/B 计数器四倍频的计数值是组态为 A/B 计数器的 4 倍，但频率相比组态 A/B 计数器不会发生变化。

3）计数方向取决于：可通过下拉列表选择“用户程序（内部方向控制）”或“输入（外部方向控制）”，该功能只与单相计数有关。

4）初始计数方向：可通过下拉列表选择“增计数”或“减计数”。

5）频率测量周期：只有在“计数类型”中选择了“时间段”或“频率”选项才能对该项进行设置。在下拉列表中可以选择 1 s、0.1 s、0.01 s，一般情况下当脉冲频率比较高时选择更小的测量周期可以更新得更加及时，当脉冲频率比较低时选择更大的测量周期可以测量得更准确。

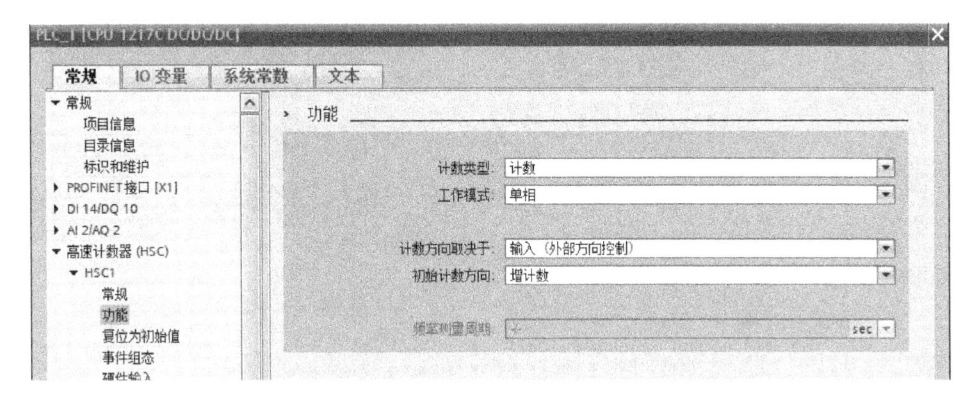

图 4-115　功能设置

在计数器“功能”参数组的“计数类型”选为“计数”的前提下，选中图 4-116 左侧的“复位为初始值”，可以设置“初始计数器值”和“初始参考值”。如果勾选了“使用外部复位输入”复选框，用下拉式列表选择“复位信号电平”是高电平有效还是低电平有效。

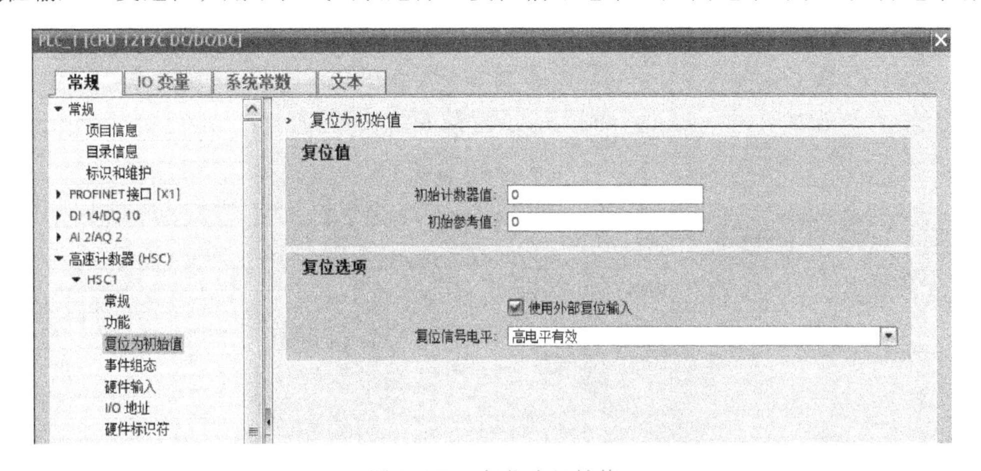

图 4-116　复位为初始值

在图 4-117 中，选中左侧“事件组态”参数组，在右侧有 3 个复选框，分别为“为计数器值等于参考值这一事件生成中断”“为外部复位事件生成中断”和“为方向变化事件生成中断”。根据情况激活相应事件中断，可以输入中断事件名称或采用默认的名称。生成处理各事件中断 OB 后，可以将它们指定给相应的中断事件。

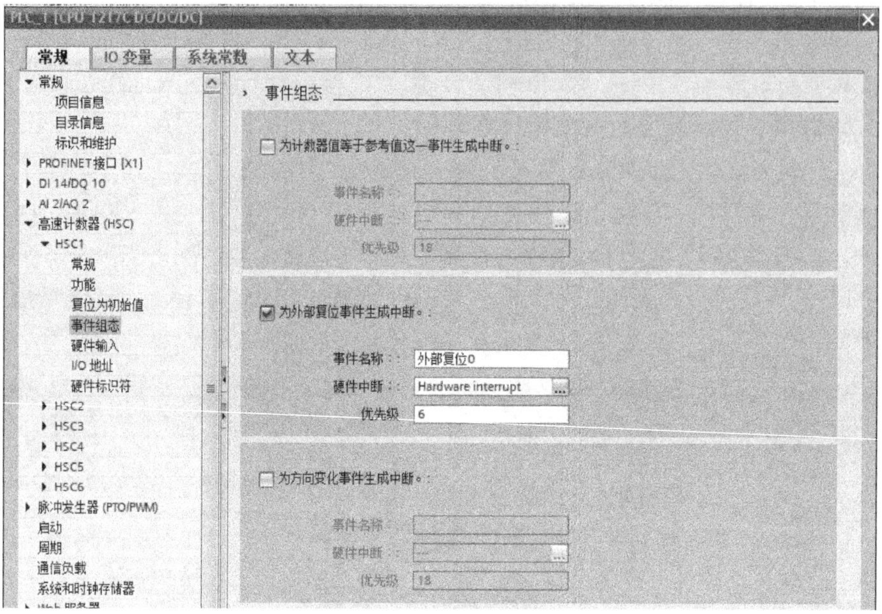

图 4-117 事件组态

在图 4-118 中，选中左侧“硬件输入”参数组，可以在右侧组态“时钟发生器输入”“方向输入”和“复位输入”所使用的硬件输入点。对于高速计数器的相关硬件输入点，一般情况下需要设置其滤波时间。在 S7-1200 CPU 和 SB 的属性中，数字量输入通道的输入滤波器默认设置值为 6.4 ms，该输入滤波时间对应的高速计数器能检测到的最大频率为 78 Hz。因此如果使用该默认值，且 S7-1200 CPU 或 SB 接入的高速输入脉冲超过 78 Hz，则 S7-1200 CPU 或 SB 会过滤掉该频率的输入脉冲。要正确使用 S7-1200 CPU 和 SB 高速计数功能，需要根据实际接入的高速输入脉冲最大频率，在“属性→常规→数字量输入”通道设置输入滤波器时间。V4.0 或更高版本的 S7-1200 CPU 和 SB，每个数字量输入点都可设置输入滤波器时间，如图 4-119 所示。输入滤波器时间 T 和可检测到的最大输入频率 F 见表 4-32。

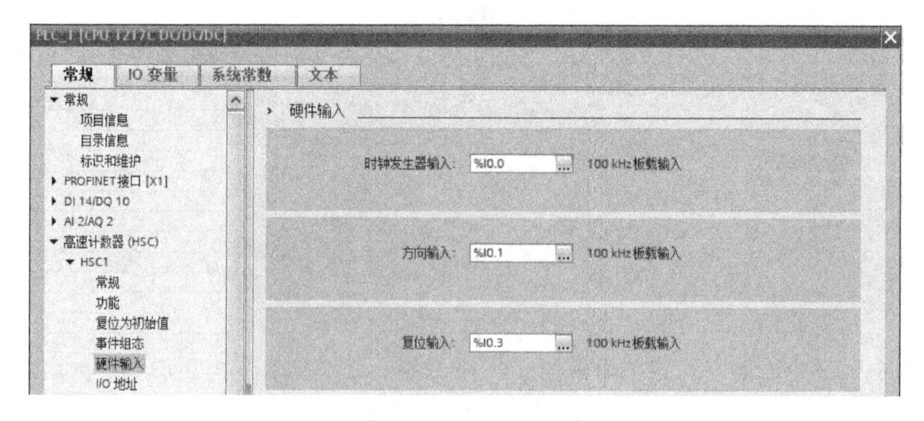

图 4-118 事件组态

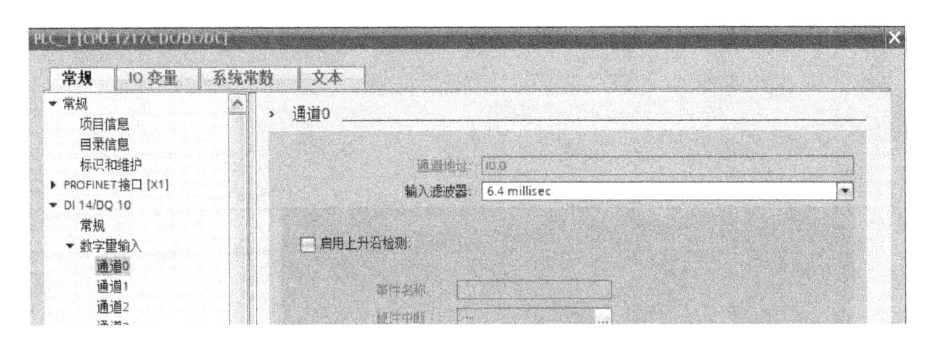

图 4-119　设置输入滤波器时间

表 4-32　输入滤波器时间和可检测到的最大输入频率

T	0. 1 μs	0. 2 μs	0. 4 μs	0. 8 μs	1. 6 μs	3. 2 μs	6. 4 μs	10 μs	12. 8 μs	20 μs	0. 05 ms
F	1 MHz	1 MHz	1 MHz	625 kHz	312 kHz	156 kHz	78 kHz	50 kHz	39 kHz	25 kHz	10 kHz
T	0. 1 ms	0. 2 ms	0. 4 ms	0. 8 ms	1. 6 ms	3. 2 ms	6. 4 ms	10 ms	12. 8 ms	20 ms	
F	2. 5 kHz	1. 25 kHz	625 Hz	312 Hz	156 Hz	78 Hz	50 Hz	39 Hz	25 Hz	2. 5 kHz	

在图 4-120 中，选中左侧“I/O 地址”参数组，在右侧可以修改 HSC 的起始地址。HSC1～HSC6 的实际计数值的数据类型为 DInt，默认地址为 ID1000～ID1020。

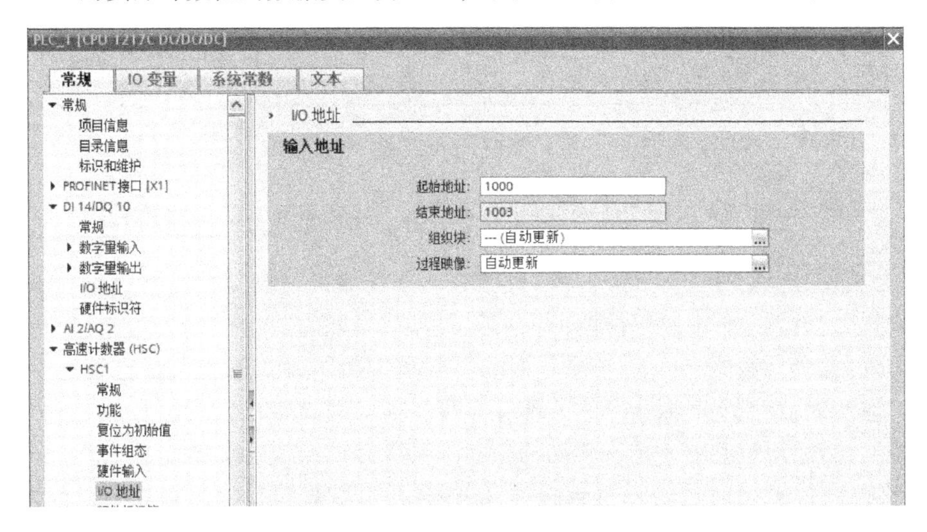

图 4-120　设置 I/O 地址

3. 高速计数器指令

高速计数器指令包括 CTRL_HSC 和 CTRL_HSC_EXT 指令，CTRL_HSC 指令是从 S7-1200 V1.0 版本就开始支持的旧指令，只支持修改计数方向、参考值、当前值、频率测量周期等参数的功能，而 CTRL_HSC_EXT 指令支持所有功能，例如门功能、同步功能、捕捉功能、计数、频率测量、周期测量、修改参数等。

如果只需要计数或者测量频率，以及硬件门、复位计数值为零、比较输出等基本功能，而其他功能都不使用，只要在硬件配置里使能并组态了高速计数器，无须调用高速计数器指令，高速计数器就可以正常计数，只需读取相应计数器地址即可；如果除基本功能以外，还需要修改计数方向、参考值、当前值、频率测量周期等参数，可以使用旧指令 CTRL_HSC，该指令使用更为简单；如果有更多功能需求，则必须使用 CTRL_HSC_EXT 指令。指令说明见表 4-33。

表 4-33 高速计数器指令说明

指令名称	指令格式	指令说明
控制高速计数器指令	%DB4 "CTRL_HSC_0_DB" CTRL_HSC EN ENO W#16#0 — HSC BUSY — ... False — DIR STATUS — ... False — CV False — RV False — PERIOD 0 — NEW_DIR L#0 — NEW_CV L#0 — NEW_RV 0 — NEW_PERIOD	每个 CTRL_HSC（控制高速计数器）指令都使用 DB 中存储的结构来保存计数器数据。在编辑器中插入 CTRL_HSC 指令，将创建一个用于保存操作数据的背景 DB
控制高速计数器扩展指令	%DB5 "CTRL_HSC_EXT_DB" CTRL_HSC_EXT EN ENO 16#0 — HSC DONE — ... ... — CTRL BUSY — ... ERROR — ... STATUS — ...	CTRL_HSC_EXT（控制高速计数器扩展）指令都使用系统定义的数据结构（存储在用户自定义的全局背景 DB 中）存储计数器数据。将 HSC_Count、HSC_Period 或 HSC_Frequency 数据类型作为输入参数分配到 CTRL_HSC_EXT 指令

4.9 习题

1. 试分析各边沿指令的异同点。
2. 试分析定时器不计时的可能原因。
3. 用定时器和计数器都可实现定时功能，哪种定时更精确，为什么？
4. 功能框和线圈型定时器指令的区别有哪些？
5. 设计一个三组抢答器，抢答成功的组对应的指示灯点亮，并锁定抢答器，其余队伍无法再抢答，进行下一问题时主持人按复位按钮，抢答重新开始。写出 I/O 分配表和梯形图。
6. 设计一个定时时间为 30 天的长延时电路程序。
7. 用比较指令和计数指令编写开关灯程序，要求灯控按钮按下一次，灯 1 亮，再按一次，灯 1、灯 2 全亮，再按一次灯全灭，如此循环。写出 I/O 分配表和梯形图。
8. 试编程实现某物料两级传送系统控制。为防止物料在传送带上堆积，控制要求如下：按下起动按钮后，二级传送带起动，10 s 后一级传送带起动，20 s 后出料阀打开；按下停止按钮后，出料阀关闭，30 s 后一级传送带停止，40 s 后二级传送带停止。
9. 某轧钢厂的成品库可存放钢卷 1000 个，因为不断有钢卷进库、出库，需要对库存的钢卷数进行统计，当库存数低于下限 100 时，指示灯 HL1 亮；当库存数大于 900 时，指示灯 HL2 亮；当达到库存上限 1000 时，报警器 HA 响，停止进库。写出 I/O 分配表和梯形图。

10. 试设计地铁站点指示灯控制程序，要求如下：该地铁共用 16 个站点，每个站点都有相应的指示灯指示。地铁运行时，已到达站点的指示灯会变亮，即将到达站点的指示灯处于闪烁状态，其他还未到达站点的灯处于灭的状态。当地铁到达终点后，所有站点指示灯全部熄灭。

11. 某温度变送器的量程为-100~500℃，输出信号为 4~20 mA，模拟量输入模块将 0~20 mA 电流信号转换为 0~27648 的数字输入 CPU，试计算输入数字所对应的温度值。

第5章　S7-1200 PLC的通信

S7-1200 可实现 CPU 与编程设备、HMI 和其他 CPU 之间的多种通信。其通信方式主要包括以太网通信、总线通信、串口通信等。S7-1200 CPU 本体以太网网口主要支持 S7、TCP、Modbus TCP、ISO on TCP、UDP、PROFINET IO、HMI、PG、Web、OPC UA 等通信方式或服务；总线通信包括 PROFINET 和 PROFIBUS，通过 PROFIBUS 或 PROFINET 可扩展分布式 I/O 系统，将过程信号连接到 S7-1200 控制器；S7-1200 支持的串行通信方式，主要包括点对点（PtP）通信、Modbus 主从通信和 USS 通信等。本章主要介绍 S7 1200 PLC 的以太网通信。

5.1 以太网简介

5.1.1　PROFINET 通信口

S7-1200 CPU 本体上集成了一个 PROFINET 通信口（CPU 1211C~CPU 1214C）或者两个 PROFINET 通信口（CPU 1215C~CPU 1217C），支持以太网和基于 TCP/IP 和 UDP 的通信标准。这个 PROFINET 物理接口是支持 10/100 Mb/s 的 RJ45 口，支持电缆交叉自适应，因此标准的或是交叉的以太网线都可以用于这个接口。使用这个通信口可以实现 S7-1200 CPU 与编程设备的通信，与 HMI 触摸屏的通信，以及与其他 CPU 之间的通信。此外它还可以通过开放的以太网协议支持与第三方设备的通信。

S7-1200 CPU 的 PROFINET 通信口主要支持 S7、TCP、Modbus TCP、ISO on TCP、UDP、PROFINET IO、HMI、PG、Web、OPC UA 等通信方式或服务。

5.1.2　S7-1200 连接资源

S7-1200 CPU 的 PROFINET 通信口支持的通信协议以及连接资源与固件版本有关。V4 以下版本支持的连接数是固定不变的，不能自定义。从 V4.0 开始，连接资源分为预留资源和动态资源两类，其中分配给每种通信类别的预留资源数为固定值，这些值无法更改。当一种通信类别需要更大的连接数时，可以通过组态动态资源来增加，但是每类通信的连接数不能超过规定的最大资源占用数。每种通信类别的预留资源只能留给自身连接使用，连接时会先使用预留资源，当预留资源占用完以后才会使用动态资源。动态资源本着“先到先得”的原则，先建立的连接先占用，如果动态资源已经全部被占用，即使某类连接已经使用的资源数超过了预留资源数量但没有达到最大连接资源数，也无法再继续增加该类连接。

V4.0~V4.4 版本预留资源数为 62，动态资源数为 6；V4.5、V4.6 版本预留连接资源数为 34，动态资源数为 34。以 V4.6 版本为例，其本体以太网网口支持的协议包括：PROFINET IO（包括 IO 控制器、智能设备、共享设备）、PG 通信（用于编程调试）、HMI 通信、S7 通信、开放式用户通信（包括 TCP、ISO on TCP、UDP、Modbus TCP、Email、安全开放式用户通信）、Web 服务器、OPC UA 服务器。其连接资源见表 5-1。

表 5-1　S7-1200 的连接资源

连接资源	PG 通信	HMI 通信	S7 通信	开放式用户通信	Web 服务器
预留资源数	4（保证支持 1 个 PG）	12（保证支持 4 个 HMI）	8	8	2
动态资源数	34				

如表 5-1 所示，分配给每个类别的预留资源数为固定值，无法更改这些值。但可组态 34 个“动态连接”以按照应用要求增加任意类别的连接数。通过动态资源可以增加每类通信资源个数，但是每类通信有最大资源占用数，见表 5-2。

表 5-2　S7-1200 的最大连接资源

连接资源	PG 通信	HMI 通信	S7 通信	开放式用户通信	Web 服务器	OPC UA
可以使用的最大连接资源数量	4（保证支持 1 个 PG）	18	14	14	30	10
可以使用的动态资源数量	0	6	6	6	28	10

例如，S7-1200 的预留 HMI 资源有 12 个。根据 HMI 类型或型号以及使用的 HMI 功能，不同类型的 HMI 实际可能占用 S7-1200 连接资源中的 1 个、2 个或 3 个。因此，对于 12 个预留的 HMI 资源，可以同时使用至少 4 个 HMI（如果考虑到动态资源，则可以连接更多的 HMI）。HMI 可利用其可用连接资源实现读取、写入、报警和诊断等功能。

5.1.3　物理网络连接

S7-1200 CPU 的 PROFINET 口有两种物理网络连接方法。

1）直接连接：当一个 S7-1200 CPU 与编程设备、HMI 或另一个 PLC 通信时，也就是说只有两个通信设备时，实现的是直接通信。直接连接不需要使用交换机，用网线直接连接两个设备即可，如图 5-1a 所示。

2）网络连接：当两个以上通信设备进行通信时，实现的是网络连接。多个通信设备的网络连接需要使用以太网交换机来实现。比如，可以用西门子 4 口交换机 CSM1277 实现 CPU 及 HMI 等设备的连接，如图 5-1b 所示，其中 CSM1277 交换机是即插即用的，使用前无须做任何设置。

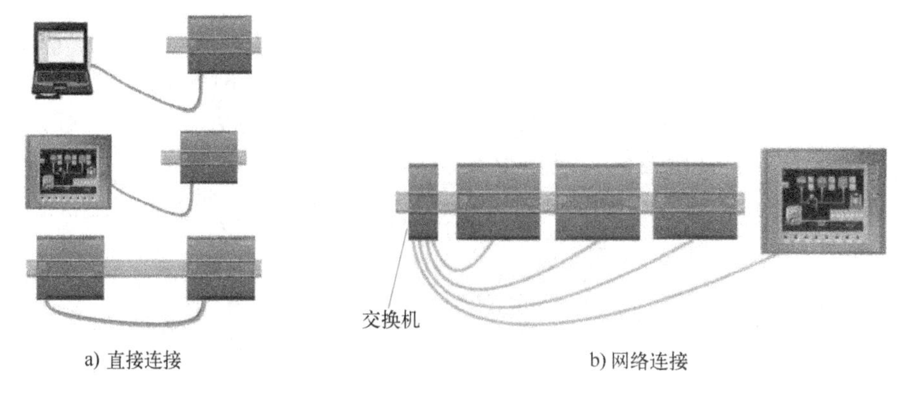

图 5-1 物理网络连接

5.2 S7 通信

5.2.1 S7 通信协议

S7 通信协议是西门子 S7 系列 PLC 内部集成的一种通信协议，是 S7 系列 PLC 的精髓所在。它是一种运行在传输层（会话层/表示层/应用层）之上的经过特殊优化的通信协议，其信息传输可以基于 MPI 网络、PROFIBUS 网络或者以太网。

S7 通信支持基于客户端/服务器的单边通信和基于伙伴/伙伴的双边通信。客户端其实是在 S7 通信中的一个角色，它是资源的索取者，而服务器则是资源的提供者。服务器通常是 S7-PLC 的 CPU，它的资源就是其内部的变量/数据等。客户端通过 S7 通信协议，对服务器的数据进行读取或写入的操作。常见的客户端包括 HMI、编程计算机等。当两台 S7-PLC 进行 S7 通信时，可以把一台设置为客户端，另一台设置为服务器。S7 单边通信是最常用的通信方式，在该模式中，只需要在客户端一侧进行配置和编程即可，而服务器的“服务”功能是硬件提供的，不需要用户软件的任何设置，因此服务器一侧只需要准备好需要被访问的数据，不需要任何编程。

客户端/服务器模式的数据流动是单向的。也就是说，只有客户端能操作服务器的数据，而服务器不能对客户端的数据进行操作。有时需要双向的数据操作，这就要使用基于伙伴/伙伴的双边通信。S7 双边通信的通信双方都需要进行配置和编程，在通信时需要先建立连接，主动请求建立连接的称为主动伙伴，被动等待建立连接的称为被动伙伴，当通信建立后，通信双方都可以发送或接收数据。

5.2.2 两台 S7-1200 PLC 之间的 S7 通信

通过 S7 通信协议，S7-1200 CPU 可以实现和 S7 系列 PLC 进行通信。本小节以两台 S7-1200 PLC 之间的 S7 通信为例，介绍其具体实现方法。

1. S7 通信相关指令

（1）GET 指令　无论远程 CPU 处于 RUN 还是 STOP 模式，使用 GET 指令都可以从远程

CPU 中读取数据。STEP 7 会在插入 GET 指令时自动创建其背景 DB。GET 指令及参数见表 5-3。

表 5-3　GET 指令及参数

指　　令	参　　数	描　　述
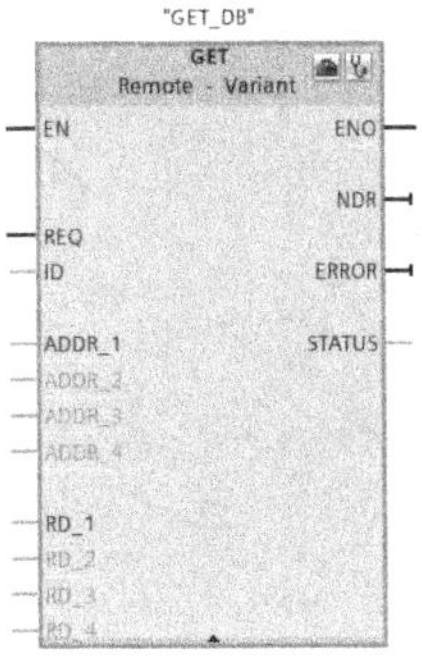 "GET_DB" GET Remote - Variant EN　ENO NDR REQ ID　ERROR ADDR_1　STATUS ADDR_2 ADDR_3 ADDR_4 RD_1 RD_2 RD_3 RD_4	REQ	上升沿时触发 GET 指令执行
	ID	S7 连接 ID（十六进制）
	ADDR_1～ADDR_4	指向远程 CPU 中存储待读取数据的存储区
	RD_1～RD_4	指向本地 CPU 中存储待读取数据的存储区
	NDR	远程 CPU 的数据是否被成功读取：0（否），1（是）
	ERROR、STATUS	ERROR 为指令执行出错指示，错误信息存储在 STATUS 中

（2）PUT 指令　无论远程 CPU 处于 RUN 还是 STOP 模式，使用 PUT 指令可以将数据写入远程 S7 CPU 中。

STEP 7 会在插入 PUT 指令时自动创建其背景 DB。PUT 指令及参数见表 5-4。

表 5-4　PUT 指令及参数

指　　令	参　　数	描　　述
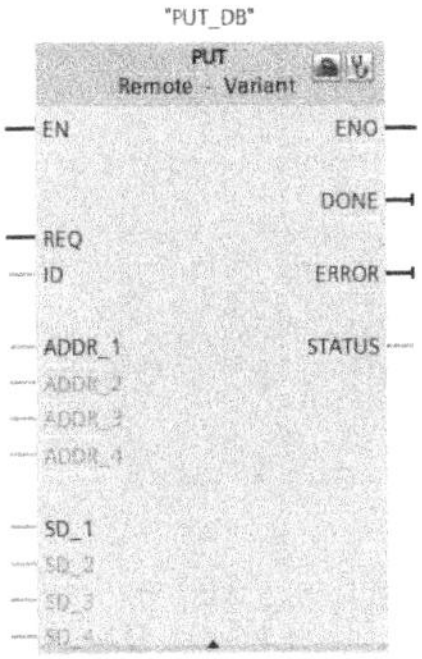 "PUT_DB" PUT Remote - Variant EN　ENO DONE REQ ID　ERROR ADDR_1　STATUS ADDR_2 ADDR_3 ADDR_4 SD_1 SD_2 SD_3 SD_4	REQ	上升沿时触发 PUT 指令执行
	ID	S7 连接 ID（十六进制）
	ADDR_1～ADDR_4	指向远程 CPU 中存储待发送数据的存储区
	SD_1～SD_4	指向本地 CPU 中存储待发送数据的存储区
	DONE	数据是否被成功写入到远程 CPU：0（否），1（是）
	ERROR、STATUS	ERROR 为指令执行出错指示，错误信息存储在 STATUS 中

指令说明：

① 指令上使用的数据读写区域需要使用指针的方式进行给定，对应使用的数据块需要使用非优化访问的块。

② 必须确保 ADDR_x（远程 CPU）与 RD_x 或 SD_x（本地 CPU）参数的长度（字节数）和数据类型相匹配。标识符“Byte”之后的数字是 ADDR_x、RD_x 或 SD_x 参数引用的字节数。

③ 通过 GET 指令可接收的字节总数或者通过 PUT 指令可发送的字节总数有一定的限制，这取决于通信数据存储区的数量。

如果仅使用 ADDR_1 和 RD_1/SD_1，则一个 GET 指令可获取 222 个字节，一个 PUT 指令可发送 212 个字节；如果使用 ADDR_1、RD_1/SD_1、ADDR_2 和 RD_2/SD_2，则一个 GET 指令总共可获取 218 个字节，一个 PUT 指令总共可发送 196 个字节；如果使用 ADDR_1、

RD_1/SD_1、ADDR_2、RD_2/SD_2、ADDR_3 和 RD_3/SD_3，则一个 GET 指令总共可获取 214 个字节，一个 PUT 指令总共可获取 180 个字节；如果使用 ADDR_1、RD_1/SD_1、ADDR_2、RD_2/SD_2、ADDR_3、RD_3/SD_3、ADDR_4、RD_4/SD_4，则一个 GET 指令总共可获取 210 个字节，一个 PUT 指令总共可发送 164 个字节。

各个地址和存储区参数的字节数之和必须小于或等于定义的限值。如果超出这些限值，则 GET 或 PUT 指令将返回错误。

④ 在参数 REQ 的上升沿出现时，读操作（GET）或写操作（PUT）将装载 ID、ADDR_1 和 RD_1(GET)或 SD_1(PUT)参数。

对于 GET：从下次扫描开始，远程 CPU 会将请求的数据返回接收区（RD_x）。成功完成读取操作后，参数 NDR 将置 1。新操作只有在之前的操作完成后才能开始；对于 PUT：本地 CPU 开始将数据发送（SD_x）到远程 CPU 中的存储位置（ADDR_x）。写操作顺利完成后，远程 CPU 返回执行确认。PUT 指令的参数 DONE 被设置为 1。新写入操作只有在之前操作完成后才能开始。

⑤ 参数 ERROR 和 STATUS 提供有关读（GET）或写（PUT）操作的状态信息，见表 5-5。

表 5-5 状态信息描述

ERROR	STATUS（十进制）	描　述
0	0	既没有错误也没有警告
0	11	由于前一个作业还没有结束，所以不能执行新作业；正在以较低优先级处理此作业
0	25	通信已启动。正在处理作业
1	1	通信故障，如：未装载连接描述（本地或远程）；连接被中断（例如电缆断线、CPU 关闭或 CM/CB/CP 处于 STOP 模式）；没有建立到通信伙伴的连接
1	2	来自伙伴设备的否定应答。无法执行任务
1	4	发送区指针（GET 的 RD_x，或 PUT 的 SD_x）出错，包括数据长度或数据类型
1	8	在伙伴 CPU 上发生访问错误
1	10	无法访问本地用户存储器（例如尝试访问已经删除的数据块）
1	12	调用 SFB 时出错。比如：指定了不属于 GET 或 PUT 的背景 DB；未指定背景 DB，而是指定了一个共享 DB；未发现背景 DB（装载新的背景 DB）
1	20	超出并行作业/实例的最大数量或当 CPU 处于 RUN 模式时实例过载。首次执行 GET 或 PUT 指令时可能出现此状态
1	27	CPU 中没有相应的 GET 或 PUT 指令

2. S7 通信示例

S7-1200 的 PROFINET 通信口可以做 S7 通信的服务器端或客户端（CPU V2.0 及以上版

本）。S7-1200 仅支持 S7 单边通信，只需在客户端单边组态连接和编程，而服务器端只需要准备好通信的数据即可。

【例 5-1】假设 PLC1 为 CPU 1214C DC/DC/DC（V4.1），PLC2 为 CPU 1214C DC/DC/DC（V2.2），两台 CPU 在同一个项目中，试利用 S7 通信完成如下任务：PLC1 将通信数据区 DB1 块中的 10 个字节的数据发送到 PLC2 的接收数据区 DB1 块中；PLC1 将 PLC2 发送数据区 DB2 块中的 10 个字节的数据读到 PLC1 的接收数据区 DB2 块中。

针对上述要求，具体实现过程如下。

视频
两台 S7-1200 PLC 之间的 S7 通信

（1）组态网络　使用 STEP7 V13 创建一个新项目，并通过“添加新设备”组态 S7-1200 站。选择 CPU 1214C DC/DC/DC V4.1，命名为“client V4.1”，选择 CPU“属性”的“常规”选项卡，在“PROFINET 接口”中选“以太网地址”选项，在右边面板中“接口连接到”项中单击“添加新子网”，在“IP 协议”项中设置 client V4.1 站的 IP 地址为 192.168.0.10；然后通过双击项目树下的“添加新设备”，选择 CPU 1214C DC/DC/DC V2.2 组态另一个 S7-1200 站，并命名为“server v2.2”，在其“属性”的“以太网地址”选项中的“接口连接到”项的子网下拉列表中选“PN/IE_1”，并在“IP 协议”项中设置 server v2.2 的 IP 地址为 192.168.0.11，如图 5-2 所示。

图 5-2　在新项目中插入 2 个 S7-1200 站点并设置 IP 地址

双击“项目树”中的“设备与网络”，在弹出的“设备和网络”窗口中，选择“网络视图”进行网络配置，单击左上角的“连接”图标，并在图标右侧下拉列表中选择“S7 连接”，然后选中 client v4.1 CPU（客户端），在右键菜单中选择“添加新的连接”，在创建新连接对话框内，选择连接对象“server v2.2 CPU”，勾选“主动建立连接”后单击“添加”按钮建立新连接，如图 5-3 所示。也可以在选择“S7 连接”后，单击第一个设备上的 PROFINET 接口，然后拖出一条线连接到第二个设备上的 PROFINET 接口，松开鼠标左键，即可创建 S7 连接。在中间栏的“连接”条目中，可以看到已经建立的“S7_连接_1”，如图 5-4 所示。

单击图 5-4 中两个 CPU 连线中的“S7_连接_1”图标，在其连接属性中可以查看各参数，如图 5-5 所示。

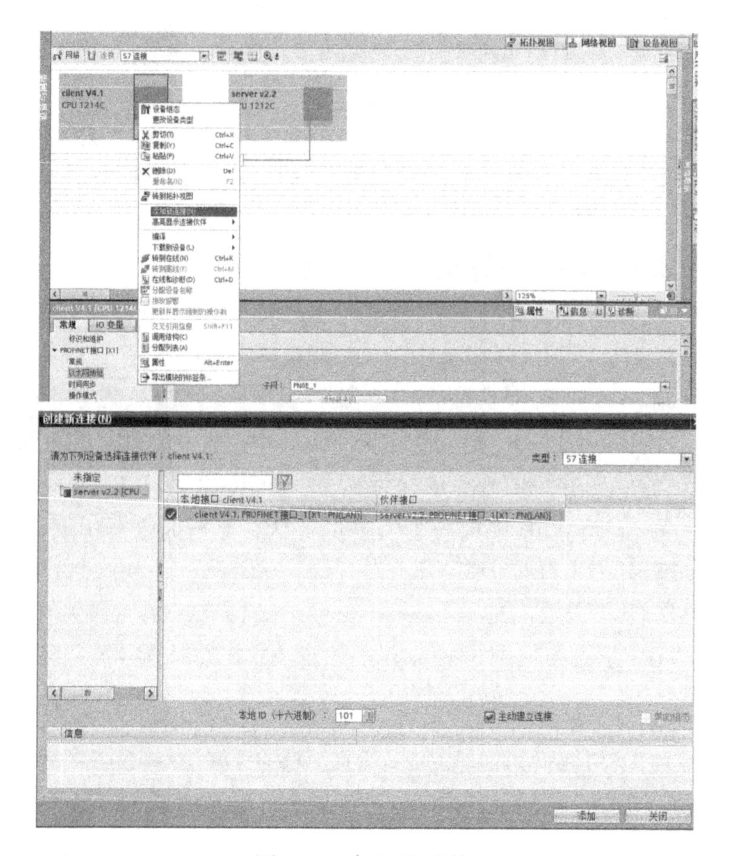

图 5-3 建立 S7 连接

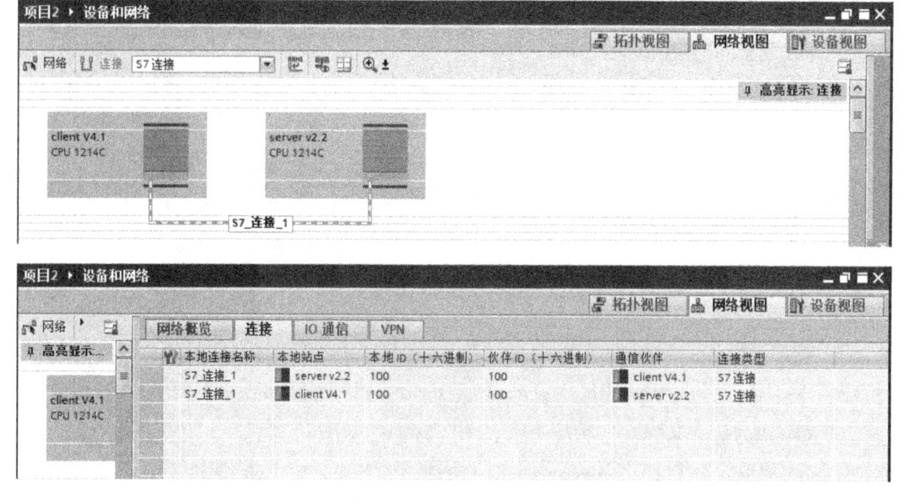

图 5-4 S7 连接

在“常规”选项卡中，显示连接名称以及本地和伙伴（远程）CPU 连接路径，主要包括站点、接口、接口类型、子网以及 IP 地址等信息；在本地 ID 中显示通信连接的 ID 号，为十六进制，此 ID 为编程时 PUT 和 GET 指令的 S7 连接 ID，这里 ID = W#16#100；在“特殊连接属性”中可以选择是否为主动连接，这里 client v4.1 是主动建立连接；在“地址详细

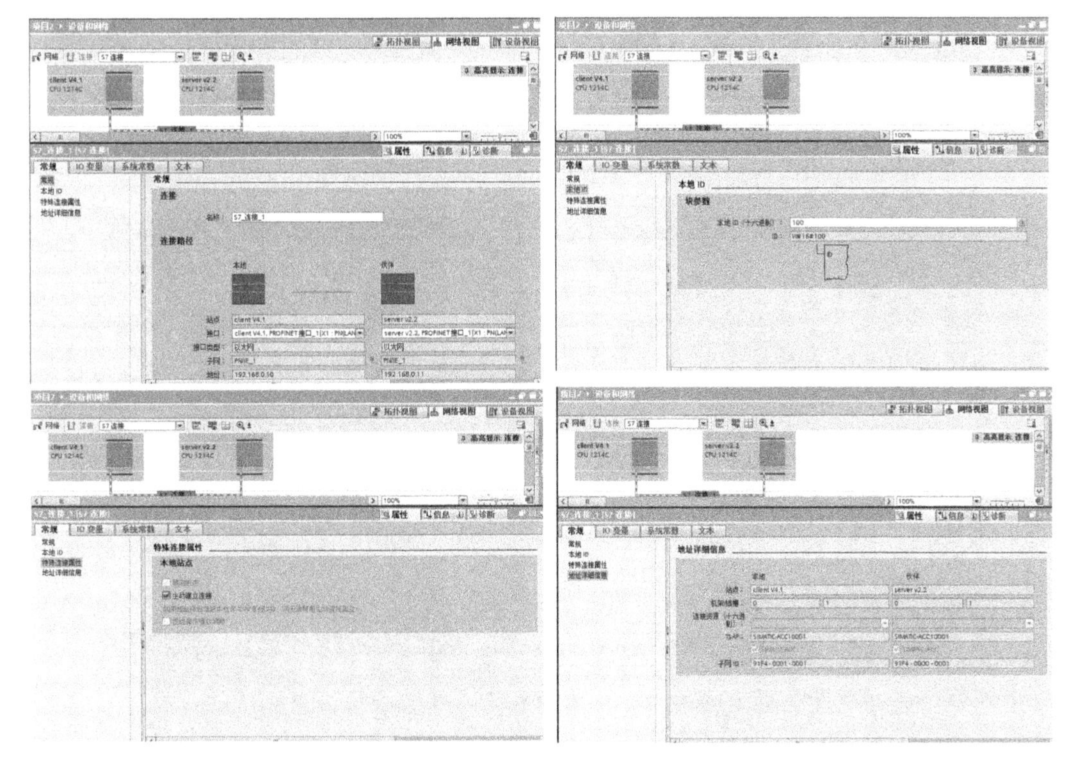

图 5-5　S7 连接属性

信息”中包含了本地和伙伴 CPU 的站点、机架插槽、连接资源、传输服务访问点（Transport Service Access Point，TSAP）以及子网 ID 等。TCP 允许有多个连接访问单个 IP 地址（最多 64K 个连接），借助 RFC 1006 协议，TSAP 可唯一标识连接到同一个 IP 地址。

配置完网络连接，双方都编译存盘并下载。如果通信连接正常，则连接为在线状态，如图 5-6 所示。

网络概览　连接　IO 通信　VPN

本地连接名称	本地站点	本地 ID (...	伙伴 ID...	通信伙伴	连接类型
S7_连接_1	client v4.1	100	100	server v2.2	S7 连接
S7_连接_1	server v2.2	100	100	client v4.1	S7 连接

图 5-6　连接状态

（2）软件编程　在项目树中“client v4.1”的“程序块”文件夹内双击“添加新块”，在弹出的“添加新块”面板中选择数据块并命名为“client send”。在“client send”数据块中添加名为“send”的数组变量，数据类型为“Byte”，数组限值为 1…10。以同样的方式创建数据块“client rcv”，在数据块中添加名为“rcv”的数组变量，大小为 10 个字节。

按照上述操作步骤，在“server v2.2”内分别创建“server rcv”和“server send”数据块并添加数组变量“rcv_data”和“send”。这样就在 S7-1200 CPU 两侧分别创建了发送和接收数据块，并定义了 10 个字节的数组，如图 5-7 所示。

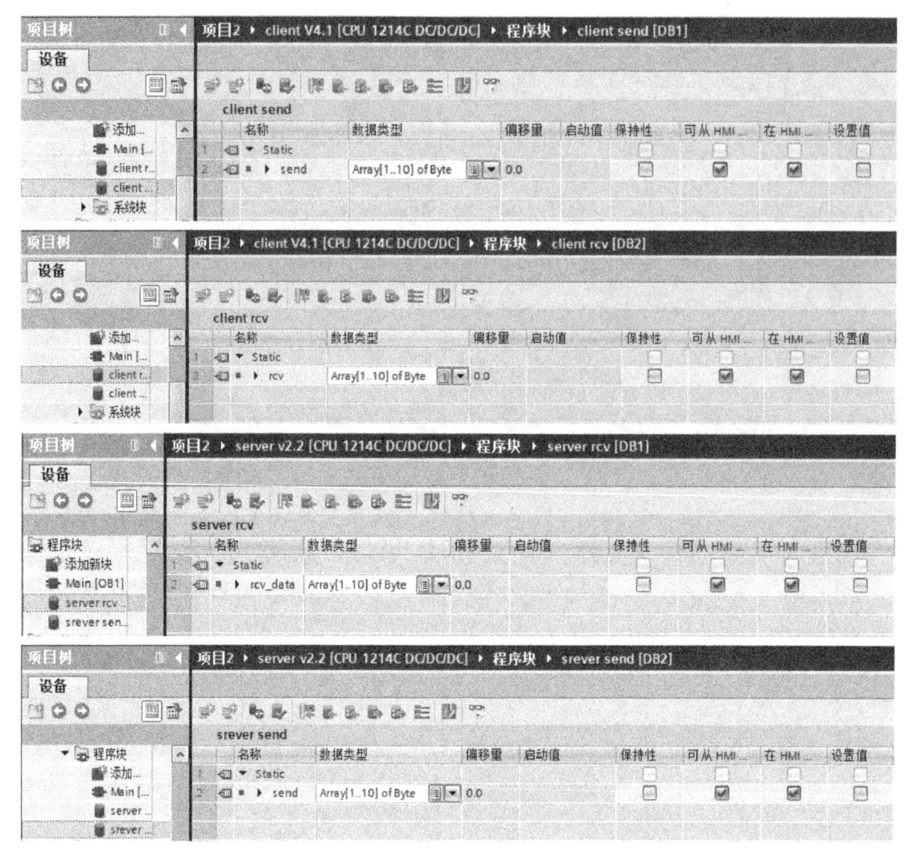

图 5-7 数据块

这样就创建了两个接收数据块和发送数据块，每个数据块设定了 10 个字节的发送和接收区。在创建上述数据块时，需要在数据块的属性中选择非优化的块访问，即取消勾选“优化的块访问”，如图 5-8 所示。

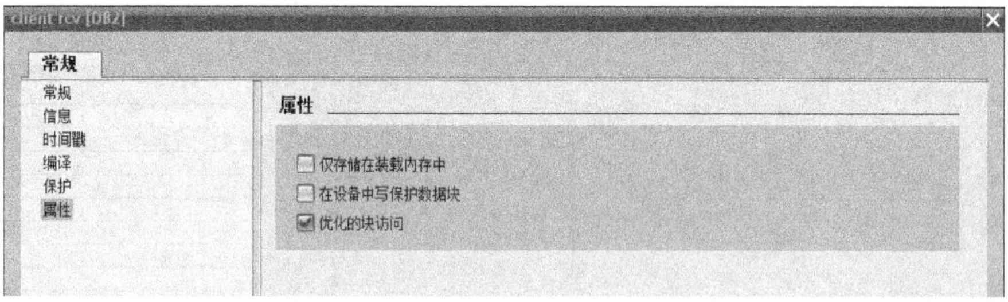

client rcv [DB2]
常规
常规
信息
时间戳
编译
保护
属性
属性
仅存储在装载内存中
在设备中写保护数据块
优化的块访问

图 5-8 选择非优化的块访问

在主动建连接侧编写 PLC 通信程序，在项目树中“client v4.1”的“程序块”文件夹内双击“Main[OB1]”打开程序编辑器。从指令任务卡中的“通信”窗格内的“S7 通信”中调用 Put 和 Get 通信指令，如图 5-9 所示。

在图 5-9 中，虽然 PUT(GET)指令的 ADDR_1 和 SD_1(RD_1)的参数是相同的，但它们代表的是不同的 CPU，ADDR_1 是指向远程 CPU 的 DB 块中从 0.0 地址开始的 10 个字节，而 SD_1 和 RD_1 则指向的是本地 CPU 的 DB 块。通过在 S7-1200 客户机侧编写上述程序，

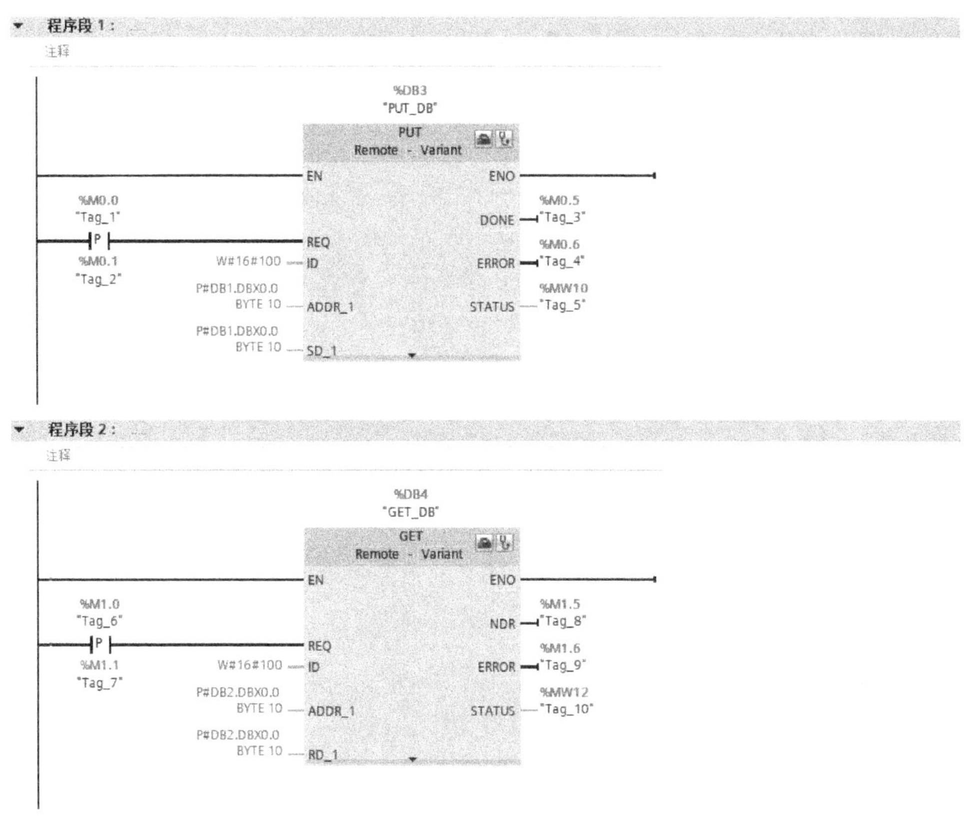

图 5-9　发送、接收指令调用

可实现两个 CPU 之间数据交换，监控结果如图 5-10 所示。

...IS7通讯 ▸ client v4.1 [CPU 1214C DC/DC/DC] ▸ 监控与强制表 ▸ client

	i	名称	地址	显示格式	监视值	修改值
1		"Tag_1"	%M0.0	布尔型	TRUE	TRUE
2		"client send".send.	%DB1.DBB0	十六进制	16#01	16#01
3		"client send".send.	%DB1.DBB1	十六进制	16#02	16#02
4		"client send".send.	%DB1.DBB2	十六进制	16#03	16#03
5		"client send".send.	%DB1.DBB3	十六进制	16#04	16#04
6		"client send".send.	%DB1.DBB4	十六进制	16#05	16#05
7		"client send".send.	%DB1.DBB5	十六进制	16#06	16#06
8		"client send".send.	%DB1.DBB6	十六进制	16#07	16#07
9		"client send".send.	%DB1.DBB7	十六进制	16#08	16#08
10		"client send".send.	%DB1.DBB8	十六进制	16#09	16#09
11		"client send".send.	%DB1.DBB9	十六进制	16#10	16#10
12		"Tag_6"	%M1.0	布尔型	TRUE	TRUE
13		"client rcv".rcv[1]	%DB2.DBB0	十六进制	16#11	
14		"client rcv".rcv[2]	%DB2.DBB1	十六进制	16#22	
15		"client rcv".rcv[3]	%DB2.DBB2	十六进制	16#33	
16		"client rcv".rcv[4]	%DB2.DBB3	十六进制	16#44	
17		"client rcv".rcv[5]	%DB2.DBB4	十六进制	16#55	
18		"client rcv".rcv[6]	%DB2.DBB5	十六进制	16#66	
19		"client rcv".rcv[7]	%DB2.DBB6	十六进制	16#77	
20		"client rcv".rcv[8]	%DB2.DBB7	十六进制	16#88	
21		"client rcv".rcv[9]	%DB2.DBB8	十六进制	16#99	
22		"client rcv".rcv[10]	%DB2.DBB9	十六进制	16#00	

...7通讯 ▸ server v2.2 [CPU 1214C DC/DC/DC] ▸ 监控与强制表 ▸ server

	i	名称	地址	显示格式	监视值
1		"server rcv".rcv_data[1]	%DB1.DBB0	十六进制	16#01
2		"server rcv".rcv_data[2]	%DB1.DBB1	十六进制	16#02
3		"server rcv".rcv_data[3]	%DB1.DBB2	十六进制	16#03
4		"server rcv".rcv_data[4]	%DB1.DBB3	十六进制	16#04
5		"server rcv".rcv_data[5]	%DB1.DBB4	十六进制	16#05
6		"server rcv".rcv_data[6]	%DB1.DBB5	十六进制	16#06
7		"server rcv".rcv_data[7]	%DB1.DBB6	十六进制	16#07
8		"server rcv".rcv_data[8]	%DB1.DBB7	十六进制	16#08
9		"server rcv".rcv_data[9]	%DB1.DBB8	十六进制	16#09
10		"server rcv".rcv_data[10]	%DB1.DBB9	十六进制	16#10
11					
12		"server send".send[1]	%DB2.DBB0	十六进制	16#11
13		"server send".send[2]	%DB2.DBB1	十六进制	16#22
14		"server send".send[3]	%DB2.DBB2	十六进制	16#33
15		"server send".send[4]	%DB2.DBB3	十六进制	16#44
16		"server send".send[5]	%DB2.DBB4	十六进制	16#55
17		"server send".send[6]	%DB2.DBB5	十六进制	16#66
18		"server send".send[7]	%DB2.DBB6	十六进制	16#77
19		"server send".send[8]	%DB2.DBB7	十六进制	16#88
20		"server send".send[9]	%DB2.DBB8	十六进制	16#99
21		"server send".send[10]	%DB2.DBB9	十六进制	16#00
22					

图 5-10　监控结果

在图 5-9 中，P#DB1.DBX0.0 BYTE 10 是指向从 DB1.DBX0.0 开始的 10 个字节，并且 DB1 必须是非优化的 DB 块，并包含有 10 字节长度的变量。这种结构起源于 S7-300/S7-400 的 Any 指针，S7-1200 无法像 S7-300/S7-400 一样定义以及拆解 Any 指针，但是在参数类型为 Variant 时，可以输入这种指针，S7-1200 将识别其为数组。

需要注意的是，在例 5-1 中用作服务器的 PLC 是固件版本为 V2.2 的 S7-1200 CPU，如果用固件版本 V4.0 以上的 S7-1200 CPU 作服务器，则需要如下设置才能保证 S7 通信正常。

右键单击作为 S7 服务器（sever）的 CPU，在弹出的菜单中选择“属性”，在弹出的属性面板中选择“常规”选项卡，单击常规选项卡中的“保护”，在弹出面板的“连接机制”中勾选“允许从远程伙伴（PLC、HMI、OPC、...）使用 PUT/GET 通信访问”复选框，如图 5-11 所示。对于 STEP7 V14 以后的版本需要在 CPU 属性的“常规”选项卡中选择“防护与安全”里的“连接机制”，勾选“允许来自远程对象的 PUT/GET 通信访问”。

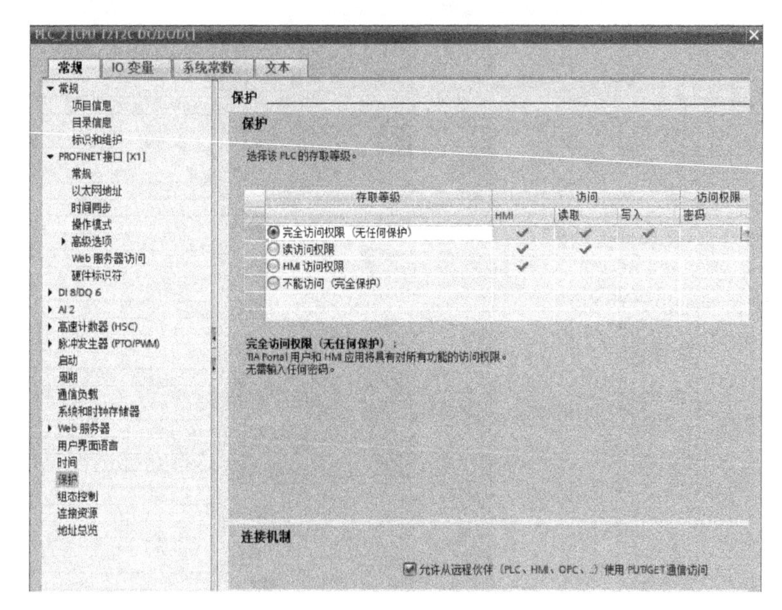

图 5-11 通信保护设置

5.3 TCP 通信

5.3.1 TCP 通信协议

传输控制协议（Transmission Control Protocol，TCP）是一种面向连接的、可靠的、基于字节流的传输层通信协议，由 IETF 的 RFC 793 定义。TCP 的主要用途是在网络中提供可靠、安全的连接服务。西门子 PLC TCP 作为一种基于 TCP/IP 的通信方式，在工业自动化领域发挥着重要的作用。TCP/IP 是全球范围内广泛使用的以太网协议，TCP 属于 ISO-OSI 参考模型的第 4 层，IP 位于第 3 层。TCP/IP 提供站点之间的可靠传输，具有回传机制，支持路由功能，可用于西门子 SIMATIC 系统内部及 SIMATIC 与 PC 或其他支持 TCP/IP 的系统通信。在进行西门子 PLC TCP 通信时，需要设置一些通信参数，如本地和远程 IP 地址、与进程相关的端口号等。TCP 通信属于开放式用户通信，此外还有 ISO on TCP 通信和 UDP 通信等。

5.3.2　两台 S7-1200 PLC 之间的 TCP 通信

S7-1200 PLC 支持标准的 TCP，可以作为客户端和服务器与其他设备或软件进行 TCP 通信，如西门子系列 PLC 及第三方设备等。本小节以两台 S7-1200 PLC 之间的 TCP 通信为例，介绍其具体实现方法。

1. TCP 通信相关指令

S7-1200 PLC 与 S7-1200 PLC 之间的以太网通信可以通过 TCP 来实现，其通信指令有 TSEND_C、TRCV_C、TCON、TDISCON、TSEND、TRCV 等。TCON 指令用于在客户机与服务器（CPU 或 PC）之间建立 TCP/IP 连接，TSEND 和 TRCV 指令用于发送和接收数据，TDISCON 指令用于断开连接。TSEND_C 指令兼具 TCON、TDISCON 和 TSEND 指令的功能，TRCV_C 指令则兼具 TCON、TDISCON 和 TRCV 指令的功能。通信方式为双边通信，因此 TSEND 和 TRCV 必须成对出现。

（1）开放式用户通信指令的连接 ID　将 TSEND_C、TRCV_C 或 TCON 指令插入用户程序中时，STEP 7 会创建一个背景 DB，以组态设备之间的通信通道（或连接）。用户程序中的每个 TSEND_C、TRCV_C 或 TCON 指令都会创建一个新连接，创建的每个连接具有不同的 DB 和连接 ID。在指令“属性”的“组态”选项卡中可以组态连接的参数，这些参数中就有该连接的连接 ID。

在图 5-12 中，两个 CPU 之间的通信使用了两个单独的连接来发送和接收数据。在图中①为 CPU_1 中的 TSEND_C 指令创建了一个连接并为该连接分配一个连接 ID（CPU_1 的连接 ID 编号为 1）；②为在 CPU_2 中的 TRCV_C 指令为 CPU_2 创建了一个连接并分配连接 ID（CPU_2 的连接 ID 编号为 1）；③为 CPU_1 中的 TRCV_C 指令为 CPU_1 创建了第二个连接并为该连接分配不同的连接 ID（CPU_1 的连接 ID 编号为 2）；④为 CPU_2 上的 TSEND_C 指令为 CPU_2 创建了第二个连接并为该连接分配不同的连接 ID（CPU_2 的连接 ID 编号为 2）。这样，CPU_1 中的 TSEND_C 指令通过第一个连接（CPU_1 和 CPU_2 上的“连接 ID 1”）与 CPU_2 中的 TRCV_C 链接；CPU_1 中的 TRCV_C 指令通过第二个连接（CPU_1 和 CPU_2 上的“连接 ID 2”）与 CPU_2 中的 TSEND_C 链接。

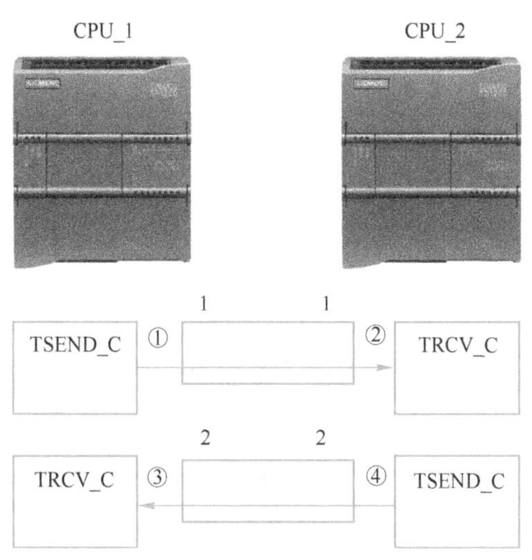

图 5-12　两个 CPU 使用两个单独连接收发数据

在图 5-13 中，两个 CPU 之间的通信使用了一个单独的连接来发送和接收数据。在图中，每个 CPU 都使用 TCON 指令来组态两个 CPU 之间的连接。①为 CPU_1 中的 TCON 指令创建了一个连接并在 CPU_1 上为该连接分配连接 ID 编号为 1；②为 CPU_2 中的 TCON 指令创建了一个连接并在 CPU_2 上为该连接分配连接 ID 编号为 1；③为 CPU_1 中的 TSEND 和 TRCV 指令使用 CPU_1 中由 TCON 指令创建的连接 ID，CPU_2 中的 TSEND 和 TRCV 指令使用 CPU_2 中的 TCON 创建的连接 ID。这样，CPU_1(CPU_2)中的 TSEND 指令通过由 CPU_1(CPU_2)中的 TCON 指令组态的连接 ID（“连接 ID 号为 1”）链接到 CPU_2 中的 TRCV 指令；CPU_2(CPU_1)中的 TRCV 指令通过由 CPU_2(CPU_1)中的 TCON 指令组态的连接 ID（“连接 ID 号为 1”）链接到 CPU_1(CPU_2)中的 TSEND 指令。

在上面的通信示例中，由于 TSEND 和 TRCV 指令本身不会创建新连接，因此用 TCON 指令来创建 DB 和连接 ID。除了用 TCON 指令，也可以用 TSEND_C 和 TRCV_C 指令实现同样的功能。即使用 TSEND 和 TRCV 指令通过由 TSEND_C 或 TRCV_C 指令创建的连接进行通信，如图 5-14 所示。

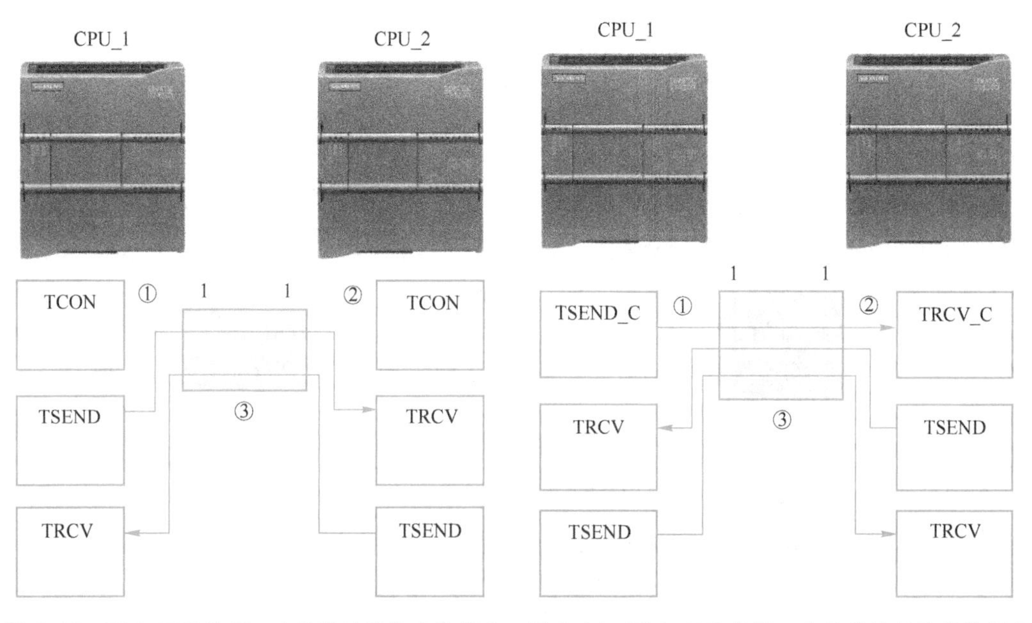

图 5-13 两个 CPU 使用一个单独连接收发数据 1　图 5-14 两个 CPU 使用一个单独连接收发数据 2

图 5-14 中，①为 CPU_1 中的 TSEND_C 指令创建了一个连接并在 CPU_1 上为该连接分配连接 ID 为 1；②为 CPU_2 中的 TRCV_C 指令创建了一个连接并在 CPU_2 上为该连接分配连接 ID 为 1；③为 CPU_1 中的 TSEND 和 TRCV 指令使用 CPU_1 中由 TSEND_C 指令创建的连接 ID 1，CPU_2 中的 TSEND 和 TRCV 指令使用 CPU_2 中由 TRCV_C 创建的连接 ID 1。

（2）TSEND_C 和 TRCV_C 指令　TSEND_C 指令可与伙伴站建立 TCP 或 ISO on TCP 通信连接并发送数据，并且可以终止该连接，设置并建立连接后，CPU 会自动保持和监视该连接；TRCV_C 可与伙伴 CPU 建立 TCP 或 ISO on TCP 通信连接，可接收数据并且可以终止该连接，设置并建立连接后，CPU 会自动保持和监视该连接。TSEND_C 和 TRCV_C 指令参数描述见表 5-6。

表 5-6　TSEND_C 和 TRCV_C 指令参数描述

指　　令	参　　数	描　　述
"TSEND_C_DB" TSEND_C EN ENO REQ DONE CONT BUSY LEN ERROR CONNECT STATUS DATA ADDR COM_RST "TRCV_C_DB" TRCV_C EN ENO EN_R DONE CONT BUSY LEN ERROR ADHOC STATUS CONNECT RCVD_LEN DATA ADDR COM_RST	REQ(TSEND_C)	REQ=1：在上升沿，利用参数 CONNECT 给出的连接，启动 TSEND_C 发送作业（创建和保持通信连接，也要求 CONT=1）
	EN_R(TRCV_C)	EN_R=1 时，TRCV_C 准备接收。处理接收作业（创建和保持通信连接，也要求 CONT=1）
	CONT	0 为断开通信连接；1 为建立并保持通信连接；发送数据（TSEND_C）（在参数 REQ 的上升沿）时，参数 CONT 的值必须为 TRUE，才能建立或保持连接；接收数据（TRCV_C）（在参数 EN_R 的上升沿）时，参数 CONT 的值必须为 TRUE，才能建立或保持连接
	LEN	要发送（TSEND_C）或接收（TRCV_C）的最大字节数默认=0，DATA 参数确定要发送（TSEND_C）或接收（TRCV_C）的数据长度；特殊模式= 65535，设置可变长度的数据接收（TRCV_C）
	CONNECT	指向连接描述的指针
	DATA	包含要发送数据（TSEND_C）的地址和长度 包含接收数据（TRCV_C）的起始地址和最大长度
	COM_RST	允许重新启动指令 0—不相关；1—完成函数块的重新启动，现有连接将终止
	DONE	0—作业尚未开始或仍在运行；1—作业已完成且未出错
	BUSY	0—作业完成；1—作业尚未完成，无法触发新作业
	ERROR	状态参数，可具有以下值： 0—无错误；1—处理期间出错。STATUS 提供错误类型的详细信息
	STATUS	指令的状态信息
	RCVD_LEN（TRCV_C）	实际接收到的数据量（以字节为单位）

（3）TCON、TDISCON、TSEND 和 TRCV 指令　在 TCP 和 ISO on TCP 通信中，TCON 指令用于启动从 CPU 到通信伙伴的通信连接；TDISCON 指令用于终止从 CPU 到通信伙伴的通信连接；TSEND 通过从 CPU 到伙伴站的通信连接发送数据；TRCV 通过从伙伴站到 CPU 的通信连接接收数据。指令参数描述见表 5-7。

表 5-7　TCON、TDISCON、TSEND 和 TRCV 指令参数描述

指　　令	参　　数	描　　述
"TCON_DB" TCON EN ENO REQ DONE ID BUSY CONNECT ERROR STATUS "TDISCON_DB" TDISCON EN ENO REQ DONE ID BUSY ERROR STATUS	REQ	在上升沿时，启动相应作业以建立（终止）ID 所指定的连接
	ID	引用已分配的连接。值范围：W#16#0001～W#16#0FFF
	CONNECT(TCON)	指向连接说明的指针：对于 TCP 或 UDP，使用结构 TCON_IP_v4 或 TCON_QDN；对于使用安全通信的 TCP，使用结构 TCON_IP_V4_SEC 或 TCON_QDN_SEC。对于 ISO on TCP，使用结构 TCON_IP_RFC
	DONE	0—作业尚未开始或仍在运行；1—作业已完成且未出错
	BUSY	0—作业尚未启动或已完成；1—作业尚未完成，无法触发新作业
	ERROR	0—无错误；1—处理期间出错。STATUS 提供错误类型的详细信息
	STATUS	指令的状态信息

（续）

指　　令	参　　数	描　　述
"TSEND_DB" TSEND EN ENO REQ DONE ID BUSY LEN ERROR DATA STATUS "TRCV_DB" TRCV EN ENO EN_R NDR ID BUSY LEN ERROR ADHOC STATUS DATA RCVD_LEN	REQ	TSEND：在上升沿启动发送作业。传送通过 DATA 和 LEN 指定的区域中的数据
	EN_R	EN_R=1 时，TRCV 准备接收。处理接收作业
	ID	指向相关连接的引用。ID 必须与本地连接描述信息内的相关参数 ID 相同。值范围：W#16#0001～W#16#0FFF
	LEN	要发送（TSEND）或接收（TRCV）的最大字节数 默认=0，DATA 参数确定要发送（TSEND）或接收（TRCV）的数据长度；特殊模式=65535，设置可变长度的数据接收（TRCV）
	ADHOC	TCP 连接类型的特殊模式请求
	DATA	指向发送（TSEND）或接收（TRCV）数据区的指针；数据区包含地址和长度。该地址引用 I 存储器、Q 存储器、M 存储器或 DB
	DONE	0—作业尚未开始或仍在运行；1—作业已完成且未出错
	NDR	0—作业尚未开始或仍在运行；1—作业已成功完成
	BUSY	0—作业已完成；1—作业尚未完成。无法触发新作业
	ERROR	0—无错误；1—处理期间出错。STATUS 提供错误类型的详细信息
	STATUS	指令的状态信息
	RCVD_LEN	实际接收到的数据量（以字节为单位）

视频
两台 S7-1200 PLC 之间的 TCP 通信

2. TCP 通信示例

【例 5-2】假设 PLC_1 为 CPU 1215C DC/DC/DC(V4.1)，PLC_2 为 CPU 1214C DC/DC/DC(V4.1)，两台 CPU 在同一个项目中，试利用 TCP 通信，完成如下任务：将 PLC_1 的通信数据区 DB3 块中的 100 个字节的数据发送到 PLC_2 的接收数据区 DB4 块中；将 PLC_2 的通信数据区 DB3 块中的 100 个字节的数据发送到 PLC_1 的接收数据区 DB4 块中。

针对上述要求，具体实现过程如下：

（1）组态网络　使用 STEP7 V13 创建一个新项目，并通过“添加新设备”组态 S7-1200 站。选择 CPU 1215C DC/DC/DC V4.1，命名为“PLC_1”，在 CPU 属性面板的“常规”选项卡的“系统和时钟存储器”项中启用系统存储字节，并将系统存储字节地址定义为 MB1，启用时钟存储器字节，并将时钟存储器字节地址定义为 MB0，如图 5-15 所示。图中，M1.2 为高电平位，可以用它使 TRCV 始终处于准备接收状态，利用时钟存储位如 M0.3 自动激活发送任务。在 CPU 属性面板的“常规”选项卡的“PROFINET 接口”的“以太网地址”项中设置 PLC_1 站的 IP 地址为 192.168.0.1，子网掩码为 255.255.255.0。然后通过双击项目树下的“添加新设备”，选择 CPU 1214C DC/DC/DC V4.1 组态另一个 S7-1200 站，并命名为“PLC_2”，设置 PLC_2 的 IP 地址为 192.168.0.2，子网掩码为 255.255.255.0，如图 5-16 所示。

双击“项目树”中的“设备与网络”，在弹出的“设备和网络”窗口中，选择“网络视图”创建两个设备的连接。用鼠标选中 PLC_1 上的 PROFINET 通信口的绿色小方框，然后拖拽出一条线，到 PLC_2 上的 PROFINET 通信口上，松开鼠标左键，连接就建立起来了，如图 5-17 所示。

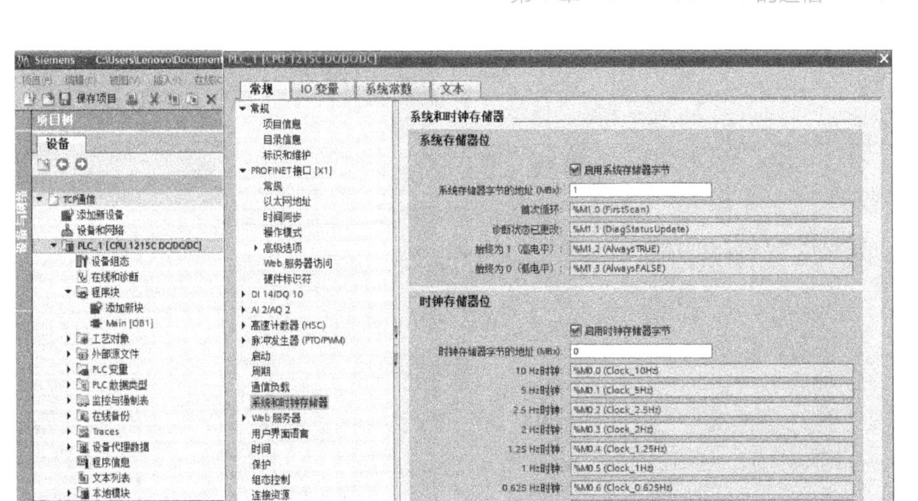

图 5-15　设置系统存储器位与时钟存储器位

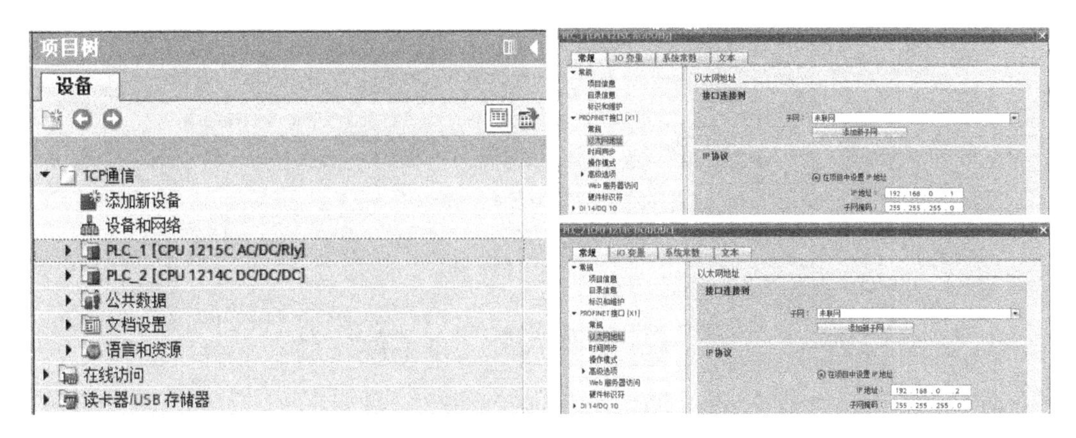

图 5-16　设置两个站的 IP 地址

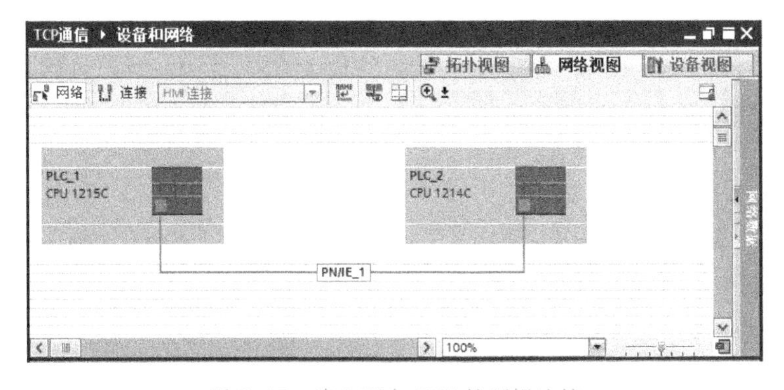

图 5-17　建立两个 CPU 的逻辑连接

（2）在 PLC_1 中调用并配置 TCON、TSEND 和 TRCV 指令

1）在 PLC_1 的 OB1 中调用 TCON 指令。在项目树中“PLC_1”的“程序块”文件夹内双击“Main[OB1]”打开程序编辑器。从指令任务卡中的“通信”窗格内的“开放式用户通信”下调用“TCON”指令，创建连接，如图 5-18 所示。

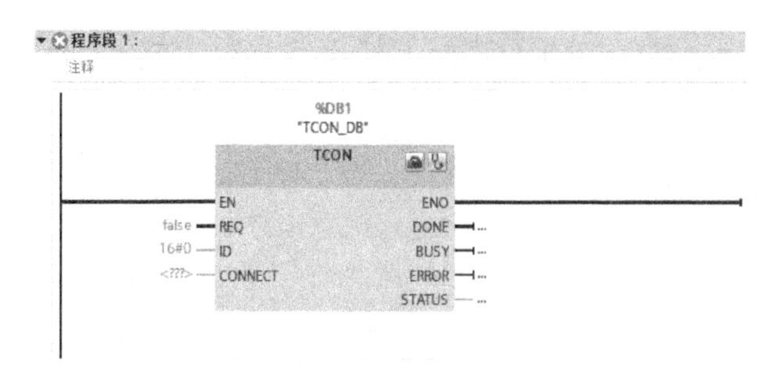

图 5-18 调用 TCON 指令

单击 TCON 指令框右上角的“开始组态”图标，组态连接参数，在伙伴“端点”的下拉列表中选择伙伴为“PLC_2”，在本地“连接数据”的下拉列表中选择“新建”，如图 5-19 所示。

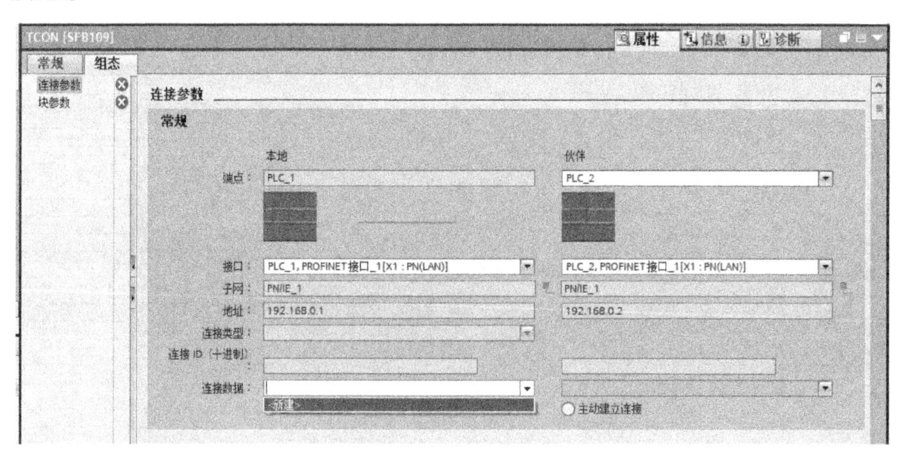

图 5-19 分配连接参数

使用“新建”可以创建本地连接数据“PLC_1_Connection_DB”和伙伴方的连接数据“PLC_2_Connection_DB”，如图 5-20 所示。

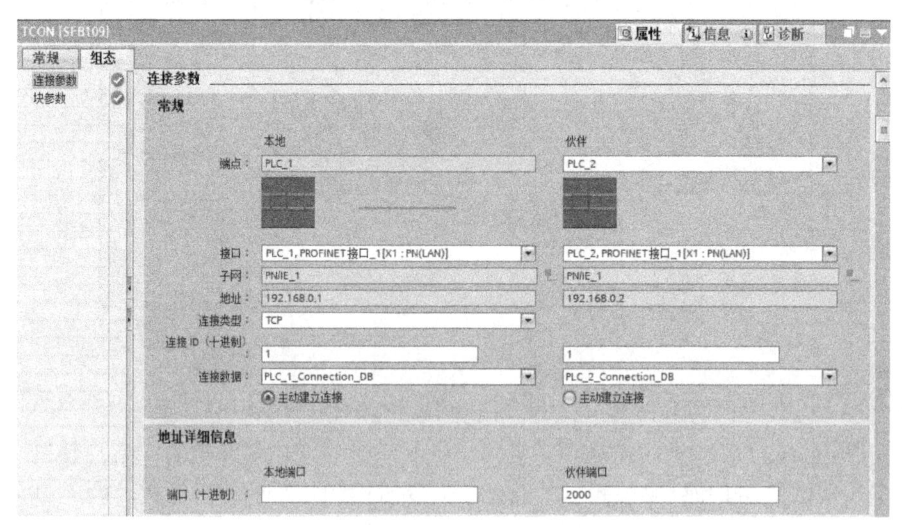

图 5-20 组态 TCON 连接参数

图5-20中的“端点”用于选择伙伴CPU；“连接类型”选择通信协议为TCP；“连接ID”为所创建的连接编号，这个ID号在后面的编程里会用到；“连接数据”用于创建本地和伙伴的连接数据块。把本地PLC_1设置为主动建立连接，定义通信伙伴方的端口号为2000。

组态完成后TCON指令如图5-21所示。

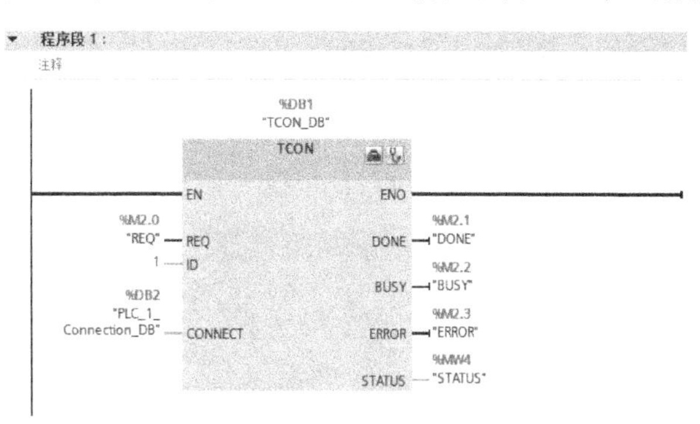

图5-21　TCON指令

2）在PLC_1的OB1中调用TSEND指令。进入项目树下“PLC_1”的“程序块”文件夹的“Main[OB1]”主程序中，从指令任务卡中的“通信”窗格内的“开放式用户通信”下调用“TSEND”指令，在弹出的如图5-22a所示的数据块调用选项中选择“手动”，编号设置为5，然后单击“确定”按钮。所调用指令如图5-22b所示。

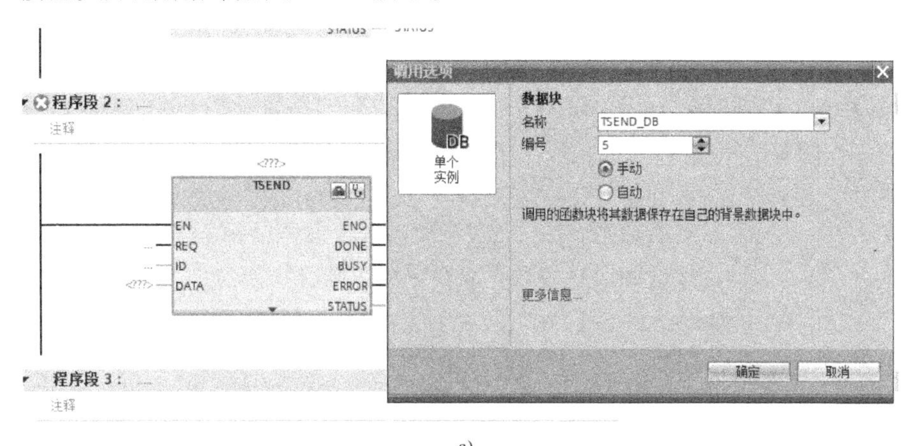

a)

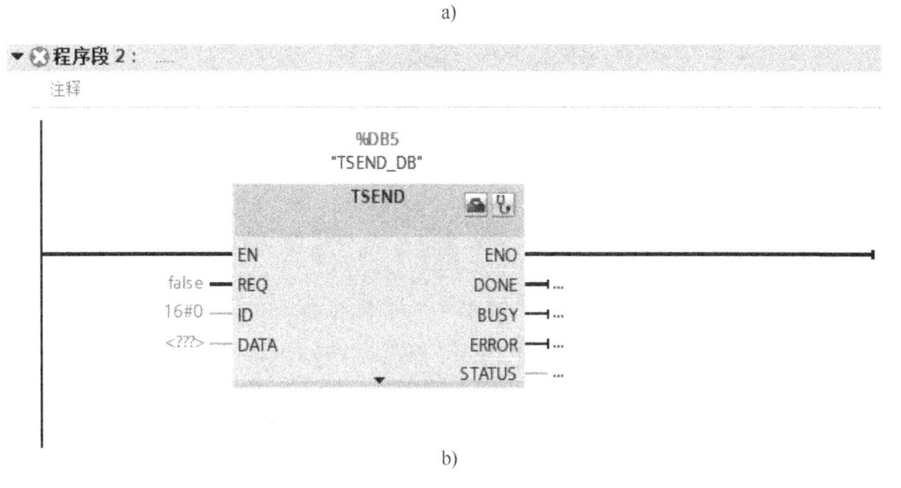

b)

图5-22　调用TSEND指令

要将PLC_1的通信数据区DB3块中的100个字节的数据发送到PLC_2的接收数据区DB4块中，需要先在PLC_1中创建数据块。在项目树中“PLC_1”的“程序块”文件夹内双击“添加新块”，在弹出的“添加新块”面板中选择数据块并命名为“SendData”，选择“手动”，并把数据块编号设置为3。在“SendData”数据块中添加名为“SendData”的数组变量，数据类型为“Byte”，数组限值为1...100。这样，就定义了发送数据区为100个字节的数组，如图5-23所示。同时在DB3的“属性”选项的“常规”选项卡的“属性”中，取消勾选“优化的块访问”，单击“确定”按钮。

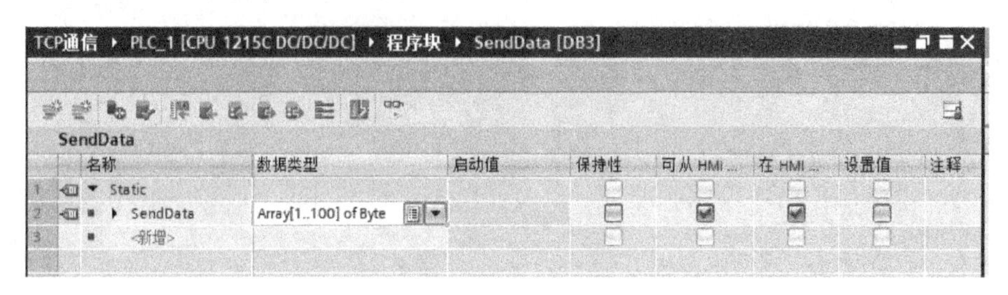

图 5-23 定义发送数据区

接下来，在PLC_1的OB1中定义TSEND发送通信块接口参数，如图5-24所示。图中M0.3为2 Hz的时钟脉冲，在脉冲的上升沿激活发送任务；TSEND的连接ID与TCON的连接ID应一致；LEN为发送数据的长度，最少可发送（TSEND）或接收（TRCV）一个字节的数据，最多为8192个字节。DATA指向数据发送区，它支持优化数据块或标准数据块，在默认情况下所创建的数据块为优化的数据块，优化的块访问采用符号寻址；若数据块为标准数据块即非优化数据块，可采用指针进行绝对寻址；当任务执行完成并且没有错误时，M2.5位被置为1；当M2.6为1时，表示任务未完成，不能激活新任务；当通信过程中有错误发生，M2.7被置为1，且错误信息会被存放在MW10中。

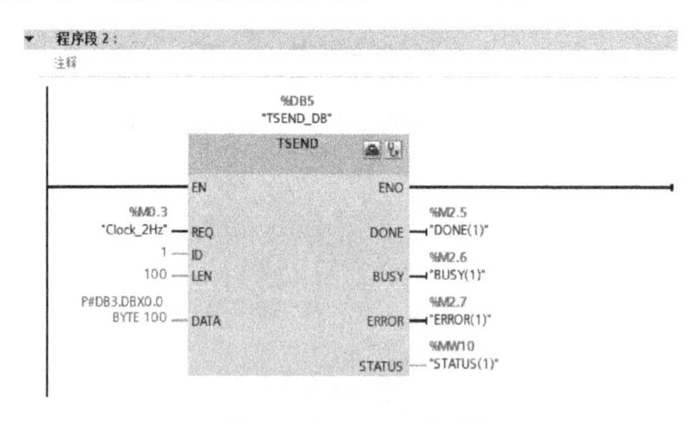

图 5-24 TSEND 指令

3）在PLC_1的OB1中调用T_RCV指令。为了接收来自PLC_2的数据并存放在PLC_1的数据块DB4中，需要在PLC_1中创建DB4，然后调用接收指令T_RCV并配置基本参数。

在项目树中“PLC_1”的“程序块”文件夹内双击“添加新块”，在弹出的“添加新块”面板中选择数据块并命名为“RcvData”，选择“手动”，并把数据块编号设置为4。在“RcvData”数据块中添加名为“RcvData”的数组变量，数据类型为“Byte”，数组限值为1...100。这样，就定义了接收数据区为100个字节的数组，如图5-25所示。同时在DB4的“属性”选项的“常规”选项卡的“属性”中，取消勾选“优化的块访问”，单击“确定”按钮。

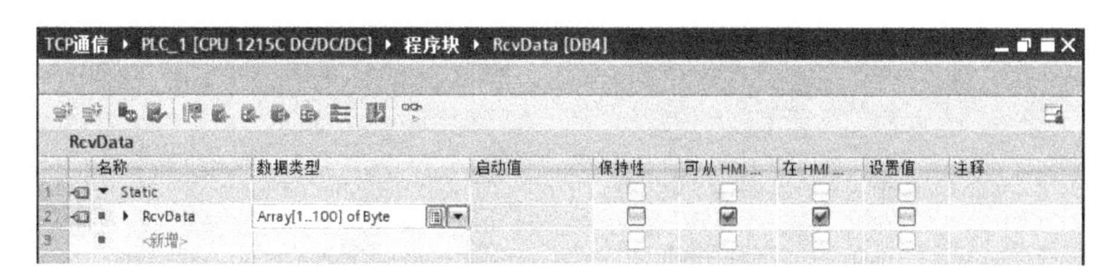

图 5-25　定义接收数据区

然后在 OB1 内调用 TRCV 指令并配置接口参数，如图 5-26 所示。

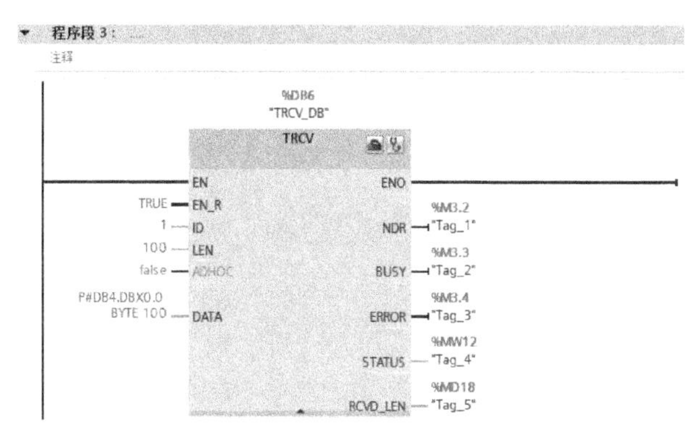

图 5-26　调用 TRCV 指令

（3）在 PLC_2 中调用并配置 TCON、TSEND 和 TRCV 指令

1）在 PLC_2 的 OB1 中调用 TCON 指令。在项目树中“PLC_2”的“程序块”文件夹内双击“Main[OB1]”打开程序编辑器。从指令任务卡中的“通信”窗格内的“开放式用户通信”下调用“TCON”指令，创建连接，如图 5-27 所示。

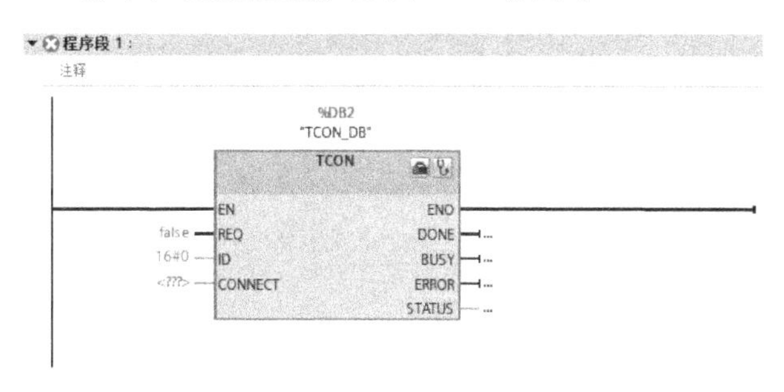

图 5-27　调用 TCON 指令

单击 TCON 指令框右上角的“开始组态”图标，组态连接参数，在伙伴“端点”的下拉菜单中选择伙伴为“PLC_1”，在本地“连接数据”的下拉菜单中选择已经建立的连接数据“PLC_2_Connection_DB”，在伙伴“连接数据”的下拉菜单中选择已经建立的连接数据“PLC_1_Connection_DB”，如图 5-28 所示。

组态完成后 TCON 指令如图 5-29 所示。

2）在 PLC_2 的 OB1 中调用 TRCV 指令。通过在 PLC_2 中调用 TRCV 指令接收从 PLC_1 发送的 100 个字节数据，为此需要先创建并定义接收数据区数据块。

在项目树中“PLC_2”的“程序块”文件夹内双击“添加新块”，在弹出的“添加新

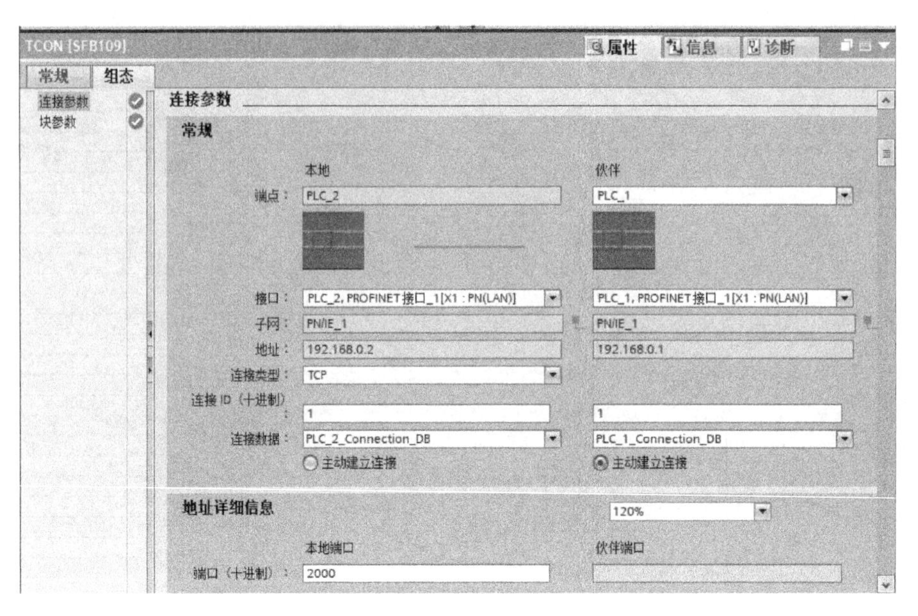

图 5-28 组态 TCON 连接参数

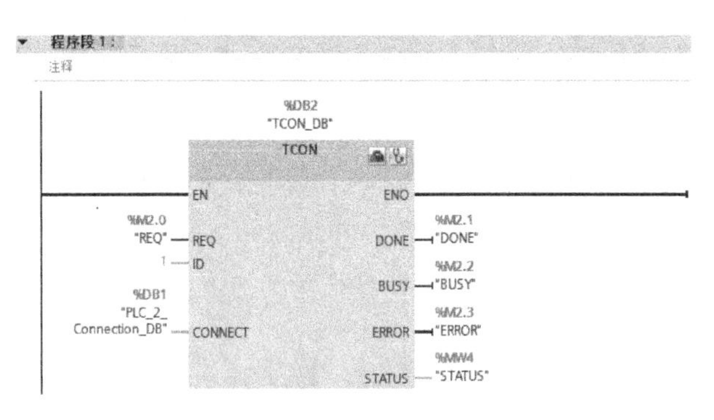

图 5-29 组态完成后 TCON 指令

块”面板中选择“数据块”并命名为“RcvData”，选择“手动”，并把数据块编号设置为 4。在“RcvData”数据块中添加名为“RcvData”的数组变量，数据类型为“Byte”，数组限值为 1…100。这样，就定义了接收数据区为 100 个字节的数组，如图 5-30 所示。同时在 DB4 的“属性”选项的“常规”选项卡的“属性”中，取消勾选“优化的块访问”，单击“确定”按钮。

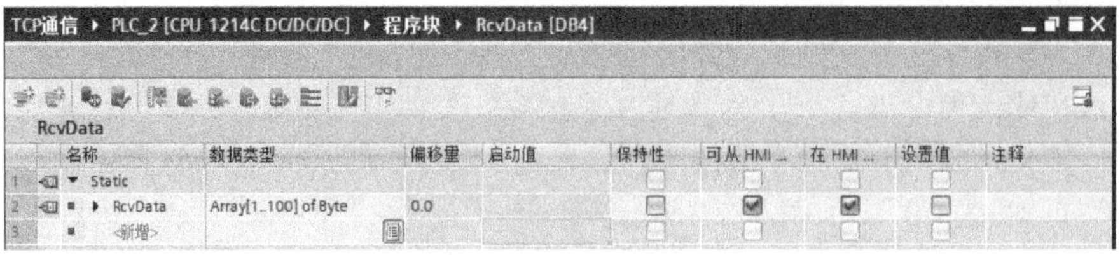

TCP通信 ▸ PLC_2 [CPU 1214C DC/DC/DC] ▸ 程序块 ▸ RcvData [DB4]

RcvData

	名称	数据类型	偏移量	启动值	保持性	可从 HMI ...	在 HMI ...	设置值	注释
1	▼ Static				☐	☐	☐	☐	
2	▸ RcvData	Array[1..100] of Byte	0.0		☐	☑	☑	☐	
3	<新增>				☐	☐	☐	☐	

图 5-30 定义接收数据区

然后在 OB1 内调用 TRCV 指令，在指令背景数据块调用选项中选择“手动”，编号设置为 6。配置接口参数，如图 5-31 所示。

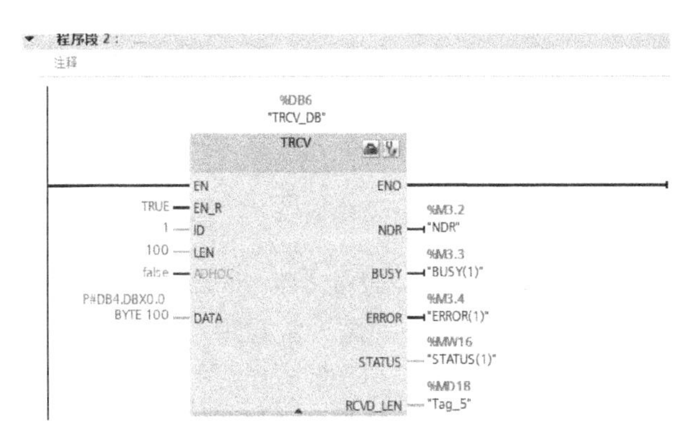

图 5-31 调用 TRCV 指令

3）在 PLC_2 的 OB1 中调用 TSEND 指令。若将 PLC_2 的 100 个字节数据发送到 PLC_1 中，在调用 TSEND 指令之前，需要创建发送数据块 DB3。

在 PLC _ 2 中添加名为“SendData”的数据块，并把数据块编号设置为 3。在“SendData”数据块中添加名为“SendData”的数组变量，数据类型为“Byte”，数组限值为 1...100。这样，就定义了发送数据区为 100 个字节的数组，如图 5-32 所示。同时在 DB3 的“属性”选项的“常规”选项卡的“属性”中，取消勾选“优化的块访问”，单击“确定”按钮。

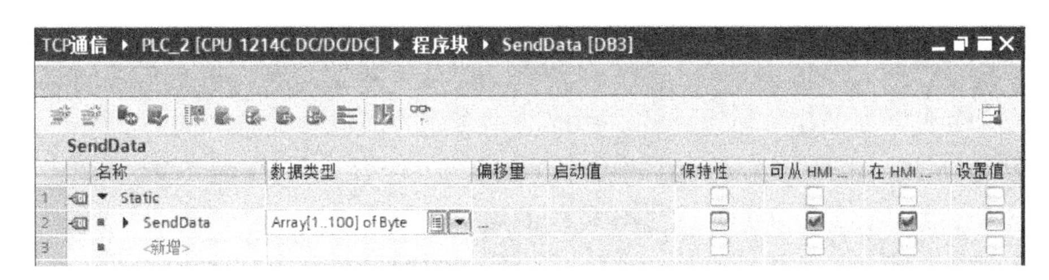

	名称	数据类型	偏移量	启动值	保持性	可从 HMI...	在 HMI...	设置值
1	▼ Static				☐	☐	☐	☐
2	▸ SendData	Array[1..100] of Byte	...		☐	☑	☑	☐
3	<新增>				☐	☐	☐	☐

图 5-32 定义发送数据区

在 PLC_2 中调用发送指令并配置块参数，发送指令与接收指令使用同一个连接，如图 5-33 所示。

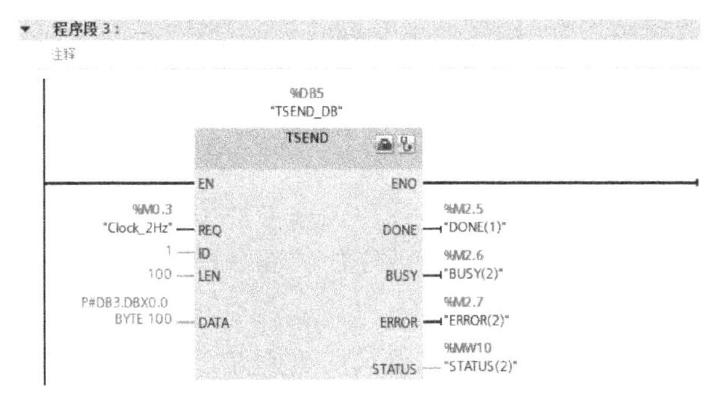

图 5-33 调用 TSEND 指令

5.4 其他通信协议

5.4.1 Modbus TCP 通信协议

Modbus TCP 是标准的网络通信协议，通过 CPU 上 PROFINET 接口进行 TCP/IP 通信，不需要额外的通信硬件模块，Modbus TCP 使用开放式用户通信连接作为 Modbus 通信路径。S7-1200 PLC 使用 Modbus TCP 通信时，S7-1200 PLC 可以作客户端主站，也可以作服务器从站，作客户端时主动请求连接并发送命令，作服务器时被动等待连接并反馈状态。S7-1200 PLC 客户端侧需要调用 MB_CLIENT 指令块，该指令块主要完成客户机和服务器的 TCP 连接、发送命令消息、接收响应以及控制服务器断开的工作任务；S7-1200 PLC 服务器侧使用 MB_SERVER 指令处理 Modbus TCP 客户端的连接请求、接收并处理 Modbus 请求并发送响应。

5.4.2 ISO on TCP 通信协议

ISO 传输（ISO transport）协议是西门子早期的以太网协议，它是基于消息的数据传输，允许动态修改数据长度，传输速度快，适合中等或较大量的数据。站点之间的 ISO 传输不使用 IP 地址，而是基于 MAC 地址，因此数据包不能通过路由器进行传递，即不支持路由。另外，ISO 传输协议是西门子内部的以太网协议，仅适用于 SIMATIC 系统。

ISO 传输协议最大的优势是通过数据包来发送/接收数据，但由于它不支持路由功能，随着网络节点的增加，ISO 传输协议的劣势逐渐显现。为了应对日益增加的网络节点，西门子在 ISO 传输协议的基础上增加了 TCP/IP 的功能，因此被称为 ISO on TCP。

ISO on TCP 在 TCP/IP 中定义了 ISO 传输的属性，位于 ISO-OSI 参考模型的第 4 层，默认的数据传输端口为 102。协议的优势是能传输大量的数据并且支持路由功能，但是它仅适用于 SIMATIC 系统，只能在西门子内部使用，在一定程度上限制了其应用。

在 ISO 传输协议和 ISO on TCP 的使用过程中，还涉及 TSAP 的设置。在一个传输的连接中，可能存在多个进程。为了区分不同进程的数据传输，需要提供一个进程独用的访问点，这个访问点被称为 TSAP，TSAP 相当于 TCP 或 UDP 中的端口。

S7-1200 PLC 之间的 ISO on TCP 通信，除了连接参数的定义不同，其他组态编程与 TCP 通信完全相同。

5.4.3 UDP 通信协议

UDP 位于 OSI 参考模型的第 4 层，是一种无连接的传输层协议，提供面向事务的简单不可靠信息传送服务。UDP 通信双方不发送任何建立连接的信息，只需要在通信双方调用指令注册通信服务。传输数据时需要指定 IP 地址和端口号作为通信端点，数据的传输无须对方应答，没有 TCP 中的安全机制而数据传输的可靠性得不到保证。由于数据传输时仅加入少量的管理信息，与 TCP 相比其具有更大的数据传输效率。

支持以太网通信的西门子系列 CPU 可以通过调用 TSEND_C、TRCV_C 或 TCON、TDISCON、TUSEND、TURCV 等指令与其他设备或软件进行 UDP 通信。比如两台 S7-1200 CPU

可以使用 TSEND_C、TRCV_C 指令建立双方的 UDP 通信。通信方式为双边通信，因此 TSEND_C、TRCV_C 指令在两台 PLC 间必须成对存在，如图 5-34 所示。

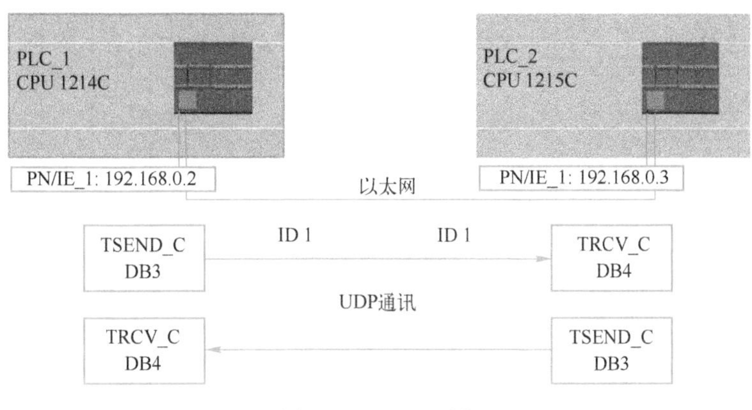

图 5-34　UDP 通信

5.5 习题

1. S7-1200 的通信方式主要有哪些？
2. S7-1200 支持的串行通信方式有哪些？
3. S7-1200 支持以太网通信方式有哪些？
4. 客户机和服务器在 S7 通信中各有什么作用？
5. S7-1200 作 S7 通信的服务器时，在安全属性方面需要做什么设置？
6. 简述 S7 通信的组态和编程的过程。
7. 简述 TCP 通信的组态和编程的过程。
8. 简述 S7-1200 CPU 的 PROFINET 口的两种物理网络连接方法。
9. 简述开放式用户通信中连接 ID 的概念和作用。

第6章 PLC控制系统的设计与应用

本章主要介绍了PLC控制系统设计的基本内容和步骤，并通过机械手的PLC控制和PLC在回路控制中的应用介绍了PLC控制系统的设计方法。

 PLC控制系统设计的基本内容和步骤

6.1.1 PLC控制系统设计的基本内容

一个PLC控制系统由信号输入器件（如按钮、限位开关、传感器等）、输出执行器件（如电磁阀、接触器、电铃等）、显示器件和PLC构成。因此，PLC控制系统的设计包括这些器件的选取和连接等。PLC控制系统设计的基本内容主要包括以下几点：

1）选取信号输入器件、输出执行器件、显示器件等。一个输入信号进入PLC后在PLC内部可以多次重复使用，而且还获得其常开、常闭、延时等各种形式的触点。因此，信号输入器件只要有一个触点即可。输出器件应尽量选取相同电源电压的器件，并尽可能选取工作电流较小的器件。显示器件应尽量选取LED器件，其寿命较长，而且工作电流较小。

2）设计控制系统主回路。应根据执行机构是否需要正、反向动作，是否需要高、低速，设计出控制系统主回路。

3）选取PLC。根据输入/输出信号的数量、输入/输出信号的空间分布情况、程序容量的大致情况、具有的特殊功能等，选择PLC。

4）进行I/O分配，绘制PLC控制系统硬件原理图。

5）程序设计及模拟调试。设计PLC控制程序，并利用输入信号开关板进行模拟调试，检查硬件设计是否完整、正确，软件是否能满足工艺要求。

6）设计控制柜。在控制柜中，强电和弱电控制信号应尽可能进行隔离和屏蔽，防止强电磁干扰影响PLC的正常运行。

7）编制技术文件，包括电气原理图、软件清单、使用说明书、元件明细表等。

6.1.2 PLC控制系统设计的一般步骤

对控制任务的分析和软件的编制，是PLC控制系统设计的两个关键环节，通过对控制任务的分析，确定PLC控制系统的硬件构成和软件工作过程；通过软件的编制，实现被控

对象的动作关系。PLC 控制系统设计的一般步骤为：

1）对控制任务进行分析，对较复杂的控制任务进行分块，划分成几个相对独立的子任务，以减小系统规模分散故障。如卷烟厂中香烟的自动包装，就可以分成 3 个子任务，即盒包装、条包装、箱包装，而且每个子任务都具有一定的复杂程序，机械设备上也相对独立。

2）分析各个子任务中执行机构的动作过程。通过对各个子任务执行机构动作过程的分析，画出动作逻辑关系图，列出输入信号和输出信号，列出要实现的非逻辑功能。对于输入信号，每个按钮、限位开关、开关式传感器等作为输入信号占用一个输入点，接触器的辅助触点不需要输入 PLC，故不作为输入信号。对于输出信号，每个输出执行器件，如接触器、电磁阀、电铃等，均作为输出信号各用一个输出点，对于状态显示，如果是输出执行器件的动作显示，可与输出执行器件共用输出点，不再作为新的输出信号；如果是非动作显示，如运行、停止、故障等指示，应作为输出信号占用输出点。

3）根据输入/输出信号的数量、要实现的功能、输入/输出信号的空间分布情况，选择 PLC。

4）根据 PLC 型号，选择信号输入器件、输出执行器件和显示器件等。

5）进行 I/O 分配，绘出控制系统硬件原理图，设计控制系统主回路。

6）利用输入信号开关板模拟现场输入信号，根据动作逻辑关系图编制 PLC 程序，进行模拟调试。

7）制作控制柜。

8）进行现场调试，对工作过程中可能出现的各种故障进行模拟，考察 PLC 程序的完整性和可靠性。

9）编制技术文件，进行控制系统现场试运行。

6.2 PLC 在机械手控制中的应用

6.2.1 机械手工作控制要求

图 6-1 所示为某生产车间中的自动搬运机械手，用于将左工作台上的工件搬到右工作台上。机械手的全部动作由气缸驱动，气缸由电磁阀控制。对于上升/下降、左移/右移，其运动由双线圈两位电磁阀控制，即上升电磁阀得电时机械手上升，下降电磁阀得电时机械手下降。对于夹紧/放松，其运动由单线圈两位电磁阀控制，线圈得电时机械手夹紧，断电时机械手放松。

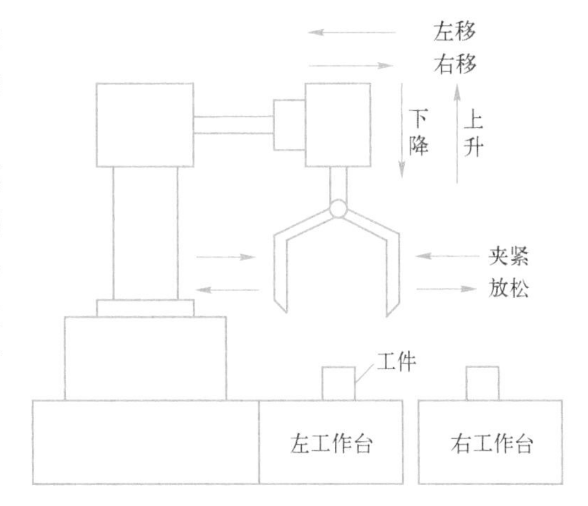

图 6-1　机械手工作示意图

6.2.2 机械手动作过程分析

将机械手的原点（即原始状态）定为左

位、高位、放松状态。在原始状态下，检测到左工作台上有工件时，机械手下降到低位，夹紧工件，然后上升到高位，右移到右位。右工作台上无工件时，机械手下降到低位，放松，然后上升到高位，左移回原位。其动作逻辑关系如图 6-2 所示。

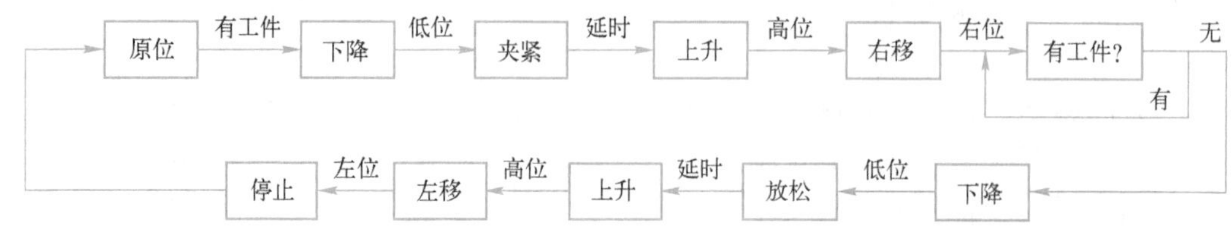

图 6-2 机械手动作逻辑关系图

动作过程中，上升、下降、左移、右移、夹紧为输出信号。放松和夹紧共用一个线圈，线圈得电时夹紧，失电时放松，所以放松不作为输出信号。低位、高位、左位、右位、工作台上有无工件信号为输入信号。

6.2.3 控制系统功能

为便于控制系统的调试和维护，本控制系统中加有手动功能和手动/自动指示功能。当手动/自动转换开关打到手动位置时，按下相应的手动操作按钮，可实现上升、下降、左移、右移、夹紧、放松的手动控制，同时“手动”状态指示灯亮。动作时，相应的动作指示灯亮，当机械手处于原点时，将手动/自动转换开关打到自动位置时，“自动”状态指示灯亮，进入自动工作状态，手动按钮无效。增加手动功能和手动/自动指示功能后，增加了 8 个输入信号和 2 个输出信号。

6.2.4 控制系统硬件设计

该控制系统中共有 13 个输入信号、7 个输出信号，逻辑关系较为简单。因此，可选用 S7-1200 系列 PLC 的 CPU 1214C 模块来实现该任务。假定输入信号全部采用常开触点，该任务中的输入输出信号及 I/O 分配如下：

输入信号：

高位	I0. 0
低位	I0. 1
左位	I0. 2
右位	I0. 3
工作台有工件	I0. 4（光电开关）
自动	I0. 5
手动	I0. 6
手动上升	I0. 7
手动下降	I1. 0
手动左移	I1. 1
手动右移	I1. 2

手动夹紧	I1.3
手动放松	I1.4

输出信号：

上升	Q0.0
下降	Q0.1
左移	Q0.2
右移	Q0.3
夹紧	Q0.4
手动指示	Q0.5
自动指示	Q0.6

系统硬件原理图如图 6-3 所示。动作指示利用发光二极管，与输出接触器并联。图中元件参数选择略。

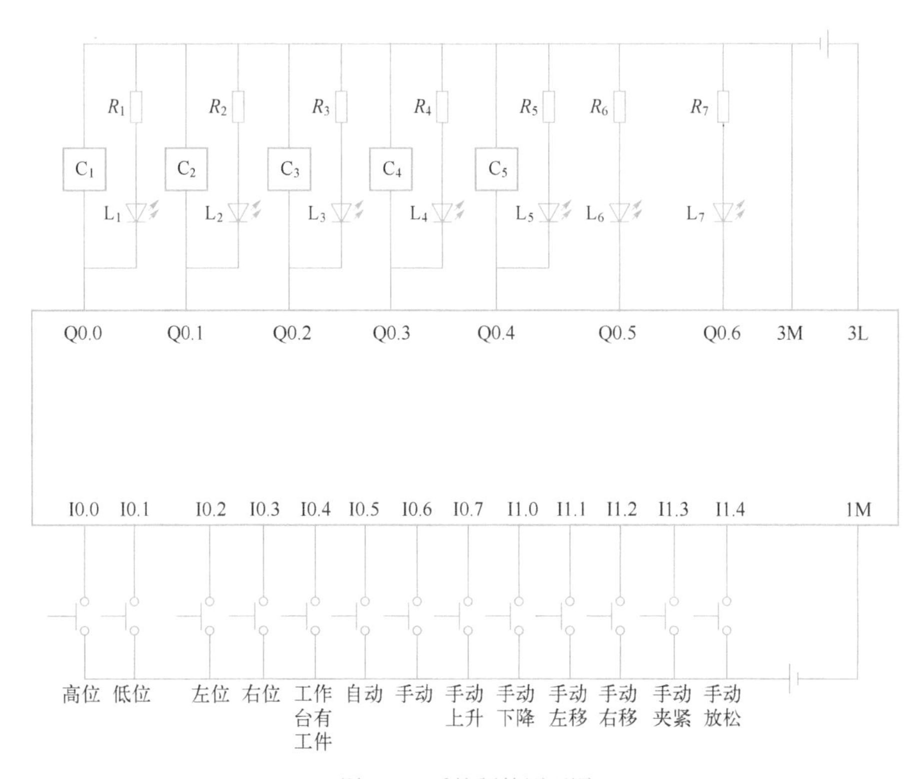

图 6-3　系统硬件原理图

6.2.5　控制系统软件设计

机械手在原点位置时，手动/自动开关打在“自动”位置，系统进入自动工作状态。在自动过程中，手动/自动开关打在“手动”位置，即停止自动工作，进入手动工作状态。根据图 6-2 和图 6-3 编制自动工作程序。手动控制程序与自动控制程序的状态在输出时综合在一起。系统控制程序如图 6-4 所示。

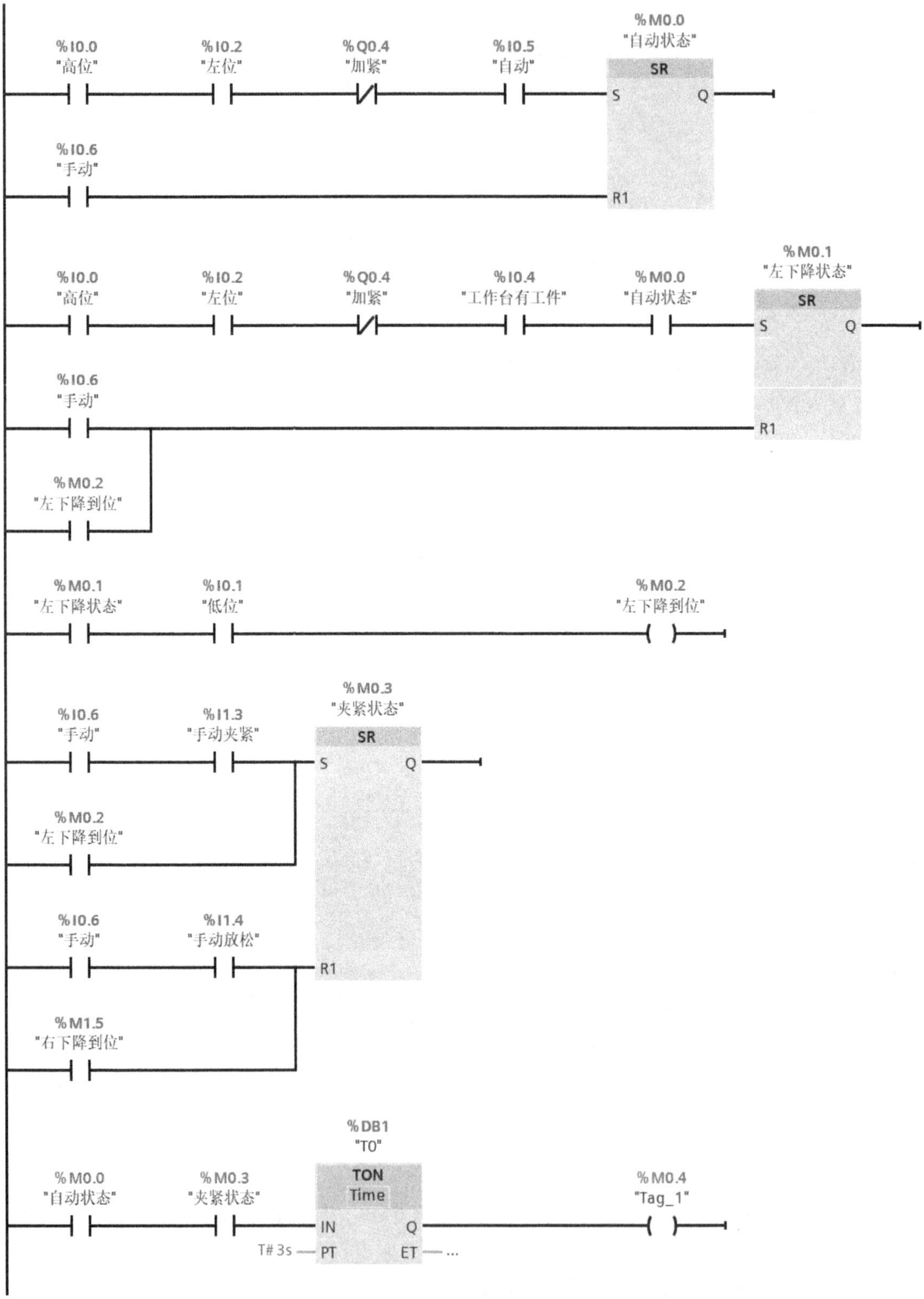

%I0.0 "高位" %I0.2 "左位" %Q0.4 "加紧" %I0.5 "自动" %M0.0 "自动状态" SR S Q
%I0.6 "手动" R1

%I0.0 "高位" %I0.2 "左位" %Q0.4 "加紧" %I0.4 "工作台有工件" %M0.0 "自动状态" %M0.1 "左下降状态" SR S Q
%I0.6 "手动" R1
%M0.2 "左下降到位"

%M0.1 "左下降状态" %I0.1 "低位" %M0.2 "左下降到位"

%I0.6 "手动" %I1.3 "手动夹紧" %M0.3 "夹紧状态" SR S Q
%M0.2 "左下降到位"
%I0.6 "手动" %I1.4 "手动放松" R1
%M1.5 "右下降到位"

%M0.0 "自动状态" %M0.3 "夹紧状态" %DB1 "T0" TON Time IN Q %M0.4 "Tag_1"
T#3s PT ET ...

图 6-4 机械手控制程序

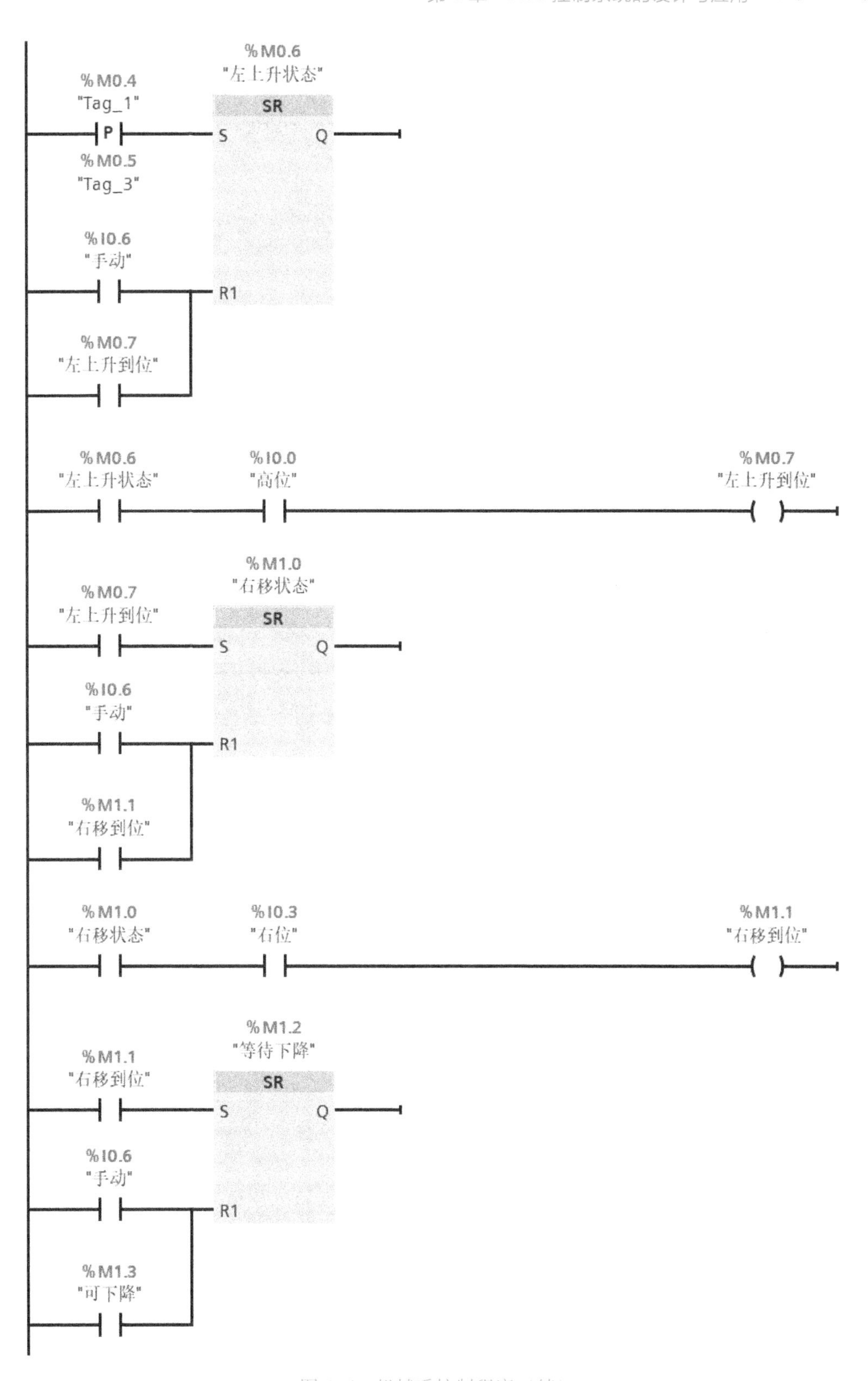

图 6-4　机械手控制程序（续）

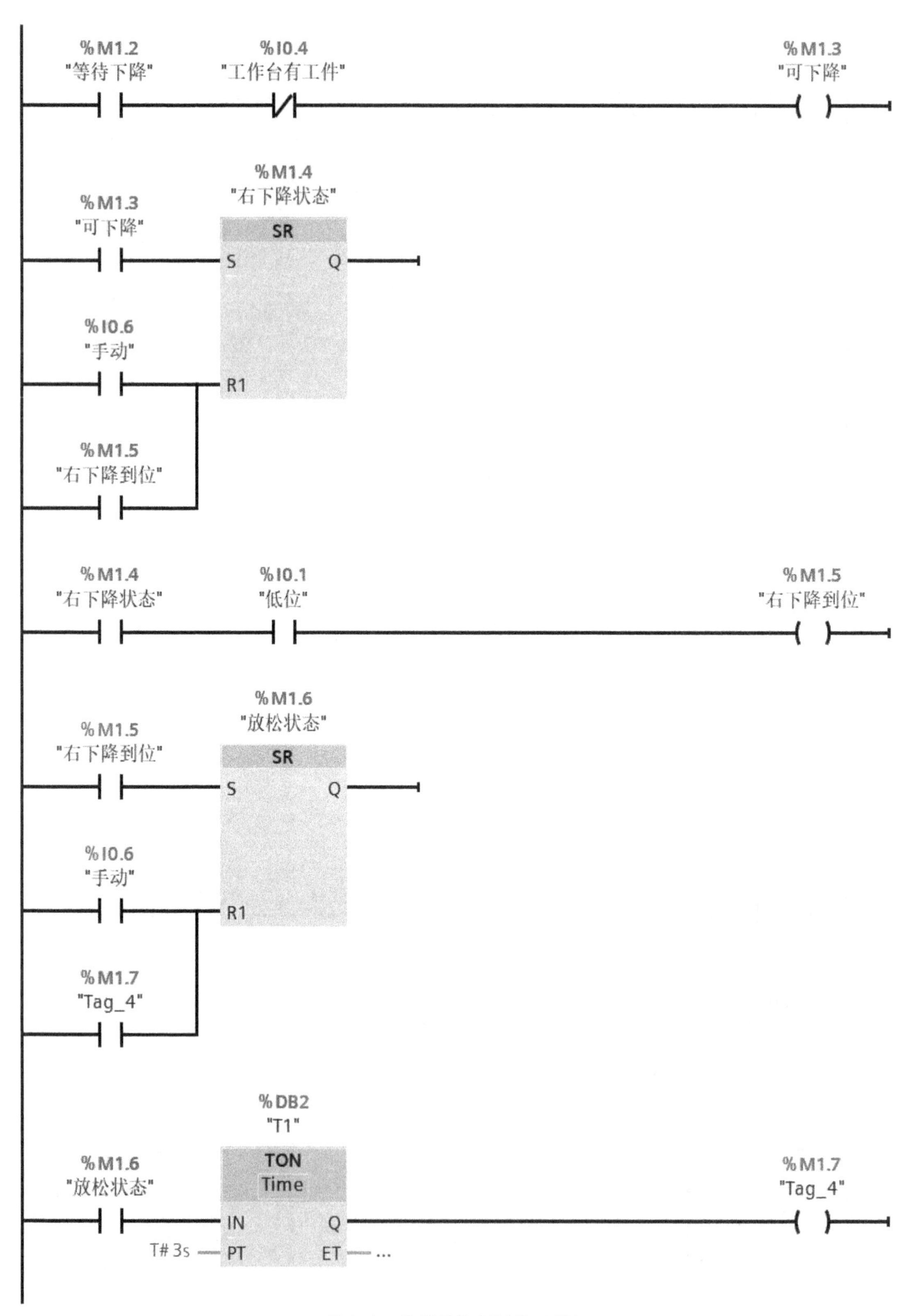

图 6-4 机械手控制程序（续）

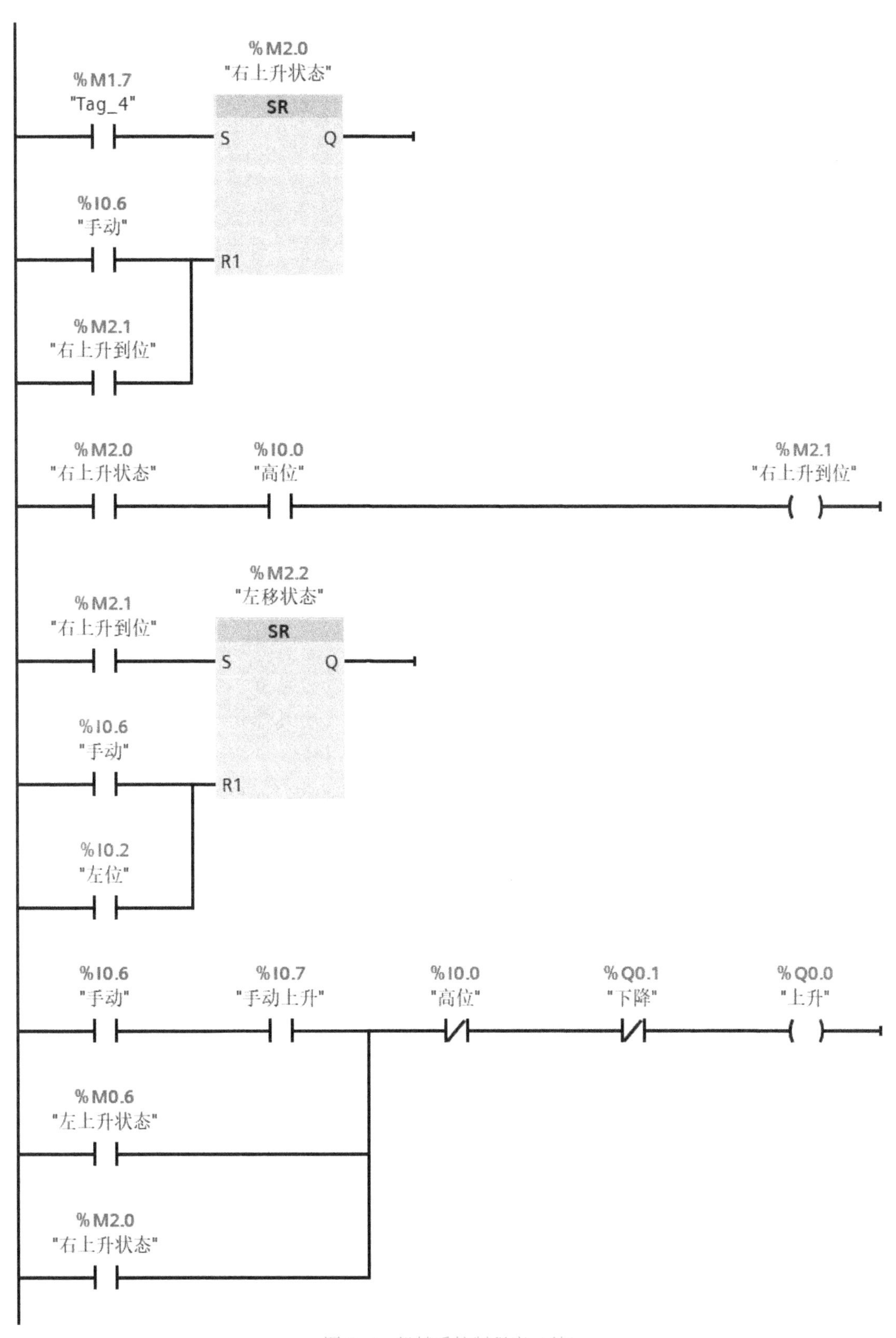

图6-4　机械手控制程序（续）

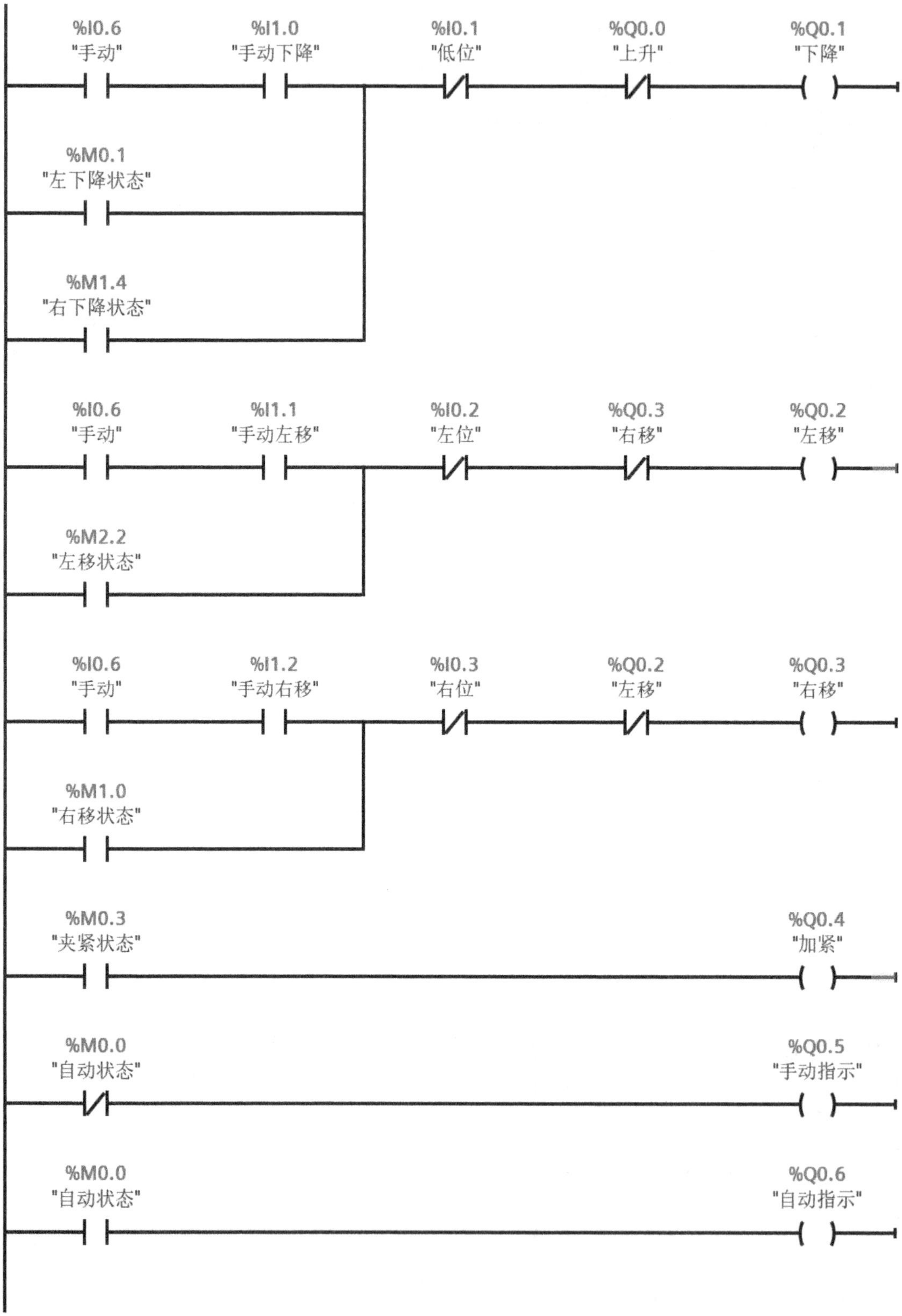

%I0.6 "手动" %I1.0 "手动下降" %I0.1 "低位" %Q0.0 "上升" %Q0.1 "下降"

%M0.1 "左下降状态"

%M1.4 "右下降状态"

%I0.6 "手动" %I1.1 "手动左移" %I0.2 "左位" %Q0.3 "右移" %Q0.2 "左移"

%M2.2 "左移状态"

%I0.6 "手动" %I1.2 "手动右移" %I0.3 "右位" %Q0.2 "左移" %Q0.3 "右移"

%M1.0 "右移状态"

%M0.3 "夹紧状态" %Q0.4 "加紧"

%M0.0 "自动状态" %Q0.5 "手动指示"

%M0.0 "自动状态" %Q0.6 "自动指示"

图 6-4 机械手控制程序（续）

该程序的控制原理简述如下：

机械手在左位、高位、放松状态下，将自动/手动开关打至自动位置，I0.5变为ON，自动状态M0.0变为ON，程序进入自动状态；将自动/手动开关打至手动位置，I0.6变为ON时，M0.0变为OFF，程序进入手动状态。在自动工作状态下，此时机械手处于左位、高位和放松状态，当光电开关检测到左工作台上有工件时，I0.4变为ON，使得左下降状态M0.1变为ON，机械手处于在左位的下降状态。当下降到低位时，压合低位开关，使I0.1变为ON，从而使M0.2变为ON，左下降状态解除，机械手停止下降，同时使夹紧状态M0.3变为ON，机械手处于夹紧工作状态，同时启动定时器T0开始定时。经3s延时时间到后，M0.4变为ON，表示已经夹紧。上升沿检测指令在检测到M0.4的上升沿时产生持续时间为一个扫描周期的脉冲，把左上升状态M0.6置为ON，机械手处于在左位的上升状态。当机械手上升到高位时，压合高位开关，I0.0变为ON，使左上升到位M0.7变为ON，因而使右移状态M1.0变为ON，同时使M0.6复位，左上升状态解除，机械手停止上升，右移开始。右移到右位时，压合右位开关，I0.3变为ON，使M1.1变为ON，从而使M1.2变为ON。同时使M1.0复位，右移状态解除，进入等待下降状态。在光电开关检测到右工作台上无工件时，I0.4为OFF，M1.3变为ON，从而使右下降状态M1.4变为ON，M1.2复位，即机械手在右位下降的同时解除等待下降状态。当下降到低位时，压合低位开关，I0.1为变为ON，使M1.5变为ON，从而使放松状态M1.6变为ON，M1.4复位使右下降状态解除，M0.3复位使夹紧状态解除，夹紧状态解除的同时定时器T0被复位。M1.6变为ON后启动定时器T1开始定时，延时3s后，M1.7变为ON，使得右上升状态M2.0变为ON，M1.6复位，同时使定时器T1复位，M1.7也被复位，此时机械手处于上升状态。上升到高位时，压合高位开关，使I0.0变为ON，M2.1变为ON，使左移状态M2.2变为ON，同时使M2.0复位，上升状态解除，机械手处于左移状态。左移到左位时，压合左位开关，使I0.2变为ON，从而使M2.2复位，左移状态解除。上述为机械手一次工作的全状态分析，当检测到左工作台上又有工件时，会重复上述过程。在自动状态下，机械手无论处于左上升状态还是右上升状态，当机械手未到高位时，都会执行上升动作；同理，机械手无论处于左下降状态还是右下降状态，只要机械手未到低位，都会执行下降动作；当机械手处于左移状态（右移状态）且未到达右位（左位）时，机械手会执行左移（右移）动作。为了增加可靠性，机械手的上升和下降、左移和右移是互锁的。

在自动工作过程中，若将自动/手动开关打到手动位置，则I0.6为ON，M0.0~M2.2被复位，自动工作停止。这时，按相应的手动操作按钮，可实现手动上升、下降、左移、右移、夹紧、放松动作。利用手动操作使机械手回到原点后，将自动/手动开关打到自动位置，即可再次进入自动工作状态。

6.3 PLC在回路控制中的应用

在回路控制中，模拟量输入信号经A/D转换后，经常采用数字滤波进行信号预处理，以消除信号中的干扰。较常用的数字滤波方法有算术平均值滤波、惯性滤波等。算术平均值滤波简单且易于实现，能有效地去除随机干扰。下面介绍算术平均值滤波的PLC程序设计方法。

算术平均值滤波采用 N 次采样的采样值，在去掉最大值和最小值后求 $N-2$ 个数据的算术平均值作为滤波结果。第一种方法是每采样 N 次求取一次算术平均值，这种方法反应速度较慢。第二种方法是每采样一次，就与前 $N-1$ 次的采样值一起求取一次算术平均值，这种方法反应速度快。图 6-5 所示为利用第二种方法进行平均值滤波的流程图。

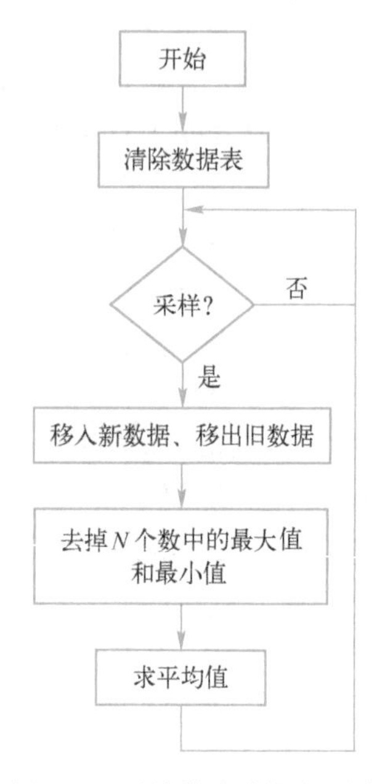

图 6-5 平均值滤波的流程图

在图 6-5 所示的平均值滤波流程中，由于在正常工况下现场数据是实时采集的，可以用固定时间间隔的方式执行滤波程序，即每隔一段固定时间输出一次滤波值，固定时间间隔的大小取决于对控制系统实时性的要求。故可考虑用函数块实现滤波功能，在循环中断组织块 OB30 中调用函数块。

打开 TIA Portal 软件的项目视图，生成一个名为“回路控制”的新项目。双击项目树中的“添加新设备”，在弹出的对话框中单击“控制器”按钮，选择型号为 CPU 1214C DC/DC/DC 的 CPU 模块。如图 6-6 所示，在项目视图左侧的项目树中打开“PLC_1”文件夹内的“程序块”文件夹，双击“添加新块”，在弹出的“添加新块”对话框中单击“函数块”，并将其默认名称“块_1”更改为“平均值滤波”，其默认编程语言为 LAD，默认编号方式为自动，且编号为 1。单击“确定”按钮，会自动生成 FB1 并打开编程窗口。

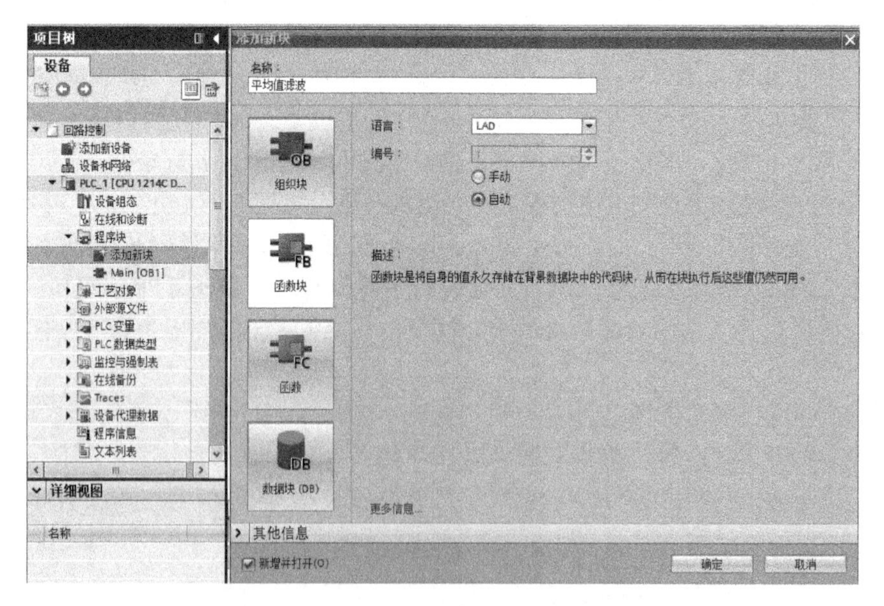

图 6-6 新建函数块

函数块编程窗口的上方有一个块接口区，可以用来定义块接口。在函数块的块接口区域中可以定义的接口类型有 Input（输入）、Output（输出）、InOut（输入/输出）、Static（静态变量）、Temp（临时变量）以及 Constant（常量），如图 6-7 所示。

Input 是功能块的输入，其变量只能被本程序块读，不能被本程序块写。调用函数块时，将数据传送到函数块，其实参可以为常数；Output 为功能块的输出，输出函数块的执行结

图 6-7　函数块的块接口区

果，其可以被本程序块读写，其他程序通过引脚只能读不能写，实参不可以为常数；InOut 为功能块的输入输出，用于读取外部实参数值并将结果返回到实参，实参不可为常数，本程序块和其他程序都可以读写这个引脚的值；Static 为静态变量，存储在背景函数块中，不参与对外参数传递，当被调用块运行时，能读出或修改静态变量，被调用块结束后，静态变量保留在数据块中；Temp 为临时变量，顾名思义是暂时存储数据的变量，这些临时的数据存储在 CPU 工作存储区的局部数据堆栈（L 堆栈）中；Constant 是为代码块指定的常数值。

在块接口区中定义中值滤波相关变量，如图 6-8 所示。

回路控制 ▸ PLC_1 [CPU 1214C DC/DC/DC] ▸ 程序块 ▸ 平均值滤波 [FB1]

平均值滤波

	名称	数据类型	默认值	保持性	可从 HMI ...	在 HMI ...	设置值	注释
1	▼ Input				☐	☐	☐	
2	AF_I	Int	0	非保持	☑	☑	☐	模拟量滤波值输入
3	▼ Output				☐	☐	☐	
4	AF_O	Real	0.0	非保持	☑	☑	☐	模拟量滤波值输出
5	▼ InOut				☐	☐	☐	
6	<新增>				☐	☐	☐	
7	▼ Static				☐	☐	☐	
8	AF_I_D	DInt	0	非保持	☑	☑	☐	模拟量滤波值输入双整数
9	Data_1	DInt	0	非保持	☑	☑	☐	存放第一个数据
10	Data_2	DInt	0	非保持	☑	☑	☐	存放第二个数据
11	Data_3	DInt	0	非保持	☑	☑	☐	存放第三个数据
12	Data_4	DInt	0	非保持	☑	☑	☐	存放第四个数据
13	Data_5	DInt	0	非保持	☑	☑	☐	存放第五个数据
14	Data_6	DInt	0	非保持	☑	☑	☐	存放第六个数据
15	Data_7	DInt	0	非保持	☑	☑	☐	存放第七个数据
16	Data_8	DInt	0	非保持	☑	☑	☐	存放第八个数据
17	Data_9	DInt	0	非保持	☑	☑	☐	存放第九个数据
18	Data_10	DInt	0	非保持	☑	☑	☐	存放第十个数据
19	Data_max	DInt	0	非保持	☑	☑	☐	最大数
20	Data_min	DInt	0	非保持	☑	☑	☐	最小数
21	Sum	DInt	0	非保持	☑	☑	☐	累加值
22	Sum_FD	DInt	0	非保持	☑	☑	☐	滤波累加值双整数形式
23	Sum_FR	Real	0.0	非保持	☑	☑	☐	滤波累加值实数形式

▼ 块标题：

图 6-8　函数块的块接口区变量

在编程函数块时，可以选择是否在块接口区定义变量。像这样定义了块接口的函数块称为带参数的函数块，带参数的函数块中通常不出现任何如 DB、I、Q、M 等全局变量。使用带参数的函数块便于模块化编程，对于相同的功能或逻辑，只需要编写一个函数块即可，无须重复多次编写相同的代码，可减少大量的重复性工作。此外，还可将函数块做成项目库或全局库，以便后续其他项目或其他工程师使用；如果不在接口区定义任何变量，这样的函数块称为不带参数的函数块，这种情况下在函数块编程中需要使用全局变量。一般不推荐使用不带参数的函数块。

对于带参数的函数块，有形参和实参之分。在块接口区域定义的 Input、Output、InOut 参数称为形参。在调用函数块时，形参会以引脚方式出现在函数块上。其中，Input 和 InOut 类型的变量出现在函数块的左侧；Output 类型的变量出现在函数块的右侧；在调用带参数的函数块时，为形参填写的实际变量称为实参。在本例中，AF_I 和 AF_O 为形参，AI 和 AO 为实参，如图 6-9 所示。

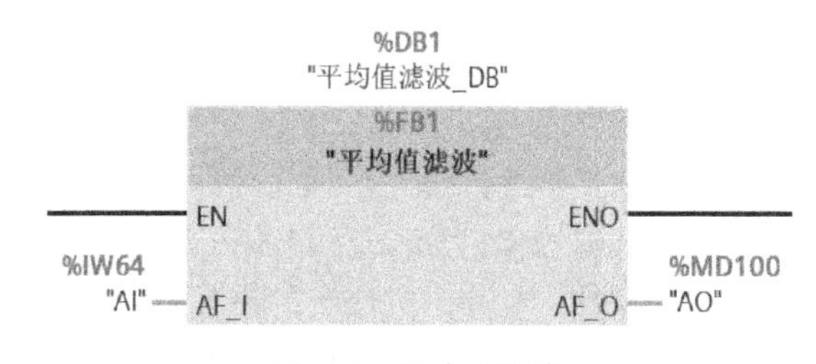

图 6-9 形参和实参

在块接口区定义相关变量后即可在“平均值滤波”功能块中编写平均值滤波程序，如图 6-10 所示。程序采用采样一次计算一次的方式，N 取值为 10，变量 Sum 用于存放这 10 个采样数据的和，变量 Sum_FD 用于存放去掉最大值和最小值后的采样数据的和。首先把变量 Sum 和 Sum_FD 清零，丢掉现有 10 个数中最早采集的数，最新采集的数经变换后存入 Data_10。然后找到这 10 个数中的最大值和最小值，并对现有 10 个数据求和存入变量 Sum 中，并从 Sum 中减掉最大值和最小值存入 Sum_FD 中。Sum_FD 中的数经变换后除以 8，所得即为滤波值。

为实现对数据的周期性采集，可在循环中断组织块中调用平均值滤波功能块。循环中断组织块在经过一段固定的时间间隔后执行相应的中断组织块中的程序。循环中断组织块的执行过程如图 6-11 所示，当 PLC 启动后开始计时，当到达设定的时间间隔后，操作系统将中断程序循环 OB1 启动循环中断 OB30。

在项目视图左侧的项目树中打开“PLC_1”文件夹内的“程序块”文件夹，双击“添加新块”，在弹出的“添加新块”对话框中单击“组织块”，在其右侧选择“Cyclic interrupt”，如图 6-12 所示，其默认编程语言为 LAD，默认编号方式为自动，编号为 30。“循环时间”为两次执行循环中断组织块的时间间隔，其值介于 1~60000 ms 之间，默认值为 100 ms。在本例中，可根据系统采集数据的实时性要求输入所需时间。单击“确定”按钮，会自动生成 OB30 并打开其编程窗口。

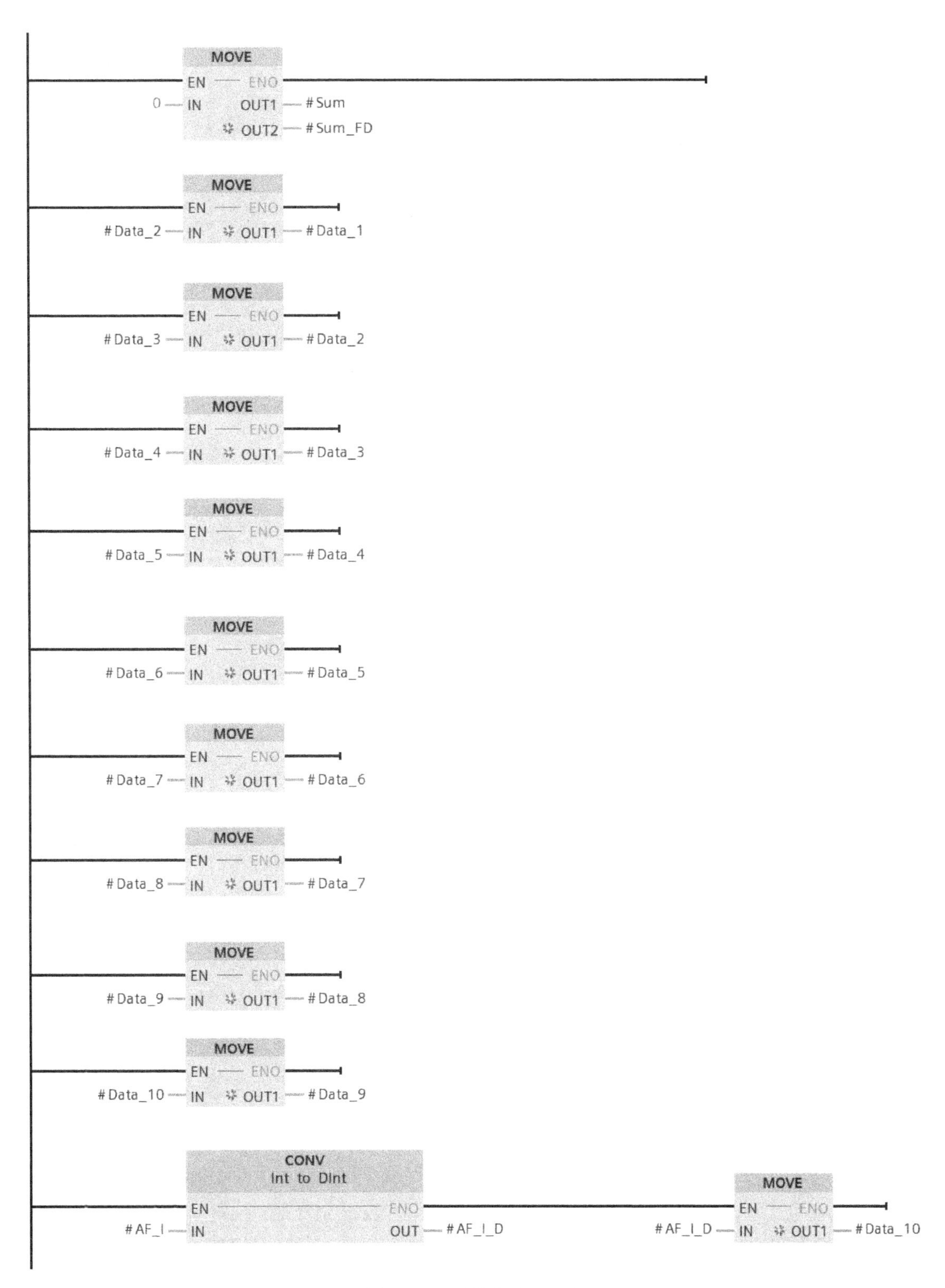

图 6-10　平均值滤波程序

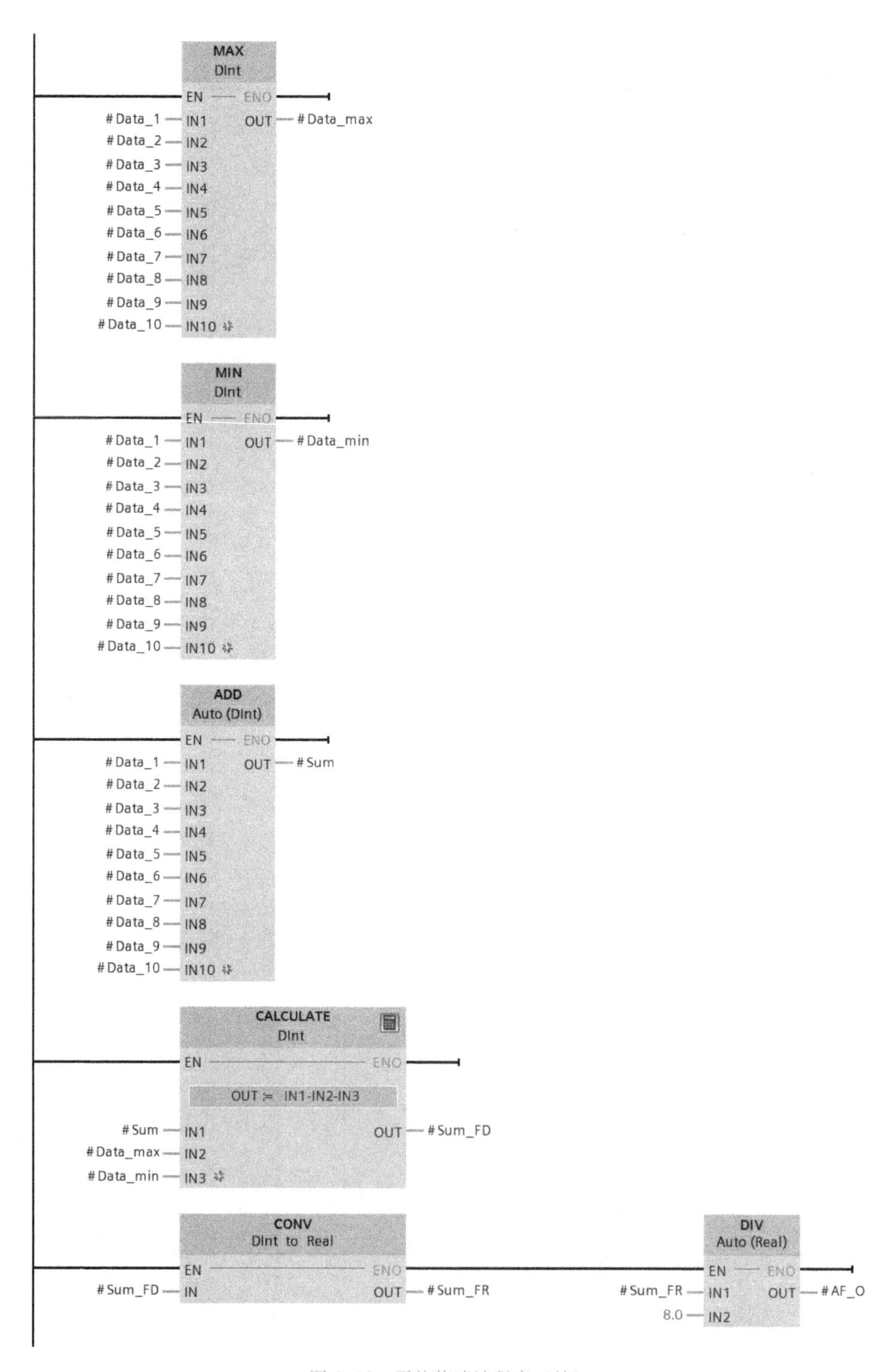

图 6-10 平均值滤波程序（续）

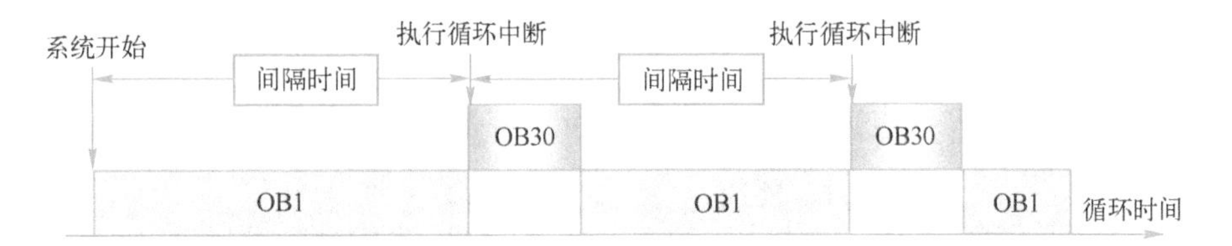

图 6-11　循环中断组织块的执行过程

图 6-12　添加循环中断组织块

选中左侧窗口中的平均值滤波功能块，并拖到循环中断组织块的指令行上，会自动生成平均值滤波功能块的背景数据块，如图 6-13 所示，单击确定按钮，平均值滤波功能块调用程序如图 6-14 所示。

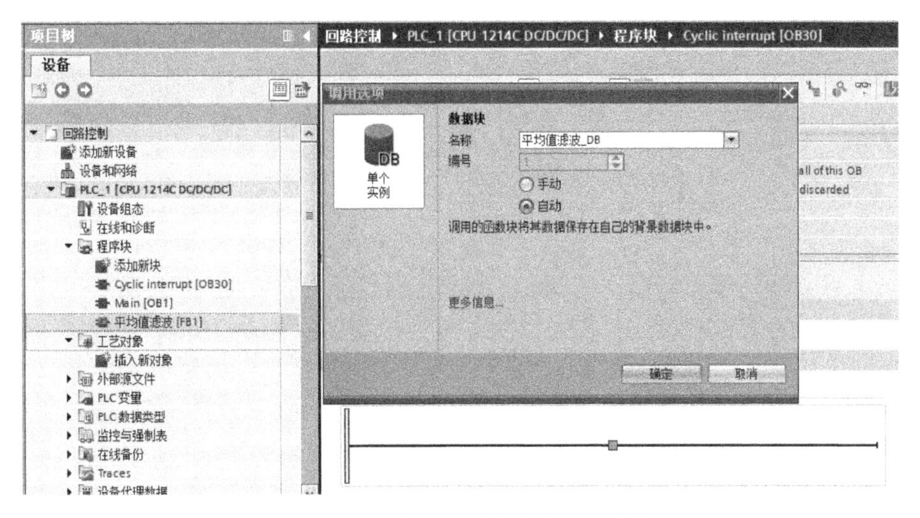

图 6-13　平均值滤波功能块的背景数据块

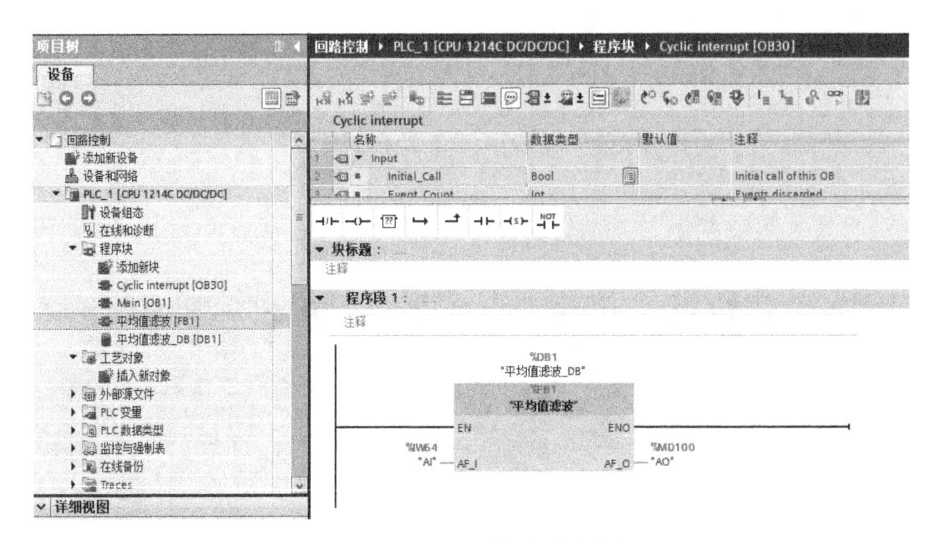

图 6-14 调用平均值滤波功能块

函数块的背景数据块伴随着函数块调用而出现，在背景数据块中可以存储 Input（输入）、Output（输出）、InOut（输入/输出）以及 Static（静态变量）。背景数据块的断电保持性取决于函数块接口中对变量保持性的设置。函数块接口中变量的保持性有 3 个选项，非保持、保持以及在 IDB 中设置，如图 6-15 所示。

回路控制1 ▸ PLC_1 [CPU 1214C DC/DC/DC] ▸ 程序块 ▸ 平均值滤波 [FB1]

平均值滤波

	名称	数据类型	默认值	保持性
1	▼ Input			
2	AF_I	Int	0	非保持（非保持 / 保持 / 在 IDB 中设置）
3	▼ Output			
4	AF_O	Real	0.0	
5	▼ InOut			
6	<新增>			
7	▼ Static			
8	AF_I_D	DInt	0	非保持
9	Data_1	DInt	0	非保持
10	Data_2	DInt	0	非保持
11	Data_3	DInt	0	非保持
12	Data_4	DInt	0	非保持
13	Data_5	DInt	0	非保持
14	Data_6	DInt	0	非保持
15	Data_7	DInt	0	非保持
16	Data_8	DInt	0	非保持
17	Data_9	DInt	0	非保持
18	Data_10	DInt	0	非保持
19	Data_max	DInt	0	非保持

图 6-15 函数块接口中变量的保持性设置

对于在块接口中选择为非保持的变量，其在背景数据块中为非保持性且不可修改；对于在块接口中选择为保持的变量，其在背景数据块中为保持性且不可修改；在块接口中选择为在 IDB 中设置的变量，其在背景数据块中会有可勾选的复选框，由用户在背景数据块中操作以自行决定是否选择保持性，如图 6-16 所示。对于非优化函数块的保持性无法在函数块接口处设置，只能在背景数据块中设置，并且所有变量参数的保持性是一致的，无法单独设置某一个变量参数的保持性。

回路控制 ▸ PLC_1 [CPU 1214C DC/DC/DC] ▸ 程序块 ▸ 平均值滤波 [FB1]

平均值滤波

	名称	数据类型	默认值	保持性
1	▼ Input			
2	AF_I	Int	0	非保持
3	▼ Output			
4	AF_O	Real	0.0	保持
5	▼ InOut			
6	<新增>			
7	▼ Static			
8	AF_I_D	DInt	0	在 IDB 中设置
9	Data_1	DInt	0	非保持
10	Data_2	DInt	0	非保持
11	Data_3	DInt	0	非保持
12	Data_4	DInt	0	非保持

回路控制 ▸ PLC_1 [CPU 1214C DC/DC/DC] ▸ 程序块 ▸ 平均值滤波_DB [DB1]

平均值滤波_DB

	名称	数据类型	启动值	保持性	可从 HMI
1	▼ Input				
2	AF_I	Int	0		√
3	▼ Output				
4	AF_O	Real	0.0	√	√
5	InOut				
6	▼ Static				
7	AF_I_D	DInt	0	√	√
8	Data_1	DInt	0		√
9	Data_2	DInt	0		√
10	Data_3	DInt	0		√
11	Data_4	DInt	0		√

图 6-16 背景数据块的断电保持性设置

6.4 习题

1. 某自动化生产车间中有一自动输送小车，用于在集散货台和各工作岗位间输送物品，如图 6-17 所示。每个工作岗位有一要车按钮，按下要车按钮，小车自动运行到该岗位，停 1 min 后，运行到集散货台，停 1 min。试实现此任务。

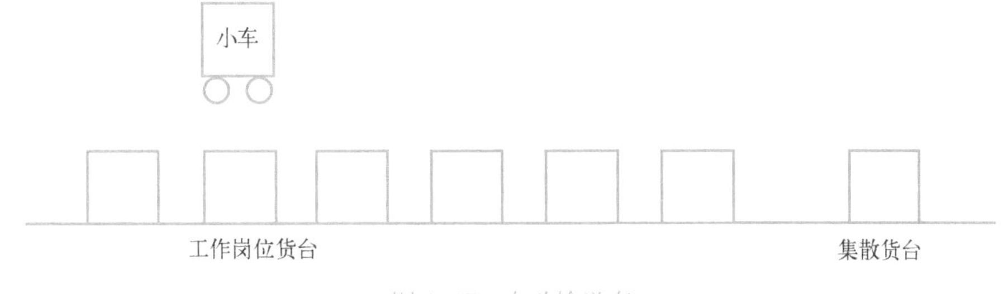

图 6-17 自动输送车

2. 在线材长度自动裁剪中，可输入预置参数，试编制相应的程序实现线材长度自动剪切。

3. 某热处理炉利用电炉加热，加热到 500℃时保持 50 min，然后开炉自然冷却。试设计一个 PLC 控制系统实现。

4. 6.2 节中的机械手程序是一个典型的顺序控制程序，是以顺序为基准编制的。试用动作为基准编程实现该任务，并比较这两种方法的优缺点。

5. 试编制一个数字滤波程序，每采样 N 次求取一个算术平均值。如有粗大误差应剔除之，并增加一个采样重新计算算术平均值。

6. 在一水塔上装有两个液位传感器 S_1 和 S_2，分别用于检测水塔的高水位和低水位，同时在给水塔供水的水池中也装有两个液位传感器 S_3 和 S_4，分别用于检测水池的高水位和低水位。当水塔水位处于低水位 S_2 且水池水位高于低水位 S_4 时，电动机 M 开始工作，从水池中抽水注入水塔中，当水塔水位到达高水位 S_1 时，电动机 M 停止；当水池水位处于低水位 S_4 时，向水池供水的进水阀门 Y 打开，定时器开始定时，5 s 后若水池水位仍处于低位，则阀门 Y 指示灯闪烁，表示阀 Y 没有进水，出现故障。当水池水位处于高水位 S_3 时，阀门关闭。试设计实现上述功能的控制系统。

参 考 文 献

[1] 孙同景. PLC 原理及工程应用 [M]. 北京：机械工业出版社，2008.

[2] 廖常初. S7-1200/1500 PLC 应用技术 [M]. 北京：机械工业出版社，2018.

[3] Siemens AG. S7-1200 可编程控制器系统手册 [Z]. 2022.

[4] Siemens AG. S7-1200 入门手册 [Z]. 2015.

[5] Siemens AG. S7-1200 可编程控制器产品样本 [Z]. 2021.

[6] Siemens AG. 西门子 S7-1200 PLC 技术参考 Version 4.3 [Z]. 2023.

[7] Siemens AG. S7-1200 PLC 例程合集 V1.0 [Z]. 2017.